ISBN 978-3-211-86227-8   ISBN 978-3-7091-5722-0 (eBook)
DOI 10.1007/978-3-7091-5722-0

GEOGRAPHISCHE GRUNDLAGEN [1]

Österreich ist ein naturkundlich besonders interessanter Teil Mitteleuropas. Seine zentrale Lage innerhalb des horizontal und vertikal stark gegliederten Westteiles des europäischen Festlandes bringt es mit sich, daß mannigfaltige Beziehungen zu den für das Wetter Europas maßgeblichen Aktionszentren bestehen. Österreich reicht an seiner Kärntner Südgrenze bis auf 85 km an das Nordende des Adriatischen Meeres heran und steht so in klimatisch engerem Kontakt mit dem Mittelmeer, ohne daß dadurch eine einseitige klimatische Bindung zustande kommen würde. Dies zeigt am besten Tabelle 1, in der die Entfernungen ausgewählter Landschaften von den Hohen Tauern angegeben sind, die öfters wettermäßig für Österreich Bedeutung gewinnen. Die letzte Rubrik dieser Tabelle, die unter Zugrundelegung einer mittleren Windgeschwindigkeit von 40 km/h berechnet worden ist, läßt erkennen, wie rasch sich wettermäßige Entwicklungen in Österreich auswirken können, und welche Rolle die dynamische Betrachtungsweise auch bei der Beschreibung des Klimas spielen kann.

Tabelle 1: *Entfernung ausgewählter Landschaften von den Hohen Tauern*
(Bezugspunkt: Großglockner, 3797 m)

Landschaft	Bezugspunkt	Entfernung in		
		Richtung (N = 0°)	km	Stunden (Windgeschwindigkeit 40 km/h)
Oberes Wolgagebiet	Moskau	51°	1960	49
Donaumündung	Sulina	94°	1280	32
Nördliche Adria	Triest	151°	180	5
Afrikanische Mittelmeerküste	Tripolis	179°	1580	40
Golf von Genua	Genua	226°	420	11
Azoren	Pta. Delgada	250°	4420	111
Biscaya-See	Bordeaux	263°	1090	27
Ärmelkanal	Dover	302°	930	23
Island	Reykjavik	325°	2850	71
Elbemündung	Kuxhaven	341°	800	20
Südskandinavien	Oslo	355°	1450	36

Auf einer Fläche von rund 83 850 km^2 bilden, ihrem Flächeninhalt nach geordnet, die Länder Niederösterreich (NÖ), Steiermark (St), Tirol (Ti), Oberösterreich (OÖ), Kärnten (Kä), Salzburg (Sa), Burgenland (Bu), Vorarlberg (Vo) und die Stadt Wien (W) den Bundesstaat Österreich. Sein Gebiet, auf dem rund 7 Millionen Menschen wohnen, erstreckt sich über bedeutende Teile der Ostalpen. 855 Gipfel, die in diesem Staat über 3000 m aufragen, vermitteln eine Vorstellung von seiner alpinen Natur. Jedoch hat Österreich darüber hinaus im Norden und Osten bedeutenden Anteil am Alpenvorland und nimmt außerdem nördlich der Donau den Südosten der aus Urgestein aufgebauten Böhmischen Masse in seinem Staatsgebiet auf.

---

[1] Bearbeitet von Dr. F. Hader.

Österreich liegt zwischen 46° 22′ N und 49° 01′ N und zwischen 9° 32′ E und 17° 10′ E. Von einem der Gestalt nach günstiger ausgewogenen größeren Ostteil greifen Nordtirol und Vorarlberg fingerförmig westwärts aus. Die größte Breitenerstreckung (270 km) liegt unter 15° E, die kleinste (60 km) unter 12° E; die größte Längenerstreckung (580 km) unter 47° N, die kleinste (230 km) unter 48° 30′ N; unter 48° beträgt sie rund 300 km. Auf Grund seiner Lage verwendet Österreich die mitteleuropäische Zeit, jedoch wurden die Wetterbeobachtungen für Zwecke der Klimabeschreibung fast immer um 7 Uhr, 14 Uhr und 21 Uhr Ortszeit angestellt.

Wie bereits erwähnt, hat Österreich auch bedeutende vertikale Gliederung. Fast zwei Fünftel des Bundesgebietes liegen über 1000 m Meereshöhe. Das übrige Areal teilt sich ungefähr zu gleichen Teilen auf die beiden Höhenstufen zwischen 500 und 1000 m und unter 500 m Meereshöhe auf. Im einzelnen verteilt sich die Fläche Österreichs in folgender Art auf die verschiedenen Höhenstufen:

	Höhenstufen, m					
	unter 200	200 bis 400	400 bis 600	600 bis 800	800 bis 1000	1000 bis 1400
Fläche, km²	4526	15 309	15 176	10 033	7838	11 703
% der Gesamtfläche	5·4	18·3	18·1	12·0	9·3	14·0

	Höhenstufen, m					
	1400 bis 1800	1800 bis 2200	2200 bis 2600	2600 bis 3000	3000 bis 3400	über 3400
Fläche, km²	8262	5822	3285	1433	430	33
% der Gesamtfläche	9·9	6·9	3·9	1·7	0·5	0·0

Zu den Bundesländern mit den größten Anteilen niedrig gelegener Landstriche gehören Wien, Niederösterreich und Burgenland. Im Seewinkel des Burgenlandes liegen die niedrigsten Dauersiedlungen des Bundesgebietes in etwa 115 m Höhe; die höchstgelegenen überschreiten in den Ötztaler Alpen in Tirol sogar 2000 m Meereshöhe (Rofenhöfe, 2014 m). Bei Beziehung der Einwohnerzahl der einzelnen Gerichtsbezirke zur mittleren Seehöhe der Ortsgemeinden dieser Bezirke ergibt sich, daß in Seehöhen bis 300 m 41·0%, zwischen 301 und 600 m 40·5%, zwischen 601 und 900 m 15·4%, zwischen 901 und 1200 m 2·8% und zwischen 1201 und 1500 m 0·3% der gesamten Bevölkerung Österreichs leben. Fast neun Zehntel aller österreichischen Gemeinden haben durchschnittlich nicht mehr als je 2000 Einwohner. In diesen Gemeinden lebt aber nur etwa ein Drittel der Bevölkerung; die fünf Großstädte mit mehr als 100 000 Einwohnern (Wien, Graz, Linz, Salzburg, Innsbruck) beherbergen ebenfalls ein Drittel der Gesamtbevölkerung, wobei Wien mit etwa 1·6 Millionen Einwohnern den Ausschlag gibt.

Bezogen auf die Fläche des Staatsgebietes ist Österreich unter den mitteleuropäischen Ländern das waldreichste. Der österreichische Waldbestand umfaßt rund 32 000 km², d. s. über ein Drittel (38%) der Gesamtfläche des Bundesstaates. Unter den waldreichsten Bundesländern steht Steiermark an erster, Kärnten an zweiter und Niederösterreich an dritter Stelle. Die stärkste und allgemeinste Waldverbreitung finden wir in den Berglandschaften um das Palten-Liesing Tal (St) und im Raume des Triesting-Gölsen Tales (NÖ). Hier erreicht im niederösterreichischen Verwaltungsbezirk Lilienfeld der Waldanteil rund 71% der Gesamtfläche. Die geringste Waldverbreitung haben die Verwaltungsbezirke im nordöstlichen Niederösterreich (Weinviertel) und der burgenländische Verwaltungsbezirk Neusiedl am See, letzterer mit rund 4% seiner Gesamtfläche.

Neben dem Waldbestand umfaßt die Kulturfläche Österreichs rund 17 000 km² Ackerland, 550 km² Gärten, 350 km² Weingärten, 10 000 km² Wiesen, 3600 km² Hutweiden und 9000 km² Almen. Das gesamte Ackerland Österreichs entspricht ungefähr der Fläche des

Bundeslandes Steiermark, die Wiesen und Almen je für sich etwa dem Bundesland Kärnten, die Hutweiden dem Bundesland Burgenland. Insgesamt beträgt die Kulturfläche etwa 72 500 km^2, dieser stehen an landwirtschaftlich nicht genutzter Fläche (Ödland, Seen, Bauflächen, Verkehrswege usw.) 11 350 km^2 gegenüber, also ein Gebiet von der ungefähren Größe Oberösterreichs.

Verständlicherweise sind die Anteile der Kulturfläche an dem Gebiet des jeweiligen Bundeslandes verschieden, wie Tabelle 2 zeigt. Hauptstützen der landwirtschaftlichen Erzeugung sind die Bundesländer Niederösterreich, Oberösterreich, Burgenland und Steiermark. Hingegen hat das Alpenland einen hohen Anteil an Wiesen und Weiden. Wiesen treten jedoch auch im Alpenland dort wesentlich in ihrer Bedeutung zurück, wo durch das alpine Grünland (Bergmähder und Almen) ein erheblicher Teil der Futtermenge gewonnen wird.

Die höchsten Anteile des Ackerlandes an der landwirtschaftlich genutzten Fläche der einzelnen politischen Verwaltungsbezirke haben das Alpenvorland, das Wald- und Weinviertel Niederösterreichs, das Burgenland und das Grazer Becken (St), wo sie durchwegs 50% übersteigen. Einen wesentlichen Anteil hat das Ackerland auch im Mühlviertel (OÖ.).

Tabelle 2: *Wirtschaftsflächen der einzelnen Bundesländer Österreichs*
(Prozente der jeweiligen Landesfläche)

Land	Gesamtfläche km^2	Ackerland	Gärten, Weingärten	Wiese	Weide, Alm	Wald	Landwirtschaftlich nicht genutzt
Vorarlberg	2 600	1	1	21	**40**	26	11
Tirol	12 600	4	0	6	31	**34**	25
Salzburg	7 150	9	0	8	**34**	33	16
Oberösterreich	12 000	34	2	19	3	**34**	8
Niederösterreich und Wien	19 600	45	3	11	3	**35**	3
Burgenland	4 000	**46**	3	9	6	26	10
Steiermark	16 400	13	1	13	14	**49**	10
Kärnten	9 500	11	1	10	24	**44**	10

Ergänzend zu diesen Angaben seien in Tabelle 3 für Übersichtszwecke einige Höhengrenzen in den österreichischen Alpen mitgeteilt:

Tabelle 3: *Höhengrenzen (m) in den österreichischen Alpen*
(N = Nordseite, S = Südseite)

	Firngrenze	Krummholzgrenze	Baumgrenze	Sennhüttengrenze	Waldgrenze	Getreidegrenze
Nordtiroler Kalkalpen	N 2300 S 2500	1980	1720	1250 bis 1500	1600 bis 1700	um 1000
Stubaier Alpen	2800	.	2050	1900	1900	1420
Hohe Tauern	N 2750 S 2850	.	2040	N 1800 S 2000	1970	N 1220 S 1520
Niedere Tauern	.	2200	2100	.	1900	1000
Nordöstliche Kalkalpen	.	1860 bis 2000	1490 bis 1700	1400 bis 1600	1400 bis 1530	900 bis 1000

In seinem Aufbau zeigt Österreich vier natürliche Großlandschaften, die Böhmische Masse, das nördliche Alpenvorland, das Alpenland und die Ebenen am Alpenostrand (Karte 1).

I. Die Böhmische Masse

Dieses Urgesteinplateau nimmt rund 10% der Staatsfläche ein und umfaßt das Waldviertel (NÖ) und das Mühlviertel (OÖ). Am S-Rand schneidet die Donau in engen Durchbruchstälern im Sauwald (OÖ), Strudengau (OÖ, NÖ) und in der Wachau (NÖ) in die Hochfläche ein, wodurch Teile der Böhmischen Masse (Sauwald, Dunkelsteiner Wald) südlich dieses Stromes zu liegen kommen. Die Landschaftsgestaltung der Hochfläche ist ziemlich gleichförmig. Wohl grenzt an der Linie Grein—Zwettl ein östliches Gneisgebiet an ein westliches Granitgebiet, jedoch bilden beide ein flachwelliges Land, wobei die Erhebungen von etwa 500 bis 600 m im O gegen W und S anschwellen und an der Grenze beider Österreich in einigen Kuppen 1000 m überschreiten.

Häufiger als in den niederösterreichischen Teilen dieses Urgesteinplateaus treffen wir in seinen oberösterreichischen Gebieten geschlossene Siedlungen auf den Kuppen an, während der Wald dann auf die Gräben beschränkt bleibt. So stellen sich zwischen dem Mühlviertel (OÖ) und dem Waldviertel (NÖ) einigermaßen siedlungsgeographisch inverse Verhältnisse ein. Während dadurch für die Kirchdörfer des Mühlviertels vor allem der Wind klimatisch bedeutsam wird, ist es für die Ortschaften des Waldviertels der in Mulden häufige Ausstrahlungsfrost.

Zwischen den höheren Teilen der Hochfläche bestehen leichte Verkehrsmöglichkeiten. Die flache Wasserscheide zwischen Donau und Elbe—Moldau sinkt in der Mulde von Gmünd auf 540 m, im Sattel von Kerschbaum auf 685 m. Die kleinen Bäche, die träge über diese geologisch alte Hochfläche fließen, senken sich mit steilen Mündungsstufen unvermittelt zu den größeren Tälern herab. Im SO grenzt die Böhmische Masse entlang der Linie etwa westlich Krems/Donau—Maissau—Retz—Znaim mit der Steilstufe des bis 536 m hohen Manhartsberges an das niedriger gelegene niederösterreichische Tertiärhügelland, das Weinviertel.

Westlich des Kerschbaumer Sattels erheben sich die ziemlich parallel angeordneten Höhenzüge des böhmisch-bayrischen Grenzgebirges. Der österreichische Anteil an diesem Mittelgebirge endet beim Plöckenstein (1378 m), wobei diese Waldberge an der oberösterreichischen N-Grenze mehrfach 1000 m übersteigen.

II. Das nördliche Alpenvorland

Das österreichische Alpenvorland reicht von Salzach—Inn bis zum Donaudurchbruch von Klosterneuburg (Wiener Pforte). Es ist ein 260 km langer Streifen, dessen Breite höchstens 50 km beträgt und sich an der engsten Stelle, an der Ybbs, auf wenig über 10 km verschmälert. Im N begrenzt durch die Böhmische Masse, im S durch die Alpen, ist diese Landschaft heute das dichtest besiedelte Gebiet Österreichs. Die tertiären und eiszeitlichen Lehm- und Schotterböden dieses ebenen bis flachwelligen Geländes bilden gutes Ackerland.

Diese Großlandschaft beginnt mit dem Innviertel (OÖ) südlich von Passau und dem Sauwald. Der wasserreiche Inn, der sich bei Passau mit der Donau vereinigt, macht diese auf ihrem ganzen österreichischen Lauf zu einem Strom mit streckenweise starkem Gefälle, rasch und extrem schwankenden Wasserständen. Die Donau ist Österreichs Hauptstrom, von dessen 2850 km langem Lauf innerhalb des Bundesgebietes 350 km (12·2%) liegen. An bedeutenderen Nebenflüssen nimmt der Strom auf österreichischem Gebiet an seiner linken Seite auf: Große Mühl, Aist, Kamp, Schmieda und den Grenzfluß March mit Thaya. Auf seiner rechten Seite münden die in Österreich entspringenden Flüsse Lech und Isar über Bayern, sodann als Grenzfluß Inn mit Salzach, auf österreichischem Gebiet Traun, Enns, Ybbs, Erlauf, Traisen und Leitha. Die Raab mündet über ungarisches Gebiet und die Drau mit Mur über Jugoslawien.

Das Innviertel hat vorwiegend ein rund 500 m hohes, flaches bis leicht welliges Gelände, über dem sich im S die waldigen Rücken und Kuppen des Kobernauser und Hausruckwaldes (800 m) erheben. Ab der Enns zieht auf niederösterreichischem Boden das Alpenvorland in etwa 400 m und fällt nordwärts steil zur Donau ab. Da in Niederösterreich alle Donauzuflüsse im Alpenvorland tief eingeschnitten haben, ist dieses wesentlich stärker zertalt und häufiger von flachwelligen Hügeln besetzt als das Innviertel, wo besonders westlich des oberösterreichischen Kremstales flache Linienführung in der Landschaft vorherrscht.

Von der Wachau tritt die Donau, bereits reguliert, in das weite Tullner Feld (173 m). Dieses wird über seiner verwilderten Stromau und den untersten Donauterrassen im N von dem rund 30 m hohen Steilabfall älterer Donauschotter, dem sogenannten Wagram, überragt, ab dem das Hügelland des Weinviertels, die NO-Ecke Niederösterreichs, beginnt. Dieses Weinviertel ist reich an Löß und daher sehr fruchtbar. Aus ihm ragen Einzelberge auf, wie der Rohrwald, die Leiser Berge (492 m) und die Granitklippe des Waschberges bei Stockerau. Länderkundlich wird dieses Hügelland oft bereits den W-Karpaten zugeteilt. Jedenfalls ist es eine Übergangslandschaft zwischen dem Alpenvorland und der Sandsteinzone der W-Karpaten.

III. Das Alpenland

Die Alpen nehmen unter den vier natürlichen Großlandschaften Österreichs zwei Drittel der Staatsfläche ein. Es sind bedeutende Teile der Ostalpen, die durch zwei Längstalfurchen (1. Rhein—Arlberg—Inn—Ziller—Gerlospaß—Salzach—Enns—Schobersattel—Mur—Mürz—Semmering—Leitha und 2. Idrosee—Sulzberg—Nonsberg—Bozen—Eisack—Rienz—Drau) in drei Hauptzonen geschieden werden: a) **nördliche Kalkalpen**, b) **Zentralalpen**, c) **südliche Kalkalpen**. Zwischen diese schiebt sich mehrfach eine niedrigere Zone von **Schieferbergen** ein. Im N ist dem Alpenkörper überdies eine schmale **Sandsteinzone** vorgelagert.

Die alpine Vergletscherung ist in Österreich auf die nördlichen Kalkalpen und insbesondere auf die Zentralalpen beschränkt. Tragen doch die Tiroler Zentralalpen etwa die 29fache und die Hohen Tauern die 15fache Gletscherfläche der nördlichen Kalkalpen. Nach einem älteren Wert beträgt die Gesamtvergletscherung Österreichs 1142·5 km^2. Wegen der Gletscherschwankungen verliert jedoch jeder Absolutwert rasch an Gültigkeit. Die Vergletscherung der einzelnen österreichischen Gebirgsgruppen ist daher in Tabelle 4 in Prozenten der Gesamtvergletscherung angegeben.

Tabelle 4: *Die Gletscherflächen der österreichischen Alpengruppen in Prozenten der Gesamtvergletscherung Österreichs (1142·5 km^2)*

Alpengruppe	%	Alpengruppe	%	Alpengruppe	%
Ötztaler Alpen	30·6	Ankogelgruppe	3·2	Schobergruppe	0·9
Venedigergruppe	14·9	Goldberggruppe	2·1	Dachsteingruppe	0·9
Zillertaler Alpen	12·7	Granatspitzgruppe	2·1	Salzburger Kalkalpen	0·5
Stubaier Alpen	11·4	Rieserfernergruppe	2·0	Rätikon	0·4
Glocknergruppe	8·7	Verwallgruppe	1·2	Lechtaler Alpen	0·3
Silvrettagruppe	7·9			Wettersteingebirge	0·2

In der Landschaftsformung nimmt aber nicht immer die geologische Trennung nach drei alpinen Hauptzonen den Vorrang ein, sondern es kommt mitunter zu einer Verflechtung zwischen Teilen dieser Zonen. Ganz besonders gilt dies für **Vorarlberg**. Dieses westlichste Bundesland bildet eine ziemlich einheitliche alpine Landschaft, die mit der benachbarten NO-Schweiz wesentliche Züge des Gebirgsbaues und des Klimas gemeinsam hat. Als eine gegen N vorgeschobene Fortsetzung der schweizerischen Appenzeller Alpen bedeckt den nördlichen und mittleren Teil dieses Bundeslandes der **Bregenzer Wald**. Heute ein recht waldarmes, aber wiesen- und almenreiches Bergland, das im radial gegliederten, höheren und teilweise stark verkarsteten **Hinteren Wald** über 2200 *m* hoch wird. Eigentliche Hochgebirgsnatur treffen wir südlich davon in den Bergen des Quellgebietes von Bregenzer Ache und Lech. Die S-Begrenzung dieses kalkalpinen Gebirgszuges bildet das **Klostertal** und das untere **Illtal**. Auf dessen linker Talseite baut sich der **Rätikon** bis zur südlichen Staatsgrenze auf, der in der vergletscherten Scesaplana 2967 *m* erreicht. Im SO daran anschließend bilden die stark vergletscherten Gneis- und Schieferberge der **Silvretta** (Piz Buin, 3312 *m*) kühne Gipfelformen.

Im obersten Winkel der Silvrettagruppe entspringt die Ill. Ihr Tal heißt von der Quelle bis zur Einmündung des Klostertales **Montafon**. Das durch das Montafon, das Tiroler Paznaun, die Arlberglinie und das Klostertal gebildete Dreieck erfüllt ein einförmiges Schiefergebirge, die **Verwallgruppe** (3170 *m*). Das Klostertal (Bludenz—Stuben) ist von hohen, waldbedeckten Steilhängen umschlossen. Oberhalb von Stuben zweigt die 1896 erbaute neue Flexenstraße über den Flexenpaß (1784 *m*) nach Zürs und Lech in das Lechtal ab. Durch ein Trogtal, das im Winter wegen seiner Lawinen gefürchtet ist, zieht die **Arlbergstraße** weiter zum Arlbergpaß (1800 *m*, Arle = Legföhre). Die Paßhöhe ist baumlos. Über sie verläuft die Wasserscheide zwischen Rhein und Donau.

Der **Rhein** hat im W vor dem Gebirge eine breite Ebene aufgeschottert. Mit Ausnahme der Gerinne des kleinen Walsertales nimmt er direkt oder indirekt alle Wasserläufe Vorarlbergs auf. Er versorgt im NW des Bundeslandes den **Bodensee** (538 km^2), den zweitgrößten Alpenrandsee, mit Wasser. Ein altes und ein neues (westliches) Mündungshorn schiebt das nur langsam wachsende Rheindelta in den See.

Von der Gesamtfläche des Bodensees beträgt Österreichs Anteil nur 38 km^2. Das südliche Ufer auf österreichischer Seite ist ein einförmiges Verlandungsgebiet. Bei W-Wind entstehen auf dem See meterhohe Wellen am O-Ufer, wobei der Wellenschlag nach Aufhören des Windes abgeschwächt als „Grundgewelle" weitergeht. Wenn auch Österreich am Bodensee nur beschränkten Anteil hat, so ist der See-Einfluß auf die

Landschaft umso nachhaltiger. Ganz allgemein kommt der Seenwelt, vielfach aus Alpenrandseen bestehend, in etlichen österreichischen Bundesländern besondere landschaftliche und klimatische Bedeutung zu. Zum besseren Verständnis sei daher in Tabelle 5 eine Aufzählung der wichtigsten österreichischen Seen gegeben.

Tabelle 5: *Fläche und größte Tiefe aller österreichischen Seen mit einer Fläche von mindestens 10 km²*

Name des Sees	Bundesland	Fläche km²	größte Tiefe m	Meereshöhe m
Bodensee	Vo	538·5	252	396
Neusiedler See	Bu	320·0	4	115
Attersee	OÖ	46·7	165	467
Traunsee	OÖ	25·7	191	422
Wörther See	Kä	19·4	85	440
Mondsee	OÖ, Sa	14·2	68	481
Millstätter See	Kä	13·3	141	580
St. Wolfgangsee	Sa, OÖ	13·2	114	539
Ossiacher See	Kä	10·6	46	501

Ferner 5 Seen mit einem Flächenausmaß zwischen 5·1 und 10·0 km^2, 7 Seen zwischen 2·1 und 5·0 km^2, 11 Seen zwischen 1·1 und 2·0 km^2, 20 Seen zwischen 0·6 und 1·0 km^2 und 35 Seen zwischen 0·25 und 0·5 km^2.

Etwa von der Arlberglinie ostwärts bis zum Quertal der Kitzbüheler Ache besitzt die nördliche Kalkalpenzone Kettencharakter. Es sind dies die Nordtirolisch-Bayrischen Kalkalpen. Steil nach N ansteigende Querlinien zerlegen die Hochalpenzone in einige deutlich getrennte Gebirgsgruppen, die sich durch scharfe Gratformen, großen Schuttreichtum und schmale Täler auszeichnen. Forst- und Graswirtschaft überwiegt hier bei weitem.

Von Vorarlberg her streichen die Lechtaler Alpen zwischen den Längstälern des Lechs und des Inns und gipfeln über Landeck in der schwach vergletscherten Parseierspitze (3038 m). Zur Linken des Lechs ragen die gezackten Allgäuer Alpen (2657 m) auf. Ostwärts der Tiefenlinie über den Fernpaß bilden Tschirgant (2372 m), Wilder Mieming (2759 m) und die kleine Gletscher tragende Zugspitze (2968 m) das Wettersteingebirge. Vier parallele Ketten voll großartiger kalkalpiner Szenerie geben, ostwärts des Sattels von Seefeld beginnend, dem Karwendelgebirge das Gepräge. Die erste Kette (N-Kette mit Hafelekar, 2334 m) ragt unmittelbar über Innsbruck auf. Dann folgt die Bettelwurfkette (2725 m), jenseits des oberen Isartales die Birkkarkette (2756 m) und schließlich die Vordere Karwendelkette (Schafreuter, 2102 m). Die im Karwendel entspringende Isar verläßt durch die Scharnitzer Klause (957 m) die Hochalpen. Die tiefe und breite Furche des Achensees (929 m) trennt das Karwendelgebirge von dem schon mehr plateauförmigen Rofangebirge (2299 m). Erst ostwärts des breiten Quertales des Inns kommt die wilde Natur der Kalkketten teilweise nochmals im Kaisergebirge prächtig zur Geltung (Ellmauer Halt, 2344 m).

Mit diesem Gebirge endet sodann an der Kitzbüheler Ache jener Teil der österreichischen nördlichen Kalkalpen, die Kettencharakter tragen. Nahezu diese ganze kalkalpine Landschaftseinheit wird im S auf einer Länge von 185 km, von Hochfinstermünz bis Kufstein, durch das breite Inntal begrenzt. Seine heutige Gestalt verdankt es den Vorgängen des Eiszeitalters. Interglaziale Schotter, zwischen alten Moränen gelagert, bauen größtenteils über einem Felssockel, der bisweilen die Oberfläche bildet, die Inntalterrassen auf, die als breites Mittelgebirge den Inn beiderseits zwischen Ötz- und Zillertal um 300 bis 350 m überragen. Da im Inntal größtenteils die Gesteinsgrenze zwischen den Kalkalpen und den Zentralalpen verläuft, entsteht durch diese gegensätzlichen Formen ein abwechslungsreiches Landschaftsbild, dessen Schönheit noch durch den Wechsel von Engen und Weiten erhöht wird. Während vom S langgestreckte, verkehrsfreundliche und gut besiedelte Täler einmünden, kommen vom N meist nur kurze, schutterfüllte Täler; z. T. sind es überhaupt nur Klammen. Die westlich Innsbruck in das Tal vorspringende Martinswand trennt das westliche Oberinntal von dem östlichen Unterinntal. Wegen der häufigen Überschwemmungen überwiegen auf dem Talboden beiderseits des mäandrierenden Flusses Wiesen, während die Siedlungen vielfach auf den ausgedehnten trockenen Schwemmkegeln liegen.

Eine weitere landschaftliche Einheit sind die südwärts des Inntales beginnenden Nordtiroler Zentralalpen und die Hohen Tauern, die die höchsten Gruppen der ostalpinen Zentralzone einschließen. Im N ist dieser Landschaft die niedrigere und sanfter geformte Schieferzone untergeordnet.

Zwischen Inntal, Vintschgau und dem Wipptal ragt die massige und stockförmig gegliederte Gruppe der Ötztaler Alpen auf. Sie sind die größte Gebirgsgruppe in Österreich. Das langgestreckte, ziemlich einförmige und hoch hinauf kultivierte Ötztal und das in das oberste Passeiertal führende Timbljoch (2497 m) trennt sie in die eigentlichen Ötztaler und in die Stubaier Alpen. Der Hauptkamm dieser Gebirgsgruppe bildet die Staatsgrenze. Große Täler ziehen von allen Seiten bis zu den zentralen Kämmen, die das größte österreichische Firngebiet tragen (Wildspitze, 3774 m; Weißkugel, 3736 m). Fast alle großen Gletscher dieser Gruppe fließen nach N ab. Den eigentlichen Ötztalern ähnlich gebaut, aber weniger massig sind die Stubaier Alpen (Zuckerhütl, 3507 m), deren Entwässerung vorwiegend zur Brennerlinie erfolgt, in deren Nähe die Kalkscholle des Tribulaun (3096 m) aufragt.

Die Brennerlinie wird auf österreichischer Seite durch das Wipptal der Sill gebildet. Dieses meist enge Tal steigt stufenförmig über Matrei und Steinach zur breiten, trogförmigen Paßhöhe (1372 m) und damit zur heutigen Staatsgrenze hinauf. Ostwärts des Wipptales geben die den Hohen Tauern vorgelagerten Schieferberge der Landschaft das Gepräge. Zu beiden Seiten des unteren Zillertales bilden die Tuxer Alpen (2891 m) meist gerundete, jedoch teilweise auch von Karen etwas hochalpiner geformte Gipfel. Dieser Berggruppe schließen sich ostwärts die ähnlich geformten Kitzbüheler Alpen an, deren Hauptkamm (2539 m) mit seinen karbesetzten Gipfeln nahe dem S-Abfall dieser Berggruppe über dem Gerlostal und dem obersten Teil des Salzachtales aufragt. Diese beiden Täler, über das Paßgebiet der Gerlosplatte (1507 m) miteinander verbunden, bilden die S-Grenze der Schieferzone, die sich ostwärts des Zeller Sees in die schmale Zone der Salzburger Schieferalpen (2116 m) fortsetzt und ostwärts des Salzachquertales zwischen dem alten Straßenpaß der Wagrainer Höhe (952 m) und den von der Eisenbahn benützten Sattel von Eben (856 m) ihre letzten Ausläufer hat. In der breiten Querfurche zwischen Kitzbüheler Alpen und Salzburger Schieferalpen liegt zwischen Schotteraufschüttungen der Salzach und Saalach der bereits erwähnte Zeller See (750 m).

Als breiter zugeschotterter Trog ist das oberste Stück des großen Salzach-Längstales angelegt, in den alle Tauerntäler außer dem Fuscher Tal stufenförmig münden, wobei die Krimmler Ache mit ihren drei zusammen 450 m hohen Fällen unter den bedeutenden Wasserfällen der Erde an dritter Stelle steht. Zwischen Bruck, wo die Furche des Zeller Sees nach N abzweigt, bis zur Enge von Taxenbach verschmälert sich das Salzachtal recht merklich. Ab der Enge von Lend vollzieht es in dem sich ostwärts rasch verbreiternden Pongau bei Bischofshofen die Umbiegung zum Salzach-Quertal. Auch hier münden die Tauerntäler mit einer Stufe; das Rauristal bildet dort die Kitzlochklamm, das Gasteiner Tal eine Schlucht und daß Großarltal die bekannte Liechtensteinklamm.

Den nach N konvexen Bogen der Hohen Tauern begrenzt, wie erwähnt, im W das Wipptal und im O das Paßgebiet des zwischen Mur- und Liesertal liegenden Katschberges (1641 m), während im N und S Teile der beiden großen Längstalfurchen diese Landschaft begleiten. Sie beginnt im W mit den Zillertaler Alpen, die durch Pfitschertal, Pfitscherjoch (2251 m) und Zemmtal in zwei parallele und stark vergletscherte Ketten gegliedert sind: den Tuxer Kamm (Olperer, 3480 m), südlich der Tuxer Schieferalpen, und den weitaus mächtigeren Zillertaler Hauptkamm (Hochfeiler, 3510 m). Von diesem ist nur der flacher geneigte N-Abfall österreichisches Gebiet, in dem die prachtvollen trogförmigen, gestuften „Gründe" des Zillertales entspringen, die sich bei Mayrhofen vereinigen.

Die Hohen Tauern im engeren Sinne beginnen jenseits der Birnlücke (2267 m) und besitzen eine fiederförmig gegliederte N-Abdachung, die durch parallele, gestufte und trogförmige Täler in der Abdachungsrichtung zerschnitten werden. Der S-Abfall in Osttirol und Kärnten wird durch eine verwickelte Längs- und Quergliederung zerteilt. Dadurch werden dem Hauptkamm etliche selbständige, jedoch niedrigere Gebirgsgruppen vorgelagert.

Tiefe, von Saumwegen überschrittene Jöcher, die sogenannten „Tauern" teilen diesen Gebirgszug in etliche Untergruppen: Die stark vergletscherte Venedigergruppe (Großvenediger, 3674 m) zieht bis zum Felber Tauern (2545 m), dann folgt die kleinere Granatspitzgruppe bis zum Kalser Tauern. Von dort streicht nach OSO bis zum Heiligenbluter Tauern die Glocknergruppe, die in einem südlichen Seitenkamm in der Pyramide des Großglockners (3797 m) zu Österreichs höchstem Gipfel aufragt. Zu seinen Füßen, umgeben von einer Reihe anderer Firngipfel, liegt das riesige Firnfeld der Pasterze. Die 1935 eröffnete Großglockner-Hochalpenstraße verbindet das Salzachtal mit dem Mölltal. Sie ist die zweithöchste Hochgebirgsstraße der Alpen und überwindet den Hauptkamm im Hochtor (2505 m; Tunnel 311 m lang). Eine Abzweigung südlich vom Hochtor führt bis zur Franz-Josefs-Höhe (2362 m) im Pasterzengebiet. Überaus steil stürzt die Glocknergruppe nach SW zum Kalser Tal ab. Ihr folgt bis zum Mallnitzer Tauern die nur mehr schwach vergletscherte Goldberggruppe (Sonnblick-Observatorium, 3106 m). Als letzte Gruppe schließen sich bis zum Murtörl (2263 m) und Katschberg die Ankogel- und die Hochalmgruppe (3360 m) an.

Das Iseltal mit dem Virgen- und Tauerntal wurzelt auf der S-Abdachung der Hohen Tauern (Venedigergruppe) und nimmt vom W her das Defereggental auf. Zwischen Virgen- und Drautal liegt der zu Österreich gehörige O-Teil des durch zahlreiche Kare schärfer geformten Defereggengebirges (Hochgall, 3435 m), Isel und Möll begrenzen die Schobergruppe (Hochschober, 3240 m), Drau und Möll die Kreuzeckgruppe (2708 m). Innerhalb des Möllbogens liegt die Sadniggruppe (2745 m) und schließlich nächst Gmünd i. K. zwischen Möll- und Maltatal die Reißeckgruppe (2959 m). Die Täler zwischen diesen Gebirgsgruppen sind breit, einförmig und recht gut besiedelt.

Die geographische S-Begrenzung der Hohen Tauern, das Pustertal mit dem Toblacher Feld (1210 m), der flachen Talwasserscheide zwischen Rienz und Drau, liegt heute auf italienischem Staatsgebiet. Eiszeitliche Gletscher schufen im Drautal die Stufe von Lienz an der gleichsohligen Mündung des Iseltales, wodurch höhenmäßig das Drautal in zwei Glieder zerlegt wird.

In den östlichen Alpenländern Österreichs wird die Trennung in einzelne W—O gestreckte Teile wesentlich auffälliger als in den bisher besprochenen Gebirgslandschaften. Die nördliche Kalkalpenzone, nach S deutlich abgeschlossen, steht daher mit dem nördlichen Alpenvorland in engerer physisch-geographischer Beziehung. Auch die südliche Kalkalpenzone scheidet sich mit einer zusammenhängenden Gebirgsmauer von dem Alpeninneren und tritt damit in engere Berührung zu den Küsten- und Karstländern der Adria.

Zwischen diesen beiden kalkalpinen Mauern liegt ein stark aufgelockertes und gegenüber den Kalkbergen niedrigeres Zentralalpenland mit vorherrschend Mittelgebirgscharakter, von Längs- und Diagonallinien durchzogen und nach O geöffnet, von wo auch seine Beeinflussung erfolgt. Dieses Mittelstück der östlichen Alpenländer wird treffend als Innerösterreich bezeichnet. Die nördliche Tiefenlinie dieser Landschaftseinheit bildet zuerst das Ennstal, das, wie erwähnt, mit dem Pongau in doppelter Verbindung steht und nach einer Verengung im Mandlingpaß mit breiter, hoch aufgeschütteter und z. T. noch vermoorter Sohle bis zum Gesäuse reicht. Von Selzthal führt die Längsfurche des Palten- und Liesingtales ins Murtal. Das Murtal selbst nimmt in rund 1000 m Höhe vom salzburgischen Lungau seinen Ausgang, einer rauhen, dünnbesiedelten und ziemlich abgeschlossenen Landschaft mit Tamsweg als Hauptort, die nur über das Paßgebiet des Radstädter Tauern (1738 m) mit dem obersten Ennstal verbunden ist.

Nachdem die Mur den Lungau in einer Engtalstrecke verlassen hat, weitet sich ihr Tal, worauf, nach einer neuerlichen Enge, bei Zeltweg das Einbruchsbecken des Aichfeldes folgt, das durch die Enge von Kraubath von dem Becken von Leoben getrennt wird. Schließlich macht der Fluß bei Bruck a. d. Mur eine scharfe Wendung nach S, während die ursprüngliche Richtung des Murtales zwischen Leoben und Bruck das waldreiche Mürztal fortsetzt, sodann ab Mürzzuschlag das Fröschnitztal bis auf die Höhe des Semmerings (985 m).

Zwischen diesen geschilderten Tälern streicht als erstes Glied das Gneis- und Glimmerschiefergebirge der Niederen Tauern mit deutlich fiederförmiger Gliederung seiner N-Abdachung. Die hier mitunter schroffen Gipfelformen und vielen Hochseen entstanden durch die zahlreichen Kare. Gegenwärtig ragen allerdings auch die höchsten Gipfel (Hochgolling, 2863 m) nur wenig über die Schneegrenze empor. Das Paßgebiet des Rottenmanner Tauern (Hohentauern, 1265 m) trennt vom Hauptkamm die mehr stockförmigen Seckauer Tauern (2416 m) ab. Die der südlichen Abdachung der Niederen Tauern folgenden Täler schwenken in ihren unteren Teilen nach O und sind dort nur durch niedrige Sättel voneinander geschieden, wodurch sozusagen ein „Tal im Tal" entsteht, das vom Murtal durch den Tamsweg-Seckauer Höhenzug (2100 m) getrennt wird. Palten-Liesing Tal, der S-Abfall der nördlichen Kalkzone und die Linie Hieflau—Eisenerz—Präbichl (1127 m) — Leoben umgrenzen die erzreichen Eisenerzer Alpen (2126 m), die ein recht wechselvolles Landschaftsbild schaffen.

Zur Rechten der Mur beginnt mit vorerst südöstlicher Streichungsrichtung der südliche Ast der steirischen Zentralalpen. Zunächst vom Katschberg bis zum Rand des Klagenfurter Beckens als Gurktaler Alpen, einem einförmigen, stark zergliederten Bergland, reich an Wäldern und Almen, das beiderseits der Turracher Höhe (1763 m) in den mit Karen besetzten Hauben des Königstuhls (2331 m) und Eisenhuts (2441 m) gipfelt. Der Neumarkter Sattel (888 m), ein echter Stufenpaß mit steilem Anstieg von N her und sanfterem Abfall nach S in das Gebiet der Gurk, leitet zu den Seetaler Alpen (Zirbitzkogel, 2397 m) über. Diese streichen nahezu N—S und werden im O durch das Lavanttal begrenzt, das über den Obdacher Sattel (945 m) mit dem Aichfeld verbunden ist. Die Seetaler Alpen setzen sich im Zuge der Saualpe (2081 m) bis zum Klagenfurter Becken bei Völkermarkt fort, während sich über dem linken Gehänge des Lavanttales die Koralpe (2144 m) aufbaut, deren schärfer gegen W abfallender Kamm die Drau an der heutigen Staatsgrenze bei Unterdrauburg erreicht.

Auch der südliche Ast der steirischen Zentralalpen wiederholt schließlich den nach N offenen Bogen der Schieferberge. Diesen aus Gneisen aufgebauten Gebirgsbogen durchbricht, wie bereits erwähnt, die Mur unterhalb von Bruck, wodurch zur Rechten die Gruppe der Gleinalpe (1989 m) entsteht, während zur Linken der lange Zug der Fischbacher Alpen (1783 m) anhebt mit dem breiten Rücken des Wechsels (1738 m), der schließlich in das Bergland der „Buckligen Welt" und das Rosaliengebirge ausläuft. Südlich des Wechsels erstreckt sich das Quellgebiet der Feistritz und Lafnitz, ein abseits vom Verkehr gelegenes Waldgebirge nächst Friedberg, bekannt unter der Bezeichnung „Joglland". Im Murdurchbruch jedoch bilden den Gneisen aufgelagerte paläozoische Kalke im Hochlantsch (1722 m) ein pittoreskes, höhlenreiches Kalkgebirge.

Wohl bilden Koralpe, Gleinalpe und Fischbacher Alpen mit ihrer O-Abdachung auch einen Teil des Alpenostrandes, aber die landschaftliche Durchdringung ist in der Steiermark so auffällig, daß es nicht angezeigt scheint, hier von einer eigenen Alpenostrand-Landschaft zu sprechen, zum Unterschied von den Gegebenheiten nördlich des Semmering-Wechsel-Gebietes. Vom horstartigen Vorsprung des Günser Gebirges (883 m) zieht hier der Alpenostrand in weitem Bogen westwärts über Friedberg und Graz und rechts der Mur über Köflach und Eibiswald nach O zurück. Er umfaßt ein vielgestaltiges Hügelland, dessen breite Hügelwellen oder trockene Platten manche Ähnlichkeit mit dem nördlichen Alpenvorland haben.

Von N nach S queren diese Hügelzone eine Reihe jungvulkanischer Kuppen von Güns bis Radkersburg (z. B. Stradner Kogel, 607 m). Eiszeitliche Schotterplatten begleiten die Mur im Grazer und Leibnitzer Feld. Dieses Hügelland, auch als Grazer Becken bezeichnet, findet in dem hoch hinauf kultivierten Rücken des Posrucks (1049 m) an der Grenze nach Jugoslawien seinen südlichen Abschluß.

Westlich von Posruck und den südlichen Ausläufern der Koralpe schließt die zentrale Landschaft Kärntens an, das Klagenfurter Becken. Mit 75 km Länge und 20 bis 30 km Breite ist es das größte inneralpine Becken, von dessen 400 bis 500 m hoher Sohle mehrfach Erhebungen über 1000 m aufragen, wodurch eine gewisse Unterbrechung der einheitlichen Beckengestalt entsteht.

Die Drau fließt nach ihrem Austritt aus dem Lienzer Becken in ziemlich breitem Tal ostwärts, hat oberhalb der Möllmündung bei Sachsenburg in einer Enge eine auffällige Umbiegung nach N beendet und strebt dann durch das offene Lurnfeld, den Schuttkegel der Lieser, über Spittal nach Villach. Sie erreicht dort, knapp vor der Einmündung der Gail, die W-Grenze des Klagenfurter Beckens.

Vom Klagenfurter Becken gesondert zieht als östlichste Landschaft Kärntens das Lavanttal zwischen Saualpe im W und Koralpe im O südwärts zum Tal der Drau. Während das obere Lavanttal reich an Wald und Wiesen ist und noch viele Anklänge an die Steiermark hat, beginnt bei Wolfsberg ein fast 20 km langes und 6 km breites, fruchtbares Becken. Durch die 1936 eröffnete Packstraße (Packsattel, 1166 m) wurde das Lavanttal ein Teil der kürzesten Verbindung zwischen dem Grazer und dem Klagenfurter Becken.

Die heutige Gestalt des Klagenfurter Beckens, ein in der Hebung gegenüber den anderen Alpenteilen zurückgebliebenes Gebiet, geht auf eiszeitliche Bearbeitung zurück, durch die mehrere Längsfurchen geschaffen worden sind: im W der Ossiacher See, den eine ganz flache Moränenschwelle vom Tal der Glan trennt, und der in zwei Teilbecken gegliederte Wörther See, der zur Glan entwässert. Zwischen jüngeren Moränen der Eiszeit liegen der Faaker, Klopeiner und Keutschacher See. Die Drau selbst fließt vorerst am S-Rand des Beckens und nimmt dann die in großem Bogen in das Becken einschwenkende Gurk auf. Auch die Glan beschreibt einen ähnlichen, wenn auch kleineren Bogen, bevor sie in die Gurk mündet. Bei diesen auffälligen Flußläufen handelt es sich um ehemalige Umfließungsrinnen am Rande der Eiszeitgletscher, die allmählich mit dem Rückzug des Eises ins Innere des Beckens rückten. So wie im Flußnetz das glaziale Landschaftsgepräge erhalten geblieben ist, schaffen auch Schotterflächen, Moränen und Inselberge in der Landschaft ziemliche Abwechslung.

Das Klagenfurter Becken und mit ihm ganz Kärnten und Osttirol werden gegen S durch die langgedehnten Kalkkettengebirge des sogenannten Drauzuges gesperrt, der das eine der zwei grundverschiedenen tektonischen Glieder der südlichen Kalkalpen ist. Nur dieser Drauzug liegt teilweise auf österreichischem Boden. Er beginnt im W mit den Karnischen Alpen, die das geradlinige Längstal der Gail in die Gailtaler Alpen im N und die Karnischen Hochalpen im S zerlegt. In jenem bilden die Triaskalke die mächtige Masse der sogenannten Lienzer Dolomiten (Sandspitze, 2772 m), anschließend, durch den tiefen Gailbergsattel (982 m) geschieden, den langen Kamm des Reißkofels (2371 m). Hier bildet das Tal des langen, schmalen Weißensees eine weitere Längsgliederung, entlang welcher schließlich der südliche Bergzug der Gailtaler Alpen über Villach und am Quertal der Gail in der Villacher Alpe (2166 m) endet. Das Gailtal ist in seinem oberen Teil als Lesachtal ein echt hochalpiner Trog, von Kötschach an breit und versumpft, und hat im unteren Teil, mit Hermagor als Hauptort, ziemlich südländischen Charakter mit Mais- und Obstbau und Edelkastanien.

In steil nach N abstürzenden Bergformen ragt südlich der Gail die schmale Kette der Karnischen Hochalpen empor (Hohe Warte, 2780 m). Ostwärts des Plöckenpasses (1362 m) verbreitert sich diese Kette und reicht so bis zum Durchbruchstal der Gailitz. Dann beginnt als ihre Fortsetzung der lange Wall der Karawanken (Hochstuhl, 2237 m), der ebenfalls seinen Steilabfall nach N kehrt. Ab dem Loiblpaß (1369 m) wird das Gebirge breiter und trägt auf einer vorgelagerten Kalkzone den Hochobir (2142 m), auf dem sich jahrzehntelang die Hannwarte befunden hatte, bis dieses Observatorium schließlich den Wirren des zweiten Weltkrieges zum Opfer fiel.

Im N grenzt Innerösterreich, wie bereits erwähnt, an Gebirgsgruppen der nördlichen Kalkzone, bei denen der Plateaucharakter und oft auch Karsterscheinungen eindeutig vorherrschen. Die diesem Kalkgebirge im N vorgelagerte Sandsteinzone bildet hier nur mehr ein niedriges sanftwelliges Berg- und Hügelland, das erst ganz im O, im Wiener Wald (Schöpfl, 890 m), größere Breite einnimmt und bei Wien im Bisamberg (360 m) über die Donau hinüberstreicht. Die zwischen den Hochalpen und den Sandsteinbergen liegenden Voralpen sind meist recht einförmige, wenn auch steile und stark bewaldete Erhebungen, die nur manchmal markantere Gipfelformen zeigen.

Die nördlichen Voralpen treten von Bayern her, mit z. T. schroff nach N abfallenden Bergformen, im Raume des Saalachtales (Lofer-Unken) auf österreichischen Boden über. Zwischen Salzach und Traun sind die Voralpen breit angelegt in einförmigen Gipfeln zwischen 1600 und 1800 m, einzelne weitaus schroffere Formen werden bis 2028 m hoch. Aus einer stärker reliefierten Seenlandschaft ragt der aussichtsreiche Schafberg (1783 m) auf und findet seine tektonische Fortsetzung im verkarsteten Plateau des Höllengebirges (1862 m; Feuerkogel, 1594 m). Weithin sichtbar erhebt sich ostwärts des Traunsees der Traunstein (1691 m) als isoliert nach N vorgeschobener Voralpengipfel. Überaus markant sind auch die von Karen gebildeten wilderen Formen des Kasberges (1743 m) ostwärts Grünau im Almtal.

Der Seenreichtum, der sich besonders im Bergland zwischen dem Salzach- und Lammertal im W bzw. S und der Tiefenlinie über den Pyhrnpaß (945 m) im O zeigt, verdankt seine Entstehung eiszeitlicher Gletscherarbeit, die von Senkungsvorgängen im Alpenkörper unterstützt worden ist. In diesem als Salzkammergut bezeichneten Raum am Rande der Hochalpen schuf einstige Gletscherarbeit den prächtigen Trog des Hallstätter Sees und weiter abwärts das Becken von Ischl. Gabelungen des diluvialen Eisstromes entsprechen die stufenförmig übereinanderliegenden Becken des Wolfgang-, Fuschl- und Mondsees sowie des Attersees, zu dem auch der Mondsee entwässert wird, und des Traunsees, aus dem die Traun nach Aufnahme eines Teiles dieser Seengewässer ins Alpenvorland tritt, in dem sie die Ager mit den Wassern der westlichen Salzkammergutseen aufnimmt.

Östlich des großen Bogens der Steyr streicht das Sengsengebirge (1961 m) nach OSO bis nahe an das tiefe Quertal der Enns, die nördlich von Hieflau, einer tektonischen Richtungsänderung folgend, scharf nach WNW abbiegt. Das dem Ennstal im O benachbarte Ybbstal setzt sich in mehrfachem Wechsel aus Längs- und Quertalstrecken zusammen, so daß diese durchgängige Tallandschaft in ihrer Gliederung sehr unübersichtlich wird. Die Voralpenberge im Quellgebiet von Salza und Traisen erreichen im Göller noch 1766 m, weiter östlich in der einförmigen Reisalpe und dem Sulzberg nur noch 1300 bis 1400 m. Ostwärts von Erlauf und Pielach verbreitern sich die Voralpen unter deutlicher Kettengliederung, bis endlich an der Wiener Thermenlinie in den sogenannten Thermenalpen (Hohe Wand, 1135 m) dieser Gebirgszug, von einem ganzen System von Brüchen durchschnitten, zu den Ebenen am Alpenostrand abbricht. Im ganzen Voralpengebiet herrschen sehr große und forstlich gut bewirtschaftete Waldflächen vor.

Die südlich davon aufragenden Hochalpen beginnen östlich der Kitzbüheler Ache mit der Gruppe der Salzburger Kalkalpen. Diese zeigen vorerst in den Leoganger (2634 m) und Loferer Steinbergen (2503 m) noch schärfere Kämme, aber auch Ansätze zu verkarsteten Plateaus. Von den jenseits der Saalach anhebenden Berchtesgadener Alpen liegt der am weitesten nach N gerückte Untersberg (1973 m) wieder auf österreichischem Boden, wo sein Plateaustock steil zur Salzach abfällt. Den Salzburger Anteil am Saalachtal überragt im O der Zug der Reiteralm (2285 m). Die auf Berchtesgadener Gebiet liegenden Grate des Hochkalters (2687 m) und Watzmanns (2713 m) gehen im S in die Karstwildnis des Steinernen Meeres über, an dessen auf österreichischem Boden liegendem S-Rand deutlicher geformte Gipfel (2651 m) über ein rund 2100 m hohes Plateau aufragen und schroff zur Saalach und den Schieferbergen abbrechen. An das Steinerne Meer schließt sich ostwärts der vergletscherte Hochkönig (2938 m) an. Nördlich von diesem vergletscherten Plateau folgt das Hagengebirge und noch weiter im N auf der linken Seite des Salzach-Quertales die Göllgruppe (Hoher Göll, 2519 m). Die fast 2000 m tiefe, ausgesprochen erosiv entstandene Durchbruchsschlucht der Salzach im Paß Lueg (562 m), unterhalb Werfen, trennt vom Hagengebirge das noch ödere, höhlenreiche Tennengebirge (2412 m), dessen Steilabfälle im S das Fritztal, im N das Lammertal mit dem Becken von Abtenau überragen. Alle diese weißleuchtenden Kalkhochflächen stehen landschaftlich in scharfem Gegensatz zu dem Wald- und Wiesenreichtum der Täler, der in weicheren Gesteinsschichten und eiszeitlichen Ablagerungen wurzelt.

Ostwärts des Lammertales ragt das mächtige Dachsteinmassiv auf, dessen verkarstetes, höhlenreiches Plateau im S von einem vergletscherten Kargebirge überragt wird, dessen S-Kante im Hohen Dachstein (2995 m) gipfelt. In dieses Plateau sind die tiefen Tröge des Gosausees und Hallstätter Sees eingelassen. Der Pötschenpaß (992 m) und die Senke von Mitterndorf, aus der die Traun über Aussee durch das wilde Koppental westwärts fließt, trennt vom Dachsteinstock das ihm gleichartige Tote Gebirge (Großer Priel, 2514 m), in das die Quellseen der Traun (Grundl- und Altausseer See) mit ihren Trögen eingesenkt sind. An der Pyhrnlinie, im W überragt vom Warscheneck (2389 m), ist der Zug der Hochalpen nahezu unterbrochen. Hier weitet sich vorerst das große Becken von Windischgarsten. Erst dann erheben sich wieder hochalpine Kalkzüge, von Brüchen zerstückelt und stärker in Ketten und Stöcke aufgelöst, in der prachtvollen Gruppe der Ennstaler Alpen (Reichenstein, 2274 m). In diese Gebirgsgruppe schneidet die Enns bis zum scharfen Knie bei Hieflau das großartige Engtal des Gesäuses ein.

Im O dieser Ennsumbiegung und im N von der Salza begrenzt, folgt die Hochschwabgruppe, in der über einem teils verkarsteten, teils almenreichen Plateau einzelne 400 bis 500 m hohe Kuppen bis

2277 m aufragen. Nach dem breiten Sattel von Seeberg (1254 m) folgen dann die ähnlich gebauten Plateaustöcke der Schneeberggruppe als östlichste der nordalpinen Kalkhochalpen. Zu ihr gehören außer Schneeberg (2075 m) und Raxalpe (2007 m), beide getrennt durch das tiefe Tal der Schwarza (Höllental), die Veitsch (1982 m) und die Schneealpe (1904 m), die sich beiderseits des Quertales der obersten Mürz anordnen; dann im NW von diesen die Lassingalpen (Dürrenstein, 1878 m) im Bereiche der landschaftlich schönen Lunzer Seen mit der bekannten Biologischen Station, schließlich zwischen Ybbs und Erlauf der höhlenreiche Ötscher (1894 m). Alle Erhebungen dieser Gruppe tragen nur mehr abgeschwächte Formen des Kalkhochgebirges, jedoch bleibt bis zum O-Ende auch hier der mächtige Steilabfall zur südlichen Randtiefenlinie erhalten.

Die verkarstete Fläche jener Kalkalpenstöcke, die dieses Phänomen verbreiterter aufweisen, umfaßt rund 1592 km^2 abflußloses Areal. Es liegt nahezu gänzlich auf österreichischem Boden und verteilt sich auf die einzelnen Gebirgsgruppen wie folgt:

Berggruppe	Fläche km^2	% der gesamten verkarsteten Fläche
Totes Gebirge (OÖ, St)	300	18·8
Hochschwabplateau (St)	225	14·2
Dachstein mit Koppenstein, Gröbming- und Gosaukamm (OÖ, St, Sa)	224	14·1
Steinernes Meer mit Watzmann (Sa, Bayern)	160	10·0
Hagengebirge (Sa, Bayern)	104	6·6
Warscheneck (OÖ, St)	94	5·9
Tennengebirge (Sa)	91	5·7
Schneeberg (NÖ)	91	5·7
Hochkönig mit Übergossener Alm (Sa)	53	3·3
Schneealpe (St)	44	2·8
Höllengebirge (OÖ)	39	2·4
Sengsengebirge (OÖ)	37	2·3
Leoganger Steinberge (Sa)	37	2·3
Hohe Wand (NÖ)	35	2·2
Raxalpe (NÖ, St)	33	2·1
Loferer Steinberge (T)	25	1·6

In diesen Karstgebieten sind bisher im österreichischen Alpenanteil über 2300 Höhlen bekanntgeworden, davon allein im Tennengebirge 134 und im Dachsteinstock sogar rund 180 Höhlensysteme. Das Tennengebirge beherbergt dabei die Eisriesenwelt als größtes österreichisches Höhlensystem. Der Haupteingang dieses Systems liegt in 1641 m Seehöhe und hat Höhlengänge von insgesamt 42 km Länge. An zweiter Stelle steht die Dachstein-Mammuthöhle, deren Haupteingang 1338 m hoch liegt und 23 km Höhlengänge umfaßt. Insgesamt weisen die nordöstlichen Kalkalpen 12 Höhlensysteme auf, deren jedes eine Ganglänge von mindestens 2 km besitzt. Jedoch gibt es auch außerhalb der hier geschilderten Kalkstöcke in anderen Teilen Österreichs zahlreiche Höhlen.

IV. Die Ebenen am Alpenostrand

Die Gebirgszüge der nordöstlichen Alpen brechen, wie erwähnt, vom W her zur schiefen Ebene des Wiener Beckens nieder, das im S und SO von den Ausläufern der Bergwelt Innerösterreichs umrandet wird. Die hier beginnende Ebene setzt sich nördlich der Donau im Marchfeld und im O in den Ebenen um den Neusiedler See fort. Sie ist nichts anderes als der westliche Ausläufer der Kleinen Ungarischen Tiefebene, mit der sie auch viele landschaftliche und klimatische Züge gemeinsam hat.

Die große Wasserfläche des Neusiedler Sees ist sehr seicht (durchschnittlich 1 bis 2 m tief) und hat nur geringe Zuflüsse, die meist durch die Wulka geliefert werden. Der Abfluß erfolgt über den Einserkanal zur Rabnitz und Donau, ist jedoch den größten Teil des Jahres außer Funktion. So ist der Neusiedlersee ein richtiger Steppensee, dessen Wasserstand nicht so sehr Zu- und Abfluß regeln als das Grundwasser, der Niederschlag über der Seefläche und die Verdunstung. Der See ist schon mehrmals, zuletzt um 1867, vorübergehend ausgetrocknet. Seine Größe ändert sich ständig im Zusammenspiel mit der jeweiligen Intensität der beteiligten meteorologischen Elemente. Seine maximale Fläche mit rund 515 km^2 erreichte er zuletzt im Jahre 1854 und ist seither sehr stark zurückgegangen. Der Seelandschaft gibt vor allem der mehrere Kilometer breite Schilfgürtel des Uferbereiches das Gepräge, in dem eine vielgestaltige Vogelwelt nistet. Der große Fischreichtum des Sees wird von den stark schwankenden Wasserständen regelmäßig gefährdet. Ostwärts des Sees, im Seewinkel, liegen einige abflußlose Grundwasserseen, sogenannte „Lacken", mit hohem Salzgehalt.

Zwischen der Seenlandschaft und dem Wiener Becken ragt die Berginsel des Leithagebirges (483 m) auf, im S durch die Wiener-Neustädter-Pforte vom Rosaliengebirge getrennt, im N durch die von der Leitha benützte Brucker Pforte von den Hainburger Bergen (476 m).

Das merklich zur Donau abgedachte Wiener Becken besteht aus zwei klimatisch bedeutsamen Teilen. Zum einen aus der sogenannten „nassen Ebene" im Raume Liesing—Vösendorf—Lanzendorf, in der, wie der Name besagt, die vielen Wasserläufe auffallen und die diese begleitenden Aureste. Zwischen diesen Auen schieben sich ausgedehnte Sumpfwiesen, heute bereits stark eingeengt, aber im Raume Münchendorf—Gramatneusiedl—Himberg—Laxenburg immerhin noch ziemlich gut erhalten. An der Piesting und ihrem als Fischa bezeichneten Unterlauf treten hier stellenweise sogar Flachmoore mit Schwingrasen auf, die jetzt aber immer mehr durch im Gange befindliche Bodenverbesserungen beseitigt werden. Der S-Rand dieser nassen Ebene ist kenntlich durch eine Quellreihe in der Gegend Hölles—Felixdorf—Ebenfurth, zu der u. a. Fischa—Dagnitz und der Kalte Gang gehören. Das hier sehr hoch anstehende Grundwasser, das sich über den nur wenig unter der Oberfläche liegenden marinen Tegeln ansammelt, bietet der feuchtigkeitsliebenden Pflanzenwelt dieses Raumes die notwendigen Daseinsbedingungen.

Ganz im W am Abbruch der Alpen und im S-Teil des zum Semmering spitz zulaufenden Wiener Beckens haben die aus dem Alpenkörper heraustretenden Gebirgsbäche mächtige Schotterdecken aufgebaut, die wegen ihrer Wasserdurchlässigkeit nur trockenliebende Pflanzengesellschaften hervorbringen. Dieser S-Teil, das „Steinfeld", beginnt bei Wiener Neustadt und trägt lichte Föhrenwälder.

Das Wiener Becken endet an der Donau mit einem Steilabfall, der von den Resten alter Donauterrassen gebietsweise überragt wird, deren Schotter in den südöstlichen Wiener Stadtteilen den Laaerberg und ostwärts nächst Fischamend ein flachwelliges Hügelland bilden, das von der Fischa zerschnitten wird. Nördlich der Donau beginnt flachufrig die niederösterreichische Kornkammer, das Marchfeld, zeitweise unter gewissen Versteppungserscheinungen leidend, stellenweise mit richtigen Dünen zwischen Deutsch-Wagram und Gänserndorf.

Die Wettergebiete Österreichs

Je nach dem Einteilungsprinzip lassen sich in Österreich sowohl in horizontaler als auch in vertikaler Richtung eine Anzahl Klimagebiete festlegen. Die Durchdringung von mediterranen, pannonischen und westeuropäischen Klimaelementen auf österreichischem Boden und ihre alpine Abwandlung lassen allerdings nur schwer allgemeiner gültige Einteilungsregeln aufstellen. Jedoch werden diese oft sehr kleinräumig gehaltenen Klimagebiete überlagert von Gebieten einheitlicher Witterung. Die Witterung, das durchschnittliche Wetter eines kürzeren Zeitabschnittes, läßt sich meist großräumiger betrachten als die Eigenheiten des alpinen Klimas. Es hat sich daher in der Praxis eine Einteilung Österreichs in neun Wettergebiete bewährt. Diese sind:

1. Vorarlberg und Nordtirol,
2. Inneralpines Salzach- und Ennsgebiet,
3. Nordalpen zwischen Untersberg und Rax,
4. Außeralpines Oberösterreich,
5. Außeralpines Niederösterreich und Nordburgenland,
6. Inneralpines Murtal und Mürztal,
7. Grazer Becken und Südburgenland,
8. Ostkärnten,
9. Westkärnten und Osttirol.

DAS STRAHLUNGSKLIMA [1]

Hauptsächlich sind es zwei Gründe, die es notwendig machen, daß in einer modernen Klimatographie auch die Strahlungsverhältnisse des betreffenden Landes eine eingehendere Würdigung erfahren:

1. Die primären Ursachen des ganzen Wettergeschehens sind letzten Endes doch in Form von Strahlungsvorgängen stattfindende Energieumsätze. Anderseits werden die Strahlungsumsätze durch das Wetter und das Klima wieder weitgehend beeinflußt. Die Zusammenhänge zwischen Strahlung und Wetter sind somit sehr verwickelt. Nichtsdestoweniger geht man nun doch auf breiter Front daran, die bisher mehr oder weniger als Selbstzweck und von der praktischen Wetterkunde unabhängig betriebene Strahlungsforschung in das System der Thermodynamik und der synoptischen Meteorologie einzubauen. Hiebei zeigt sich, daß gerade im Hinblick auf die Möglichkeiten der praktischen Anwendung der Ergebnisse der Strahlungsforschung geschlossene, gebietsweise und örtlich geltende Übersichten über die Einzelheiten der Strahlungsumsätze gebraucht werden.

2. Die unmittelbaren Einwirkungen der Strahlungserscheinungen auf die Lebensvorgänge bei Mensch, Tier und Pflanze, seien sie nun auf den Wärmehaushalt der Lebewesen oder auf unmittelbare chemisch-physiologische oder psychische Effekte bezogen, sind von einer derartigen Bedeutung, daß eine eingehende Kenntnis der natürlichen Strahlungsverhältnisse für die Wissenschaft und für die Praxis heute unerläßlich geworden ist.

Bei der Erstellung einer strahlungsklimatischen Übersicht über ein Land müssen nun von der bisherigen Gepflogenheit abweichende Gesichtspunkte eingenommen werden. Bisher begnügte man sich damit, die Sonnenscheinverhältnisse zu schildern und einige Angaben über die Intensitäten von Sonnen- und Himmelsstrahlung zu bringen und eventuell noch einige Hinweise auf die UV-Strahlung und die sogenannte „effektive Ausstrahlung" zu geben. Da wettermäßig und physiologisch aber vor allem jene Strahlungsenergien von Bedeutung sind, welche von Massen, bzw. Organismen tatsächlich absorbiert werden, muß eine moderne Strahlungsklimatologie so aufgebaut sein, daß sie auch einen gewissen Aufschluß über die Strahlungsbilanz dieser Massen, bzw. Organismen liefert.

Unter Strahlungsbilanz (SB) versteht man die Differenz der auf eine Oberfläche auffallenden und von ihr ausgehenden Strahlungsströme. Es besteht die Beziehung:

$$SB = S+H+G-R-A$$

Auf die betreffende Oberfläche fallen ein: Die Sonnenstrahlung (S), die Himmelsstrahlung (H) und die Gegenstrahlung (G). Von ihr gehen aus: Die reflektierten Anteile der Sonnen-, Himmels- und Gegenstrahlung (R) und die von Temperatur und Emissionsvermögen abhängige Ausstrahlung (A).

Es erweist sich vorteilhaft, die Bilanz in die kurzwellige (SB_k), welche sich im Wellenbereich zwischen 0·3 und 3 μ abspielt, und die im Bereich zwischen 3 und etwa 100 μ stattfindende langwellige Bilanz (SB_l) zu unterteilen und dann aus beiden die Gesamtbilanz (SB) herzuleiten. Nach diesem Prinzip soll in den folgenden Ausführungen im wesentlichen vorgegangen werden.

---

[1] Bearbeitet von Dr. F. Sauberer und Dr. Inge Dirmhirn.

$$SB_k = S+H-R_k$$
$$SB_l = G-R_l-A$$
$$SB = SB_k+SB_l$$

R_k und R_l bedeuten die kurzwellige, bzw. langwellige Rückstrahlung.

Klimatologische Übersichten über Länder und Gebiete sind auf die Ergebnisse von Messungen, Registrierungen und Beobachtungen an vielen Orten aufgebaut. Für die Ausarbeitung einer Strahlungsklimatographie stehen mit Ausnahme von Registrierungen der Sonnenscheindauer, in der Regel nur wenige unmittelbar gewonnene Meßresultate zur Verfügung, daneben eventuell noch kurzzeitige Meßreihen von verschiedenen Punkten. Diese Strahlungsklimatographie muß demnach mehr allgemein gehalten sein und vor allem eine Übersicht über die Einflüsse von Seehöhe, Bewölkung und orographischer Lage auf die einzelnen Komponenten der Strahlungsbilanz bieten, woraus dann unter Berücksichtigung verschiedener anderer klimatologischer Daten eine Abschätzung der Strahlungsbilanz verschiedener Oberflächen möglich wird.

Für eine Strahlungsklimatographie von Österreich liegen vor allem folgende Unterlagen vor:

1. Zahlreiche Messungen der **Lichtintensität** nach älteren photochemischen Methoden (Wiesner, Eder-Hecht usw.), die aber nur beschränkt verwendbar sind.

2. Messungen der Intensität der **Sonnenstrahlung**, teilweise in längeren Reihen, in Wien, Traunkirchen, Kremsmünster, Hochserfaus, auf der Stolzalpe, auf der Kanzelhöhe, dem Feuerkogel, dem Hochobir, dem Sonnblick usw.

3. Vereinzelte Messungen der **Himmelsstrahlung** vor 1945 und eingehende Untersuchungen und Registrierungen darüber aus den letzten Jahren.

4. Einige Meßreihen der „**effektiven Ausstrahlung**" aus früherer Zeit und mehrjährige Registrierungen in Wien seit 1949.

5. Verschiedene **lichtelektrische Registrierungen** seit 1928 und dauernde Registrierungen seit 1937 in Wien.

6. Eingehendere **Strahlungsbilanzmessungen** seit 1934 und **Sonderuntersuchungen** an verschiedenen Stellen in Österreich, sowie auch solche über die Strahlung im Wasser, im Schnee und in Pflanzenbeständen, spektrale Messungen, Registrierungen des Vorderlichtes, Bestimmungen der Gegenstrahlung, Albedomessungen usw.

7. Registrierungen der „**Globalstrahlung**" (S+H) mit **Robitzsch-Aktinographen** oder Sternpyranographen an 22 verschiedenen Stellen. Leider sind aber diese Registrierungen nur mit Vorbehalt verwendbar, weil in den Zeiten vor 1945 die nötigen Eichungen der Apparate nicht ausreichend erfolgten und zum Teil auch die Konstanten nachträglich nicht mit Sicherheit ermittelt werden konnten.

Die strahlungsklimatische Übersicht für Österreich soll folgendermaßen aufgebaut werden: Zunächst wird die **kurzwellige Strahlungsbilanz** abgeleitet. Hiezu sei vorerst die direkte **Sonnenstrahlung** behandelt, hierauf die **Himmelsstrahlung**, worauf die **Globalstrahlung** berechnet wird. Vergleichsweise soll dabei auch, soweit es möglich ist, auf die Ergebnisse der Registrierungen zurückgegriffen werden. Nach einer Behandlung des **Reflexionsvermögens** verschiedener Oberflächen können Angaben über die **kurzwellige Strahlungsbilanz** gemacht werden. Die **langwellige Bilanz** wird nach der Behandlung der **Gegenstrahlung** und der **Ausstrahlung** der Oberflächen besprochen. Schließlich ergibt sich aus der kurzwelligen und der langwelligen die **gesamte Strahlungsbilanz** verschiedener Oberflächen. Diese Endresultate können mit den Ergebnissen direkter Strahlungsbilanzmessungen verglichen werden. Den Abschluß bilden Übersichten über die **Beleuchtungsstärke** und die **Ultraviolettstrahlung**.

Die schrittweise Behandlung der Strahlungsbilanz ist notwendig, weil die einzelnen Strahlungskomponenten ohnehin getrennt behandelt werden müssen und weil, besonders in reich gegliederten Gebirgsgegenden, nur auf diese Weise eine Übersicht zu erhalten ist. Unmittelbare Strahlungsbilanzmessungen müßte man zu Hunderttausenden ausführen, wenn es sich um Stellen mit gegliedertem, überhöhtem Horizont handelt, an denen außerdem noch die Oberflächenbeschaffenheit wechselt. Nach Komponenten aufgegliedert sind die Bilanzbestimmungen, wie einige Beispiele zeigen werden, relativ einfach durchführbar. Grundbedingung ist aber die Kenntnis der Sonnenscheindauer, bzw. der Bewölkung, sowie der Temperatur- und Feuchteverhältnisse.

Es sei gleich an dieser Stelle vermerkt, daß bei der Behandlung der für die Strahlungsvorgänge so wichtigen Bewölkungsverhältnisse, insofern gewisse Schwierigkeiten bestehen, als für manche Zwecke besser oder einfacher die Bewölkungsmittel, für andere wieder die relativen Werte der Sonnenscheindauer herangezogen werden. Die geforderte Beziehung „Bewölkung (in %)+Sonnenscheindauer (in %) = 100" ist in Wirklichkeit nicht erfüllt (siehe den Abschnitt „Sonnenschein"). Zur Vereinfachung muß aber bei den folgenden Ausführungen, soweit es nicht besonders vermerkt ist, doch mit der Gültigkeit dieser Beziehung gerechnet und Bewölkungsmittel und relative Sonnenscheindauer im allgemeinen als sich auf 100% ergänzend angenommen werden.

Die Sonnenstrahlung

a) Allgemeines

An der oberen Grenze der Atmosphäre schwankt auf der Nordhemisphäre die mittlere Intensität der normal zur Strahlungsrichtung berechneten Sonnenstrahlung im Verlauf des Jahres zwischen $1·84 \ cal/cm^2 \ min$ (im Sommer) und $2·10 \ cal/cm^2 \ min$ (im Winter). Der Mittelwert wird hier mit $1·94 \ cal/cm^2 \ min$ angenommen [1]. Auf dem Wege zur Erdoberfläche erfolgt in der Atmosphäre eine Schwächung der Intensität der Sonnenstrahlung. Diese ist um so größer, je länger der Weg durch die Atmosphäre ist, sie ist also am geringsten, wenn die Sonne im Zenit, und am größten, wenn die Sonne am Horizont steht, d. h. sie ist von der Sonnenhöhe abhängig. Als Maß für diese Schwächung der Sonnenstrahlung beim Durchgang durch die Atmosphäre nimmt man die Mächtigkeit der durchstrahlten Luftmasse. Diese ist bei zenitalem Sonnenstand gleich 1. Für verschiedene Sonnenhöhen ergeben sich folgende Werte:

Sonnenhöhe °	90	80	70	60	50	45	40	35	30	25	20	15	10	5	3
Wahre Luftmasse	1·00	1·02	1·06	1·15	1·30	1·40	1·55	1·74	2·00	2·36	2·90	3·80	5·60	10·40	15·40

Diese Werte gelten für das Meeresniveau. Mit zunehmender Seehöhe werden sie geringer, daher ist auch die Intensität der Sonnenstrahlung in größeren Höhen größer.

Die Zusammenhänge zwischen Luftmasse und Seehöhe sind ungefähr folgende:

Seehöhe, km	0·0	0·9	1·9	2·9	4·0	5·4	7·0	9·0	11·6	16·0
Wahre Luftmasse	1·0	0·9	0·8	0·7	0·6	0·5	0·4	0·3	0·2	0·1

Die von der Sonne ausgesandte Wellenstrahlung ist ein Gemisch von Strahlen verschiedener Wellenlängen. Ausschlaggebend für die spektrale Verteilung der Sonnenstrahlung ist die Temperatur der strahlenden Sonnenoberfläche. Bei der Durchdringung der Erdatmosphäre werden die verschiedenen Wellenlängen nicht in gleichem Ausmaß geschwächt.

---

[1] Alle in dieser Darstellung angegebenen Strahlungsintensitäten sind nach der Smithsonian Skala 1913 bestimmt. Die neue „Internationale Pyrheliometerskala 1956" liegt um 2% niedriger.

Bestimmte Bereiche werden stärker, andere weniger geschwächt, so daß schließlich an der Erdoberfläche eine Verteilung vorhanden ist, welche der Kurve a der Abb. 1 zu entnehmen ist. Diese Kurve gilt für eine Sonnenhöhe von 35°.

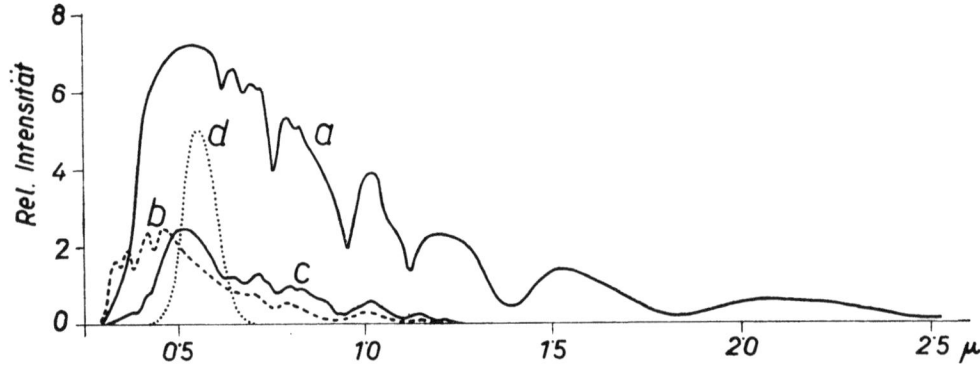

Abb. 1: Spektralverteilung der Sonnenstrahlung (a), der Himmelsstrahlung bei wolkenlosem Himmel (b) und der Himmelsstrahlung bei bedecktem Himmel (c) bei 30 bis 35° Sonnenhöhe sowie relative Spektralverteilung der Hellempfindlichkeit des menschlichen Auges (d) (a, b und c in gleichem relativen Maßstab)

Der Spektralbereich von etwa 0·36 bis 0·76 µ ist mit dem menschlichen Auge mühelos wahrnehmbar; diese Strahlung wird als „Lichtstrahlung" bezeichnet. Strahlen mit kleinerer Wellenlänge werden als „Ultraviolett", solche mit größerer als „Ultrarot" oder besser als „Infrarot" bezeichnet. Energiemäßig ist der ultraviolette Teil des Sonnenspektrums praktisch bedeutungslos, der infrarote jedoch nicht. Je nach Sonnenhöhe fallen 45 bis 70% der Sonnenstrahlung auf die unsichtbare Infrarotstrahlung.

b) Wolkenloser Himmel

Infolge der geringen räumlichen Ausdehnung Österreichs kann die Intensität der Sonnenstrahlung am oberen Rand der Atmosphäre praktisch überall gleich angenommen werden. Da die Schwächung in der Atmosphäre aber in hohem Maß vom Grad der Verunreinigung der Luft abhängt und letztere sehr veränderlich ist, schwankt auch die Intensität der Sonnenstrahlung an der Erdoberfläche erheblich. Hiebei spielt der wechselnde Wasserdampfgehalt der Atmosphäre eine besondere Rolle. Je größer dieser ist, desto mehr wird die Sonnenstrahlung in der Atmosphäre geschwächt.

Der Wasserdampfgehalt ist bekanntlich

größer:	kleiner:
in der Niederung	in höheren Lagen
und im Sommer	und im Winter.

Aus diesem Grunde ist bei einer bestimmten Sonnenhöhe (z. B. bei 15°) die Intensität der Sonnenstrahlung in der Niederung geringer als im Hochgebirge und ebenso im Sommer geringer als im Winter. Die höchsten Strahlungsintensitäten sind demnach im winterlichen Hochgebirge, die geringsten im Sommer in der Niederung zu erwarten. Diese Tatsachen sind am deutlichsten aus dem Jahresgang des sogenannten „Trübungsfaktors" zu ersehen. Der Trübungsfaktor gibt nämlich ungefähr an, wievielmal die über einem Meßort liegende Atmosphäre die Sonnenstrahlung mehr schwächt als reine, staub- und wasserdampffreie Luft.

Aus Tabelle 6 ist zu entnehmen, daß die Trübungsfaktoren im Juli in allen Seehöhen ein Maximum aufweisen.

Tabelle 6: *Jahresgang der Trübungsfaktoren zur Mittagszeit in verschiedenen Seehöhen* [nach (1)]

Seehöhe m	I.	II.	III.	IV.	V.	VI.	VII.	VIII.	IX.	X.	XI.	XII.	Schwankung
200	3·0	2·8	3·2	3·6	3·8	3·8	3·9	3·8	3·3	3·2	2·7	2·6	1·3
500	2·7	2·5	2·9	3·3	3·6	3·5	3·7	3·4	3·0	2·8	2·4	2·4	1·3
1000	2·2	2·1	2·6	2·8	3·2	3·2	3·3	3·1	2·8	2·5	2·2	2·1	1·2
1500	2·0	1·9	2·3	2·4	2·8	2·8	3·0	2·8	2·5	2·2	1·9	1·9	1·1
2000	1·8	1·8	2·1	2·2	2·5	2·6	2·6	2·6	2·3	2·0	1·8	1·7	0·9
3000	1·7	1·7	1·9	2·1	2·2	2·2	2·2	2·2	2·0	1·9	1·8	1·7	0·5

Die Einflüsse der wechselnden Trübungsfaktoren und der Seehöhe bestimmen somit die Durchschnittswerte der Intensität der Sonnenstrahlung, die in Tabelle 7 [nach (1)] zusammengestellt sind. Selbstverständlich können oftmals bedeutende Abweichungen von diesen Mittelwerten vorkommen. Die Veränderlichkeit der Strahlungsintensitäten nimmt mit zunehmender Höhenlage des Ortes stark ab (2). Die Schwankungsweite der Mittagsintensitäten liegt in verschiedenen Höhen in folgenden Bereichen:

Seehöhe	Winter (November bis Jänner)	Sommer (Mai bis Juli)
200 m	0·60 bis 1·25 $cal/cm^2 min$	0·85 bis 1·40 $cal/cm^2 min$
1500 m	1·20 bis 1·50 $cal/cm^2 min$	1·25 bis 1·55 $cal/cm^2 min$
3000 m	1·35 bis 1·55 $cal/cm^2 min$	1·45 bis 1·65 $cal/cm^2 min$

Meistens handelt es sich um negative Abweichungen, weil die „Normalwerte" der Sonnenstrahlung in der Regel aus Messungen bei richtigem „Strahlungswetter", also bei ungestörter Einstrahlung vorgenommen werden. Die an sich meist nicht großen Unterschiede zwischen den bei gleicher Sonnenhöhe vor- und nachmittags gemessenen Strahlungsintensitäten wurden hier vernachlässigt, so daß für jede Sonnenhöhe nur ein Mittelwert angegeben wird.

Tabelle 7: *Tagesgang der Intensität der Sonnenstrahlung auf eine zur Strahlungsrichtung normale Fläche in verschiedenen Höhenstufen in den Ostalpen* [nach (1)]

(Werte in $cal/cm^2 min$ für den 47. Breitegrad am 15. jedes Monats)

Sonnenhöhe	5°	10°	15°	20°	25°	30°	35°	40°	45°	50°	55°	60°	65°	Mittag
200 m														
Jänner	0·44	0·71	0·90	1·04	—	—	—	—	—	—	—	—	—	1·04
Februar	0·40	0·66	0·83	0·98	1·10	1·22	—	—	—	—	—	—	—	1·22
März	0·37	0·60	0·78	0·92	1·03	1·12	1·20	1·26	—	—	—	—	—	1·26
April	0·32	0·52	0·68	0·82	0·93	1·02	1·09	1·14	1·20	1·24	1·27	—	—	1·26
Mai	0·28	0·50	0·67	0·81	0·93	1·02	1·08	1·14	1·18	1·22	1·25	1·26	—	1·26
Juni	0·28	0·50	0·68	0·80	0·91	1·00	1·06	1·12	1·16	1·20	1·23	1·26	1·27	1·27
Juli	0·29	0·51	0·70	0·83	0·93	1·00	1·07	1·12	1·16	1·19	1·21	1·23	1·24	1·24
August	0·29	0·53	0·70	0·81	0·92	1·00	1·07	1·12	1·17	1·21	1·24	1·25	—	1·25
September	0·35	0·59	0·77	0·89	0·99	1·08	1·15	1·21	1·25	—	—	—	—	1·26
Oktober	0·35	0·60	0·77	0·91	1·02	1·10	1·19	—	—	—	—	—	—	1·19
November	0·39	0·63	0·85	1·02	1·15	—	—	—	—	—	—	—	—	1·15
Dezember	0·42	0·70	0·92	1·09	—	—	—	—	—	—	—	—	—	1·09

Tabelle 7 (Fortsetzung)

Sonnenhöhe	5°	10°	15°	20°	25°	30°	35°	40°	45°	50°	55°	60°	65°	Mittag
500 m														
Jänner	0·57	0·81	0·99	1·13	—	—	—	—	—	—	—	—	—	1·13
Februar	0·54	0·78	0·94	1·08	1·20	1·30	—	—	—	—	—	—	—	1·30
März	0·45	0·69	0·85	1·00	1·10	1·19	1·26	1·32	—	—	—	—	—	1·32
April	0·40	0·60	0·76	0·90	1·01	1·09	1·16	1·22	1·27	1·31	1·34	—	—	1·33
Mai	0·34	0·57	0·75	0·88	0·99	1·08	1·14	1·19	1·23	1·26	1·29	1·31	—	1·31
Juni	0·34	0·57	0·74	0·87	0·98	1·06	1·12	1·17	1·21	1·24	1·27	1·29	1·31	1·31
Juli	0·35	0·57	0·75	0·88	0·97	1·05	1·11	1·16	1·20	1·23	1·25	1·27	1·28	1·28
August	0·37	0·60	0·77	0·88	0·98	1·06	1·13	1·18	1·22	1·26	1·29	—	—	1·30
September	0·43	0·68	0·84	0·97	1·07	1·15	1·21	1·27	1·31	—	—	—	—	1·32
Oktober	0·44	0·70	0·87	1·00	1·11	1·19	1·27	—	—	—	—	—	—	1·27
November	0·49	0·76	0·95	1·11	1·23	—	—	—	—	—	—	—	—	1·23
Dezember	0·53	0·80	1·01	1·16	—	—	—	—	—	—	—	—	—	1·16
1000 m														
Jänner	0·76	0·97	1·14	1·29	—	—	—	—	—	—	—	—	—	1·29
Februar	0·68	0·94	1·11	1·22	1·32	1·41	—	—	—	—	—	—	—	1·41
März	0·58	0·85	0·99	1·12	1·22	1·30	1·36	1·41	—	—	—	—	—	1·41
April	0·56	0·76	0·92	1·04	1·15	1·23	1·29	1·34	1·38	1·42	1·44	—	—	1·43
Mai	0·44	0·70	0·88	0·99	1·09	1·18	1·23	1·27	1·31	1·34	1·37	1·39	—	1·39
Juni	0·46	0·69	0·85	0·97	1·08	1·15	1·20	1·25	1·29	1·32	1·35	1·37	1·38	1·38
Juli	0·44	0·68	0·85	0·97	1·06	1·13	1·19	1·23	1·27	1·30	1·32	1·34	1·35	1·35
August	0·47	0·72	0·88	1·00	1·09	1·17	1·22	1·27	1·31	1·34	1·36	—	—	1·37
September	0·55	0·80	0·95	1·07	1·17	1·25	1·30	1·35	1·38	—	—	—	—	1·39
Oktober	0·62	0·85	1·01	1·13	1·22	1·30	1·36	—	—	—	—	—	—	1·36
November	0·65	0·91	1·10	1·23	1·32	—	—	—	—	—	—	—	—	1·32
Dezember	0·70	0·97	1·14	1·26	—	—	—	—	—	—	—	—	—	1·26
1500 m														
Jänner	0·89	1·09	1·25	1·37	—	—	—	—	—	—	—	—	—	1·37
Februar	0·82	1·09	1·24	1·34	1·42	1·48	—	—	—	—	—	—	—	1·48
März	0·71	0·97	1·13	1·24	1·33	1·40	1·45	1·49	—	—	—	—	—	1·49
April	0·70	0·89	1·05	1·17	1·26	1·33	1·39	1·43	1·47	1·49	1·51	—	—	1·50
Mai	0·60	0·83	0·99	1·09	1·19	1·27	1·32	1·35	1·38	1·41	1·43	1·45	—	1·45
Juni	0·59	0·81	0·96	1·08	1·17	1·24	1·29	1·34	1·37	1·40	1·42	1·44	1·45	1·45
Juli	0·55	0·79	0·95	1·06	1·15	1·22	1·27	1·31	1·34	1·37	1·39	1·41	1·42	1·42
August	0·59	0·84	0·99	1·10	1·18	1·25	1·30	1·34	1·38	1·41	1·43	—	—	1·43
September	0·68	0·91	1·06	1·17	1·26	1·33	1·38	1·41	1·44	—	—	—	—	1·45
Oktober	0·77	0·99	1·13	1·25	1·33	1·40	1·45	—	—	—	—	—	—	1·45
November	0·82	1·06	1·22	1·33	1·41	—	—	—	—	—	—	—	—	1·41
Dezember	0·84	1·10	1·26	1·36	—	—	—	—	—	—	—	—	—	1·36
2000 m														
Jänner	0·95	1·18	1·32	1·43	—	—	—	—	—	—	—	—	—	1·43
Februar	0·94	1·18	1·32	1·41	1·48	1·54	—	—	—	—	—	—	—	1·54
März	0·85	1·09	1·25	1·34	1·42	1·48	1·52	1·54	—	—	—	—	—	1·54
April	0·81	1·02	1·18	1·28	1·37	1·42	1·47	1·51	1·54	1·55	1·56	—	—	1·56
Mai	0·66	0·94	1·12	1·21	1·29	1·36	1·40	1·44	1·47	1·49	1·51	1·52	—	1·52
Juni	0·72	0·93	1·08	1·18	1·27	1·33	1·38	1·42	1·44	1·46	1·48	1·49	1·50	1·50
Juli	0·66	0·91	1·05	1·17	1·26	1·31	1·36	1·39	1·42	1·45	1·47	1·48	1·49	1·49
August	0·72	0·96	1·09	1·19	1·27	1·34	1·38	1·41	1·44	1·47	1·49	—	—	1·49
September	0·79	1·01	1·15	1·26	1·34	1·40	1·45	1·48	1·50	—	—	—	—	1·51
Oktober	0·91	1·10	1·23	1·34	1·41	1·47	1·50	—	—	—	—	—	—	1·50
November	0·90	1·12	1·29	1·39	1·46	—	—	—	—	—	—	—	—	1·46
Dezember	0·95	1·19	1·34	1·43	—	—	—	—	—	—	—	—	—	1·43

Tabelle 7 (Fortsetzung).

Sonnenhöhe	5°	10°	15°	20°	25°	30°	35°	40°	45°	50°	55°	60°	65°	Mittag
3000 m														
Jänner	0.98	1.22	1.38	1.48	—	—	—	—	—	—	—	—	—	1.48
Februar	1.02	1.24	1.38	1.47	1.55	1.60	—	—	—	—	—	—	—	1.60
März	0.94	1.17	1.33	1.42	1.50	1.55	1.59	1.61	—	—	—	—	—	1.61
April	0.88	1.11	1.25	1.35	1.42	1.47	1.52	1.56	1.58	1.59	1.60	—	—	1.60
Mai	0.79	1.05	1.21	1.31	1.38	1.43	1.48	1.51	1.54	1.57	1.59	1.60	—	1.60
Juni	0.84	1.04	1.18	1.28	1.36	1.41	1.45	1.49	1.52	1.54	1.56	1.57	1.58	1.58
Juli	0.86	1.07	1.19	1.29	1.36	1.41	1.46	1.49	1.52	1.54	1.56	1.58	1.58	1.58
August	0.91	1.13	1.23	1.31	1.39	1.44	1.48	1.51	1.54	1.56	1.57	—	—	1.57
September	0.94	1.14	1.27	1.37	1.44	1.50	1.54	1.57	1.58	—	—	—	—	1.58
Oktober	1.01	1.18	1.30	1.41	1.48	1.54	1.56	—	—	—	—	—	—	1.56
November	0.94	1.17	1.34	1.45	1.50	—	—	—	—	—	—	—	—	1.50
Dezember	1.03	1.26	1.41	1.49	—	—	—	—	—	—	—	—	—	1.49

Die in der Tabelle 7 angegebenen Intensitäten und alle bisherigen Ausführungen beziehen sich auf wolkenlosen Himmel. Für wolkenlose Tage ergeben sich daraus die in der Tabelle 8 enthaltenen mittleren Tagessummen der Sonnenstrahlung auf eine zur Strahlungsrichtung immer senkrecht liegende Fläche bei praktisch ungestörter Einstrahlung.

Tabelle 8: *Tagessummen der Sonnenstrahlung normal zur Strahlungsrichtung am 15. jedes Monats in 47° N [nach (1)]*

(Werte in $cal/cm^2\,Tag$ bei wolkenlosem Himmel)

Höhe m	I.	II.	III.	IV.	V.	VI.	VII.	VIII.	IX.	X.	XI.	XII.
200	417	544	665	749	846	886	861	794	713	563	456	387
500	468	605	713	804	888	936	906	841	763	620	506	430
1000	553	682	793	904	973	1017	980	918	830	701	576	498
1500	603	746	865	985	1040	1093	1053	991	890	772	638	556
2000	638	784	926	1049	1120	1172	1135	1058	951	829	674	600
3000	665	833	980	1094	1200	1257	1238	1153	1027	876	701	633

Aus Tabelle 7 ersieht man, daß unmittelbar nach Sonnenaufgang die Intensität der Sonnenstrahlung rasch zunimmt. Die Schnelligkeit dieser Zunahme wächst mit der Seehöhe. In größeren Höhen ist demnach eine längere Zeit des Tages hindurch eine intensivere Sonnenstrahlung vorhanden als in der Niederung. Der Jahresgang des Trübungsfaktors hat in allen Seehöhen auch einen Jahresgang der Strahlungsintensität bei jeder erreichbaren Sonnenhöhe zur Folge. Die Strahlungsintensität ist z. B. in 200 m Seehöhe bei 20° Sonnenhöhe im Winter um 25 bis 30% höher als im Sommer, in 3000 m Höhe beträgt dieser Unterschied nur mehr 16%. Die Unterschiede der Mittagsintensitäten der Sonnenstrahlung sind in der Höhe deshalb auch viel geringer als in der Niederung. Das Strahlungsklima wird demnach mit zunehmender Seehöhe ausgeglichener.

Interessante Aufschlüsse über die Schwächung der Sonnenstrahlung in bestimmten Luftschichten liefert die Tabelle 9. Hier sind „spezielle Trübungsfaktoren" verschiedener Höhenschichten in Österreich, nach Jahreszeiten geordnet, eingetragen.

Tabelle 9: *Spezielle Trübungsfaktoren verschiedener Luftschichten* [nach (1)]

Höhenschicht	Winter	Frühling	Sommer	Herbst
200 bis 1000	11·0	10·7	11·1	9·6
1000 bis 1500	6·1	10·3	9·5	8·2
1500 bis 2000	4·7	6·8	7·6	5·4
2000 bis 3000	2·2	4·0	5·7	3·0

Der spezielle Trübungsfaktor (oder spezifischer T.) gibt an, wie oft mal eine reelle Luftschicht bestimmter Mächtigkeit mehr schwächend wirkt als eine gleich mächtige Schicht reiner, staub- und wasserdampffreier Luft, während der in Tabelle 6 behandelte Trübungsfaktor diese Schwächung für die ganze über einem Ort liegende Atmosphäre angibt.

Aus Tabelle 9 ist ersichtlich, daß die unterste Schicht einen ziemlich ausgeglichenen Jahresgang der Trübung aufweist, ein leichtes Minimum liegt im Herbst; im Bereich 1000 bis 1500 m ist im Frühling eine auffallende Trübung feststellbar, in größeren Höhen rückt das Maximum in die Zeit des Sommers. Mit der Seehöhe nimmt der jahreszeitliche Gang stark zu, in 3000 m ist der Sommerwert 2·5mal so groß wie der Winterwert. Trotzdem sind die Schwankungen der Intensität der Strahlung in der Höhe gering, weil die Werte des Trübungsfaktors das ganze Jahr hindurch geringer bleiben als in der Niederung.

Tabelle 10: *Sonnenhöhen für den 1. und 15. jedes Monats nach Tagesstunden mittlerer Ortszeit (MOZ)*

[streng gültig nur für den 48. Breitegrad, nach (3)]

Tag	Tagesstunden (MOZ)														
	5h	6h	7h	8h	9h	10h	11h	12h	13h	14h	15h	16h	17h	18h	19h
1. Jänner	—	—	—	0·7	8·2	14·0	17·7	19·0	18·0	14·4	8·7	1·3	—	—	—
15. Jänner	—	—	—	1·3	9·1	15·2	19·4	20·9	20·2	16·7	11·0	3·9	—	—	—
1. Februar	—	—	—	3·8	11·9	18·5	22·9	24·9	24·2	20·9	15·2	7·8	—	—	—
15. Februar	—	—	—	7·2	15·4	22·1	26·9	29·0	28·3	24·6	18·7	11·2	2·4	—	—
1. März	—	—	2·2	11·7	20·2	27·3	32·3	34·4	33·5	29·7	23·3	15·2	6·1	—	—
15. März	—	—	7·0	16·6	25·3	32·8	38·4	40·0	38·8	34·7	27·8	19·4	10·0	0·1	—
1. April	—	2·5	12·5	22·4	31·4	39·0	44·4	46·4	45·1	40·0	32·6	23·7	14·0	4·0	—
15. April	—	7·4	17·4	27·4	36·6	44·6	50·1	52·1	50·1	44·6	36·6	27·4	17·4	7·4	—
1. Mai	1·6	11·6	21·6	31·6	41·1	49·2	55·2	57·1	54·8	48·6	40·4	30·8	20·7	10·7	1·0
15. Mai	5·1	14·8	24·7	34·8	44·4	52·8	59·3	61·0	58·5	51·8	43·0	33·3	23·3	13·3	3·9
1. Juni	6·9	16·3	26·3	36·3	46·2	55·0	61·6	64·1	61·2	54·6	45·7	35·8	25·8	15·8	6·4
15. Juni	7·8	17·1	27·1	37·1	46·9	55·9	62·8	65·3	62·8	55·9	46·9	37·1	27·1	17·1	7·8
1. Juli	6·8	16·2	26·2	36·2	46·1	55·1	62·1	65·0	62·7	56·2	47·3	37·7	27·6	17·5	8·2
15. Juli	5·7	15·2	25·1	35·2	45·0	54·1	61·0	63·9	61·8	55·4	46·7	37·1	27·1	17·0	7·6
1. August	2·7	12·3	22·3	32·3	42·2	50·9	57·3	59·9	58·1	52·1	43·8	34·3	24·3	14·2	4·6
15. August	0·0	9·7	19·7	29·8	39·3	47·6	53·6	56·1	54·3	48·5	40·4	31·2	21·2	11·2	1·3
1. September	—	6·2	16·1	26·1	35·3	43·1	48·5	50·5	48·5	43·1	35·3	26·1	16·1	6·2	—
15. September	—	3·1	13·0	22·6	31·4	38·6	43·3	45·0	42·9	37·6	30·1	21·1	11·3	1·3	—
1. Oktober	—	—	9·4	18·7	27·1	33·7	38·0	39·0	36·9	31·7	24·4	15·6	6·1	—	—
15. Oktober	—	—	5·9	14·8	22·8	28·9	32·7	33·5	31·1	26·2	19·1	10·6	1·1	—	—
1. November	—	—	1·7	10·5	18·1	23·8	27·2	27·9	25·8	21·2	14·3	6·1	—	—	—
15. November	—	—	—	6·8	13·9	19·5	22·8	23·4	21·5	16·9	10·4	2·5	—	—	—
1. Dezember	—	—	—	3·3	10·4	15·8	19·1	20·0	18·3	14·2	8·0	0·4	—	—	—
15. Dezember	—	—	—	1·5	8·8	14·2	17·8	18·8	17·4	13·5	7·7	0·2	—	—	—

Tabelle 10 a: *Korrektur der Sonnenhöhen für Orte mit einem Breitenunterschied von 1° gegenüber 48° N*

Für nördlicher gelegene Orte sind die Korrekturwerte von den aus Tabelle 10 ermittelten Sonnenhöhen abzuziehen, für südlichere Orte zu den Sonnenhöhen hinzuzufügen

Mittlere Ortszeit	5^h 19^h	6^h 18^h	7^h 17^h	8^h 16^h	9^h 15^h	10^h 14^h	11^h 13^h	12^h
Korrekturwert (°)...	—0·4	0·0	0·2	0·5	0·7	0·8	0·9	1·0

Für praktische Zwecke ist meist die Kenntnis der auf eine horizontale Fläche fallenden Intensität der Sonnenstrahlung wichtiger als jene auf eine zur jeweiligen Richtung der Strahlung normale Fläche. Letztere kann man leicht auf die Horizontale umrechnen, indem man sie mit dem Sinus der Sonnenhöhe multipliziert. Für solche und für verschiedene andere Bestimmungen sind Kenntnisse über Sonnenstände, Sonnenbahnen und Auf- und Untergangszeiten, bzw. Taglängen erforderlich. Es seien daher einige diesbezügliche Tabellen gebracht.

Über die Zeitangaben sei folgendes bemerkt: Die mittlere Ortszeit eines Punktes wird aus der mitteleuropäischen Zeit bekanntlich in einfacher Weise berechnet: Für die geographische Länge von 15° E fallen mitteleuropäische Zeit (MEZ) und MOZ zusammen. Für alle ostwärts davon gelegenen Punkte geht die MOZ der MEZ voraus, für alle westwärts gelegenen geht sie nach. Es entsprechen einem Grad Längenunterschied vier Zeitminuten. In Andau (Burgenland, 17° 02' E) ist es demnach um 12h00 MEZ 12h08 MOZ, in Reutte (Tirol, 10° 43' E) hingegen ist es um 12h00 MEZ 11h43 MOZ.

Tabelle 11 enthält Angaben über die Zeiten des Sonnenaufganges und Sonnenunterganges und die Tageslänge, welche für Punkte mit freiem Horizont gelten. (Über die Verhältnisse bei überhöhtem Horizont unterrichtet die Tabelle 14.)

Tabelle 11: *Auf- und Untergang der Sonne nach MEZ, sowie Tageslängen [nach (3)]*

(streng gültig für Orte mit freiem Horizont in 48° N und 15° E)

	Aufgang	Untergang	Tageslänge		Aufgang	Untergang	Tageslänge		Aufgang	Untergang	Tageslänge
1. Jänner	7^h49	16^h17	8^h28	1. Mai	4 43	19^h11	14^h28	1. Sept.	5^h16	18^h42	13^h26
15. Jänner	7 44	16 34	8 50	15. Mai	4 22	19 29	15 07	15. Sept.	5 36	18 13	12 37
1. Februar	7 28	16 58	9 30	1. Juni	4 05	19 49	15 44	1. Okt.	5 58	17 40	11 42
15. Februar	7 07	17 21	10 14	15. Juni	4 00	19 59	15 59	15. Okt.	6 17	17 13	10 56
1. März	6 43	17 43	11 00	1. Juli	4 04	20 02	15 58	1. Nov.	6 42	16 43	10 01
15. März	6 15	18 04	11 49	15. Juli	4 16	19 54	15 38	15. Nov.	7 04	16 24	9 20
1. April	5 40	18 28	12 48	1. Aug.	4 35	19 35	15 00	1. Dez.	7 27	16 10	8 43
15. April	5 12	18 48	13 36	15. Aug.	4 54	19 13	14 19	15. Dez.	7 41	16 08	8 27

In manchen Fällen ist auch eine Kenntnis des Sonnen-Azimutes notwendig. Das Sonnen-Azimut gibt die Richtung des jeweiligen Sonnenstandes an. Es entsprechen einander:

Himmelsrichtung.......Nord Nordost Ost Südost Süd Südwest West Nordwest
Azimut, Grad 0   45   90   135   180   225   270   315

Tabelle 12 bringt Angaben über die Sonnen-Azimute für Österreich. Die Werte gelten streng für den 48. Breitegrad, doch können die bei der geringen Breitenerstreckung von Österreich vorkommenden Abweichungen vernachlässigt werden. Die Tabellen sind in MOZ angegeben. Zeitangaben in MEZ müssen entsprechend umgewandelt werden, weil ansonsten innerhalb des Landes Azimutfehler bis zu 11° vorkommen können.

Tabelle 12: *Sonnen-Azimut für den 1. und 15. jedes Monats nach Tagesstunden mittlerer Ortszeit (MOZ)* [nach (3)]

(0° = N, 90° = E, 180° = S, 270° = W)

Tag	Bei Sonnenaufgang	5ʰ	6ʰ	7ʰ	8ʰ	9ʰ	10ʰ	11ʰ	12ʰ	13ʰ	14ʰ	15ʰ	16ʰ	17ʰ	18ʰ	19ʰ	Bei Sonnenuntergang
1. Jänner ..	124	—	—	—	126	138	151	165	179	194	208	221	233	—	—	—	236
15. Jänner ..	121	—	—	—	124	136	149	163	178	193	207	220	232	—	—	—	239
1. Februar .	115	—	—	—	121	133	146	161	176	192	207	221	233	—	—	—	245
15. Februar .	109	—	—	—	118	131	144	160	176	192	208	222	236	247	—	—	251
1. März	101	—	—	104	115	128	142	158	176	193	211	226	240	252	—	—	259
15. März	92	—	—	101	113	126	140	158	177	196	214	230	244	256	267	—	267
1. April	83	—	87	97	110	123	138	158	178	199	219	235	249	261	273	—	278
15. April	75	—	84	94	107	120	136	157	180	203	223	240	253	265	277	—	285
1. Mai	67	70	81	91	104	117	134	155	182	207	228	245	258	270	281	291	293
15. Mai	60	67	78	88	101	114	131	153	182	210	232	248	262	273	284	295	300
1. Juni	55	65	75	86	98	111	128	151	182	211	234	251	264	275	286	296	305
15. Juni	53	64	74	84	96	109	125	149	180	211	235	251	264	276	286	296	307
1. Juli	53	63	73	83	95	108	124	147	178	210	234	251	264	275	286	295	307
15. Juli	55	63	73	84	96	109	125	147	176	208	231	248	262	273	284	294	305
1. August ..	61	65	76	87	98	111	128	150	177	206	228	245	259	271	282	292	300
15. August ..	67	68	79	90	102	115	132	153	178	204	226	242	256	269	279	290	293
1. September	76	—	84	95	107	120	137	156	180	203	223	239	253	265	276	—	284
15. September	85	—	89	100	112	125	142	161	181	203	221	237	250	262	273	—	275
1. Oktober ..	93	—	—	94	104	117	130	146	164	183	202	219	235	248	259	—	267
15. Oktober ..	102	—	—	—	109	121	134	150	166	185	202	218	233	245	257	—	260
1. November	111	—	—	—	114	126	138	153	168	185	201	216	230	242	—	—	252
15. November	116	—	—	—	—	128	140	153	168	185	200	214	227	239	—	—	244
1. Dezember	122	—	—	—	—	129	141	153	168	183	198	212	224	236	—	—	238
15. Dezember	124	—	—	—	—	128	140	152	167	182	196	210	223	234	—	—	236

Die Werte des Sinus der Sonnenhöhe, mit denen die in Tabelle 7 angegebenen Strahlungsintensitäten zu multiplizieren sind, um die auf die horizontale Fläche auffallenden Strahlungsintensitäten zu erhalten, sind aus der Tabelle 13 zu entnehmen.

Tabelle 13:

Sonnenhöhe	Sinus	Sonnenhöhe	Sinus	Sonnenhöhe	Sinus
5°	0·087	35°	0·574	65°	0·906
10	0·174	40	0·643	70	0·940
15	0·259	45	0·707	75	0·966
20	0·342	50	0·766	80	0·985
25	0·422	55	0·819	85	0·996
30	0·500	60	0·866	90	1·000

Man sieht aus der Tabelle 13, daß die Intensität der Sonnenstrahlung auf die horizontale Fläche mit abnehmender Sonnenhöhe rasch abnehmen muß. Diese Wirkung addiert sich zu jener der wahren Luftmasse, deren Einfluß ebenfalls mit abnehmender Sonnenhöhe rasch zunimmt. Der Tagesgang der auf die horizontale Fläche auffallenden Intensität der Sonnenstrahlung ist daher viel ausgeprägter als der Gang der auf eine zur Strahlungsrichtung normale Fläche auffallenden Strahlungsintensität.

Tabelle 14 enthält Werte der Intensitäten der auf eine horizontale Fläche auffallenden Sonnenstrahlung. Es erscheint für viele Zwecke vorteilhafter, diese Tabelle nicht nach Sonnenhöhen, sondern nach Tagesstunden zu berechnen. Die Tabellen sind nach mittlerer Ortszeit (MOZ) geordnet, wobei eine Vereinfachung nötig war, nach der die Unterschiede zwischen Vor- und Nachmittag nicht angegeben werden. Diese Werte wurden daher nach Stunden vor, bzw. nach Mittag geordnet.

Tabelle 14: *Tagesgang der Intensität der Sonnenstrahlung auf eine horizontale Fläche am 15. jedes Monats*

(Werte in $mcal/cm^2$ min für verschiedene Seehöhen)

Zeit	19/5	18/6	17/7	16/8	15/9	14/10	13/11	12^h		19/5	18/6	17/7	16/8	15/9	14/10	13/11	12^h
				200 m									1500 m				
Jänner	—	—	—	24	130	257	360	390	Jänner	—	—	—	45	198	351	470	510
Februar	—	—	5	107	265	420	555	608	Februar	—	—	15	181	385	554	687	740
März	—	—	81	279	494	668	772	818	März	—	6	145	380	625	810	913	973
April	—	62	231	451	663	842	960	997	April	—	105	328	598	835	1025	1144	1185
Mai	17	149	366	600	804	980	1076	1110	Mai	45	228	476	736	952	1130	1242	1283
Juni	51	210	426	670	882	1054	1135	1162	Juni	92	300	549	794	1017	1184	1282	1322
Juli	48	209	422	645	850	996	1080	1138	Juli	80	282	525	762	985	1145	1244	1290
August	6	101	298	521	729	897	1002	1050	August	12	155	401	654	869	1044	1156	1209
September	—	13	140	343	569	736	848	906	September	—	31	211	444	697	865	988	1036
Oktober	—	—	25	158	332	487	612	670	Oktober	—	—	52	241	447	630	772	828
November	—	—	—	38	158	301	428	489	November	—	—	—	78	236	390	525	598
Dezember	—	—	—	12	92	217	328	370	Dezember	—	—	—	22	151	305	425	470
				500 m									2000 m				
Jänner	—	—	—	32	148	288	389	421	Jänner	—	—	—	49	211	373	496	528
Februar	—	—	10	130	288	464	594	650	Februar	—	—	16	196	406	580	719	769
März	—	1	99	313	534	704	814	862	März	—	8	162	415	666	849	952	1003
April	—	68	250	491	712	896	1008	1050	April	—	126	366	644	884	1084	1195	1235
Mai	26	169	398	628	843	1018	1116	1150	Mai	55	258	522	776	1009	1196	1305	1340
Juni	65	234	459	704	916	1082	1170	1200	Juni	104	330	594	846	1063	1238	1342	1380
Juli	52	225	442	672	880	1026	1121	1159	Juli	89	306	565	814	1037	1204	1308	1350
August	7	112	319	555	768	933	1046	1100	August	14	171	432	694	918	1092	1210	1260
September	—	18	162	374	608	771	892	948	September	—	38	229	480	728	910	1130	1175
Oktober	—	—	34	185	368	535	670	730	Oktober	—	—	62	266	485	666	812	880
November	—	—	—	50	185	332	462	520	November	—	—	—	86	356	418	552	620
Dezember	—	—	—	16	106	240	354	402	Dezember	—	—	—	27	164	324	450	489
				1000 m									3000 m				
Jänner	—	—	—	38	179	330	440	480	Jänner	—	—	—	40	210	390	500	532
Februar	—	—	12	158	347	512	648	710	Februar	—	—	10	190	410	600	720	750
März	—	4	125	348	586	762	870	920	März	—	—	170	420	640	870	990	1030
April	—	90	290	554	779	960	1082	1123	April	—	110	380	650	910	1100	1220	1260
Mai	35	199	434	684	901	1080	1183	1220	Mai	60	280	540	810	1060	1260	1350	1400
Juni	78	265	510	744	966	1135	1234	1270	Juni	140	350	630	890	1120	1290	1400	1430
Juli	63	255	486	714	936	1086	1181	1220	Juli	100	320	580	850	1090	1280	1380	1420
August	10	138	360	611	840	1000	1101	1160	August	10	190	450	740	970	1160	1270	1300
September	—	24	186	415	658	825	944	993	September	—	30	240	520	760	960	1080	1120
Oktober	—	—	44	214	409	584	715	780	Oktober	—	—	60	270	500	690	820	860
November	—	—	—	65	216	369	494	560	November	—	—	—	70	250	430	550	580
Dezember	—	—	—	18	132	277	390	430	Dezember	—	—	—	10	170	360	480	510

Aus den in der Tabelle 14 verzeichneten Angaben können auch die Tagessummen der Sonnenstrahlung auf eine horizontale Fläche für die verschiedenen Monate in Abhängigkeit von der Seehöhe bestimmt werden (siehe Tabelle 20 und Abb. 2).

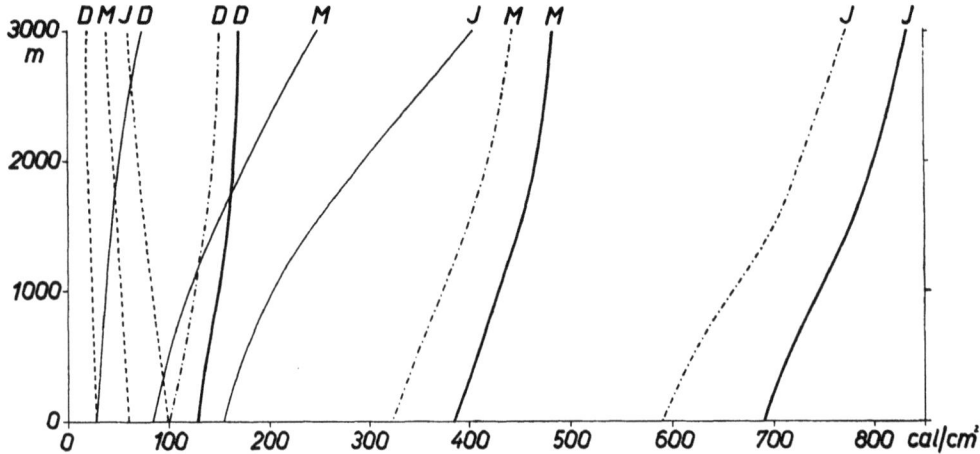

Abb. 2: Tagessummen der Bestrahlung einer horizontalen Fläche in verschiedenen Seehöhen der Ostalpen im März (M), Juni (J) und Dezember (D). Sonnenstrahlung (·······), Himmelsstrahlung (- - - - -) und Globalstrahlung (———) bei wolkenlosem Himmel sowie Globalstrahlung bei bedecktem Himmel (———)

c) Überhöhter Horizont

Alle bisherigen Betrachtungen beziehen sich auf wolkenlose Tage und auf Orte, an denen die Sonnenstrahlung den ganzen Tag hindurch ohne Störung durch Berge, Bäume, Gebäude und sonstige Objekte auf die betreffende Stelle gelangen kann. Begreiflicherweise können Abschattungen durch Bäume, Gebäude usw. in dieser Bearbeitung nicht eingehender behandelt werden. Für ein Gebirgsland wie Österreich ist aber die zeitweise Verdeckung der Sonnenbahn durch Berge von größter strahlungsklimatischer Bedeutung. Es müssen daher auch über die Sonnenstrahlung an Orten mit überhöhtem Horizont einige allgemeine Aussagen gemacht werden.

In solchen Lagen geht die Sonne morgens später auf und abends früher unter, der sogenannte „Tagbogen" der Sonne ist verkürzt und die an einem wolkenlosen Tag einfallende Summe der Intensität der Sonnenstrahlung verringert. In Tälern, die in Nord-Süd-Richtung verlaufen, kann dieser Effekt sehr groß werden. Täler, die in Ost-West-Richtung liegen, verlieren, wenn die relative Horizontüberhöhung nicht sehr groß ist, bedeutend weniger Sonnenstrahlung. Sind hier die Berge aber an der Südseite des Ortes hoch genug, so kann dies zu zeitweise vollkommener Abschattung der Sonne führen. Bei einer Horizontabschirmung von über 66° im Süden beschränkt sich der Sonnenschein nur auf die Morgen- und Abendstunden des Sommerhalbjahres.

Die Bestimmung der an einem Gebirgsort möglichen Sonnenscheindauer kann durch mindestens ein halbes Jahr hindurch fortgesetzte Beobachtungen erfolgen, besser aber durch Vermessungen mit einem Theodoliten oder mit dem Tagbogenmesser von W. Schmidt (4), bzw. einem ähnlichen, eventuell auch einfacheren Gerät [1]. Natürlich könnte man auch die Auf- und Untergangszeiten graphisch mit Hilfe eines Polarkoordinatenpapiers bestimmen, in welches die Horizonte und die Sonnenbahnen zu den erwünschten Zeitpunkten eingetragen sind. Die Festlegung der Sonnenbahnen kann mit Hilfe der Tabellen 10 (Sonnenhöhen) und 12 (Sonnenazimute) unschwer erfolgen.

---

[1] Z. B. „Horizontoskop" nach F. Tonne, Hofman Verlag, Schorndorf bei Stuttgart.

Tabelle 15: *Zeiten des mittleren Sonnenauf- und -unterganges an Orten mit überhöhtem Horizont (MOZ)*

Abschirmungswinkel		I.	II.	III.	IV.	V.	VI.	VII.	VIII.	IX.	X.	XI.	XII.
Mulde: Aufgang	10°	9ʰ07	8ʰ15	7ʰ16	6ʰ13	5ʰ31	5ʰ15	5ʰ27	6ʰ02	6ʰ40	7ʰ25	8ʰ23	9ʰ09
	20	11 06	9 36	8 20	7 15	6 34	6 17	6 27	7 02	7 44	8 33	10 03	—
	30	—	—	9 33	8 17	7 30	7 15	7 29	8 00	8 46	10 09	—	—
	45	—	—	—	10 00	9 05	8 47	8 55	9 38	11 30	—	—	—
Untergang	10	15 08	16 12	17 00	17 42	18 21	18 43	18 40	18 07	17 08	16 05	15 05	14 40
	20	13 12	14 50	15 57	16 45	17 20	17 42	17 42	17 09	16 09	14 54	13 25	—
	30	—	—	14 47	15 43	16 20	16 40	16 44	16 10	15 05	13 20	—	—
	45	—	—	—	13 57	14 48	15 15	15 14	14 28	12 27	—	—	—
N—S-Tal: Aufgang	10	8 42	8 08	7 12	6 13	5 25	5 05	5 16	5 57	6 38	7 19	8 04	8 41
	20	9 33	8 55	8 14	7 12	6 31	6 09	6 20	7 00	7 37	8 08	8 53	9 26
	30	10 07	9 40	8 53	8 08	7 27	7 12	7 28	7 55	8 25	8 54	9 36	10 00
	45	10 35	10 20	9 53	9 14	8 47	8 37	8 46	9 07	9 26	9 55	10 20	10 35
Untergang	10	15 34	16 20	17 06	17 48	18 25	18 53	18 49	18 10	17 09	16 11	15 22	15 08
	20	14 44	15 33	16 09	16 47	17 22	17 52	17 46	17 08	16 16	15 23	14 37	14 23
	30	14 09	14 47	15 24	15 53	16 22	16 42	16 43	16 15	15 25	14 30	13 53	13 48
	45	13 35	13 55	14 24	14 42	15 05	15 53	15 25	15 01	14 22	13 33	13 15	13 22
E—W-Tal: Aufgang	10	8 42	7 38	6 17	5 23	4 51	4 40	4 51	5 22	6 00	6 50	7 53	8 50
	20	10 30	8 24	6 19	5 32	5 14	5 08	5 13	5 36	6 05	7 15	9 27	—
	30	—	—	6 36	5 41	5 32	5 30	5 35	5 53	6 45	8 39	—	—
	45	—	—	—	5 53	5 50	5 54	5 59	6 00	7 30	—	—	—
Untergang	10	15 35	16 46	17 55	18 23	18 58	19 12	19 12	18 48	18 07	16 48	15 30	15 00
	20	13 47	16 02	17 52	18 17	18 40	18 51	18 52	18 35	18 00	16 15	14 03	—
	30	—	—	17 40	18 10	18 19	18 30	18 32	18 20	17 45	15 47	—	—
	45	—	—	—	18 00	18 02	18 07	18 07	18 03	17 53	—	—	—
NE—SW-Tal: Aufgang	10	9 07	8 08	7 10	6 00	4 52	4 24	4 48	5 33	6 30	7 25	8 23	9 20
	20	10 30	9 22	8 13	6 52	5 31	4 45	5 15	6 22	7 30	8 42	9 50	10 52
	30	11 35	10 35	9 32	8 08	6 38	5 56	6 07	7 22	8 45	10 00	11 05	12 15
	45	13 58	12 45	11 30	10 10	8 45	7 54	8 27	9 33	10 45	12 00	13 12	14 25
Untergang	10	16 15	16 50	17 25	17 57	18 28	18 53	18 48	18 13	17 25	16 37	16 00	15 50
	20	16 09	16 32	16 57	17 20	17 42	18 03	18 03	17 37	17 00	16 27	15 48	15 35
	30	16 00	16 18	16 37	16 53	17 04	17 20	17 20	17 00	16 30	16 03	15 38	15 30
	45	15 53	16 00	16 07	16 05	16 06	16 25	16 25	16 10	16 00	15 50	15 25	15 25
NW—SE-Tal: Aufgang	10	7 55	7 22	6 48	6 05	5 23	5 05	5 18	5 50	6 22	6 50	7 20	7 53
	20	8 05	7 45	7 18	6 44	6 10	6 00	6 07	6 30	6 50	7 15	7 40	8 05
	30	8 15	8 00	7 40	7 13	6 48	6 42	6 50	7 10	7 22	7 40	7 55	8 10
	45	8 22	8 10	8 10	7 50	7 42	7 42	7 55	7 58	7 53	7 45	7 58	8 25
Untergang	10	15 09	16 08	17 07	18 05	18 57	19 25	19 20	18 40	17 18	16 10	15 05	14 30
	20	13 46	15 00	16 04	17 15	18 20	19 00	18 53	17 50	16 20	15 10	13 37	12 50
	30	12 42	13 35	14 47	16 10	17 16	18 00	18 03	16 50	15 07	13 30	12 25	12 10
	45	10 18	11 27	12 42	13 50	15 07	15 55	15 46	14 35	13 05	11 35	10 18	9 35

(Die Zeitangaben gelten jeweils für den 15. jedes Monats. Die Abschirmungswinkel beziehen sich für die Muldenlage auf deren Mittelpunkt, bei den Tallagen auf die maximale Abschirmung der Talmitte senkrecht zur Talrichtung. Die Höhe der den Horizont beschränkenden Kämme wird als konstant angenommen)

Die Abb. 3 zeigt ein Beispiel für eine derartige Bestimmung der möglichen Sonnenscheindauer (5), (6). Für viele Zwecke genügt die Bestimmung der Zeiten des Auf- und Unterganges der Sonne an Orten mit überhöhtem Horizont nach der für diese Zwecke berechneten Tabelle 15.

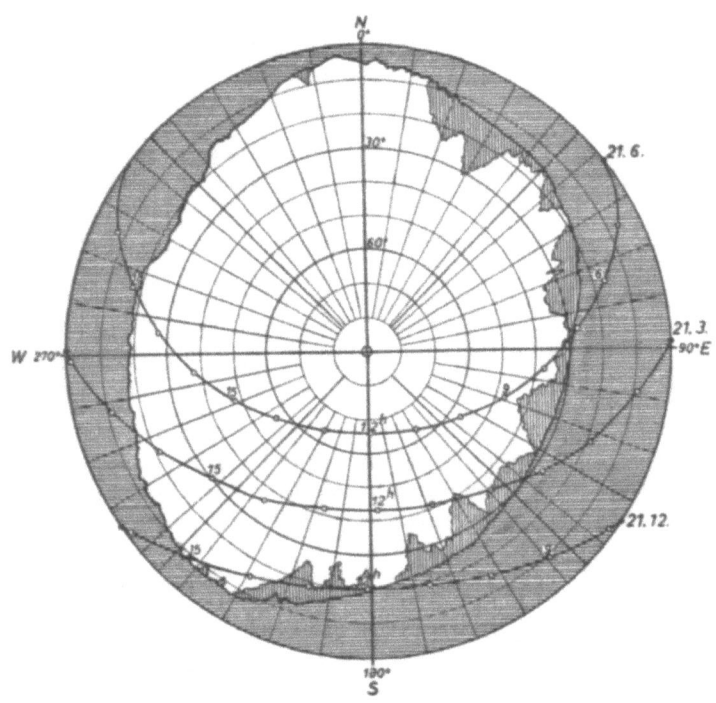

Abb. 3: Der natürliche Wald- und Berghorizont an der Strahlungsstation Obergurgl mit eingezeichneten Sonnenbahnen der Sommer- und Wintersonnenwende und der Frühjahrs-Tag- und -Nachtgleiche

Da die Intensität der Sonnenstrahlung, besonders in ihrer Wirkung auf eine horizontale Fläche, einen starken Tagesgang aufweist, ist der Zeitpunkt der Abschirmung der Sonnenstrahlung von Bedeutung. Der Strahlungsverlust während einer Stunde durch ein im Osten oder Westen befindliches Hindernis ist natürlich viel geringer, als ein gleicher Verlust durch ein Hindernis im Süden, weil mittags die Intensität der Sonnenstrahlung viel größer ist als in den Morgen- und Abendstunden.

Auf Grund der Kenntnisse über die mögliche Sonnenscheindauer kann man für den Ort dann auch den durch die Bergnähe entstehenden Verlust an Sonnenstrahlung bestimmen. Hiezu eignet sich eine in (7) angegebene Methode (Summenkurve) gut. Für die meisten Zwecke genügt eine Bestimmung nach folgender, für Vor- und Nachmittag getrennt zu verwendender Tabelle (Tabelle 16).

Aus dieser Tabelle ist zu entnehmen, wieviel Prozent der Tagessumme der Sonnenstrahlung vormittags verloren gehen, wenn der Sonnenaufgang zu der in der ersten Kolonne verzeichneten Zeit erfolgt, und wieviel Prozent verloren gehen, wenn der Sonnenuntergang nachmittags zu der in der zweiten Kolonne angegebenen Zeit stattfindet. Die Verluste des Vormittages und des Nachmittages sind zu addieren und ergeben dann den Gesamtverlust in %.

Die Tabelle 16 kann aber auch verwendet werden, wenn die Sonne z. B. überhaupt erst nachmittags aufgeht oder schon wieder vormittags untergeht. Im ersten Falle ist die Vormittagssumme gleich null, die zwischen Auf- und Untergang liegende Differenz der Prozentzahlen entspricht dann dem Prozentsatz der vorhandenen Sonnenstrahlung.

Tabelle 16: *Tabelle zur Bestimmung des Verlustes an Sonnenstrahlung auf die horizontale Fläche infolge verspäteten Sonnenaufganges und verfrühten Unterganges*

(Die Angaben zeigen, wieviel Prozent der Tagessumme von Sonnenaufgang bis zu den angegebenen Terminen des Vormittages, bzw. vom Sonnenuntergang bis zu den angegebenen Zeitpunkten am Nachmittag liegen)

Sonnen- aufgang	Sonnen- untergang	I.	II.	III.	IV.	V.	VI.	VII.	VIII.	IX.	X.	XI.	XII.
5 h	19 h	—	—	—	—	—	1	1	—	—	—	—	—
5 30	18 30	—	—	—	—	1	2	2	—	—	—	—	—
6	18	—	—	—	1	2	3	2	2	—	—	—	—
6 30	17 30	—	—	—	2	3	5	5	3	1	—	—	—
7	17	—	—	1	3	5	7	6	5	2	—	—	—
7 30	16 30	—	1	3	5	8	10	8	7	4	2	—	—
8	16	1	2	5	8	10	13	12	10	7	3	1	—
8 30	15 30	2	5	8	12	14	16	15	13	10	6	3	2
9	15	5	8	12	16	18	20	19	17	14	10	6	4
9 30	14 30	10	13	17	20	23	25	24	22	18	15	10	8
10	14	15	18	22	25	27	29	28	26	24	21	16	14
10 30	13 30	22	25	28	31	33	34	33	32	30	27	24	21
11	13	31	33	35	37	38	39	38	38	37	35	32	30
11 30	12 30	40	41	42	43	44	45	44	44	43	42	41	40
12	12	50	50	50	50	50	50	50	50	50	50	50	50

Beispiele: Mitte Mai, Sonnenaufgang 6^h30, Untergang 16^h30, gibt an Verlust vormittags 3%, nachmittags 8%, somit einen Verlust von insgesamt 11% der Tagessumme der Sonnenstrahlung. Zwischenwerte im Datum und in der Stunde können interpoliert werden. Z. B. bei Sonnenaufgang um 9^h30 am 1. Juni ergeben sich 24%, beim Untergang am 10. August um 16^h10 beträgt der abzulesende Wert rund 9%. Wenn an einem Ort am 15. März die Sonne erst um 13^h aufgeht und um 14^h45 schon wieder untergeht, so sind dort 35 weniger 15%, also 20% der möglichen Tagessumme vorhanden.

Tabelle 17: *Tagessummen der auf die horizontale Fläche fallenden Sonnenstrahlung in Mulden und Tälern mit verschiedener Horizontabschirmung*

(in Prozenten der Tagessumme an Plätzen ohne Horizontabschirmung)

Größter Abschirmungs- winkel		5	10	15	20	25	30	35	40	45°
Mulde	Winter	97	90	76	0	0	0	0	0	0
	Frühling, Herbst	98	96	92	86	77	67	51	25	0
	Sommer	99	97	95	92	88	84	79	73	65
N—S-Tal	Winter	98	94	90	84	77	70	63	57	50
	Frühling, Herbst	98	96	93	88	83	78	71	64	57
	Sommer	99	98	95	92	89	84	79	73	66
E—W-Tal	Winter	98	94	85	0	0	0	0	0	0
	Frühling, Herbst	100	100	100	100	100	100	100	0	0
	Sommer	100	99	98	98	97	96	95	94	93
SW—NE od. SE—NW- Tal	Winter	98	95	86	72	45	31	18	10	7
	Frühling, Herbst	99	98	95	91	86	80	72	64	55
	Sommer	100	99	98	96	94	91	88	83	77

Kennt man für einen im Tal oder in einer Mulde liegenden Ort nur die Horizontüberhöhungen, so kann man auch daraus den Sonnenstrahlungsgenuß einer horizontalen Fläche in einfacher Weise abschätzen. Vorerst bestimmt man mit Hilfe der Tabelle 15 die Auf- und Untergangszeiten. Aus Tabelle 16 ist dann der Strahlungsverlust, bzw. die Strahlungssumme, wie oben erläutert, abzulesen. In vielen Fällen kann man für solche Berechnungen einfach die Tabelle 17 benützen, in der die relativen Strahlungssummen unmittelbar in Abhängigkeit von der Horizontüberhöhung dargestellt sind.

Die in der Tabelle 17 verzeichneten Werte gelten für die Mitte des Tales. An den Talrändern können unter Umständen davon merklich abweichende Strahlungssummen vorhanden sein. Die größten Unterschiede treten begreiflicherweise dann auf, wenn infolge der Hangwirkung bei Ost—West-Tälern die südlichen Talseiten ganz im Schatten liegen. Solche Verhältnisse kommen in breiteren Tälern oft vor, wenn es dort z. B. Zonen gibt, an denen im Winter eine größere Horizontüberhöhung als 19 bis 20° vorhanden ist, oder im Frühling oder Herbst eine solche von mehr als 42 bis 45°. Über die Verhältnisse in Ost—West- und Nord—Süd-Tälern unterrichtet die Tabelle 18 an zwei Beispielen, welche für Horizontüberhöhungen von 10 und 30° bei einer Talbreite von 200 m gelten, wenn die Böschungswinkel der beiden Talseiten mit je 45° angenommen werden.

Tabelle 18: *Strahlungsgenuß in Tälern*

Relativer Sonnenstrahlungsgenuß in der Mitte und an den Seiten eines 200 m breiten Tales bei 10° und 30° Horizontüberhöhung, Böschungswinkel an beiden Talseiten 45°.
(in Prozenten eines frei liegenden Platzes)

	Ost—West-Tal			Nord—Süd-Tal		
	Nordseite	Mitte	Südseite	Ostseite	Mitte	Westseite
	Horizontüberhöhung 30°					
Winter.............	0	0	0	66	70	66
Frühling, Herbst.......	100	100	100	75	78	75
Sommer.............	97	96	95	78	84	78
	Horizontüberhöhung 10°					
Winter.............	95	94	0	74	94	74
Frühling, Herbst.......	100	100	100	81	96	81
Sommer.............	100	99	99	83	98	83

d) Der Bewölkungseinfluß

Die Berechnung der Tagessummen der Sonnenstrahlung im Falle des Vorhandenseins von Bewölkung kann überschlagsweise folgendermaßen erfolgen:

$$T_w = T_o \cdot (1-w)$$

T_w = Tagessumme der Sonnenstrahlung bei Bewölkung w
T_o = Tagessumme der Sonnenstrahlung bei Bewölkung 0
w = Tagesmittel der Bewölkung (0·0 bis 1·0)

(hier ist es besser, das Mittel der Bewölkung aus der Zeit des möglichen Sonnenscheines, d. h. mit Ausschluß der Nacht zu verwenden. Bewölkung 0·0 = wolkenlos, 1·0 = bedeckt.)

Steht ein Sonnenscheinschreiber zur Verfügung, so kann die Wirkung des Bewölkungseinflusses besser erfaßt werden. Man kann dann schreiben:

$$T_s = T_{100} \cdot \frac{s}{100}$$

T_s = Tagessumme der Sonnenstrahlung bei Sonnenscheindauer s
T_{100} = Tagessumme der Sonnenstrahlung bei Sonnenscheindauer 100%
s = Sonnenscheindauer in % der möglichen Dauer

Begreiflicherweise sind solche Berechnungen mit gewissen Ungenauigkeiten behaftet, weil sie unter der Annahme erfolgen, die Dauer der Sonnenstrahlung sei auf den ganzen Zeitraum zwischen Sonnenauf- und -untergang gleichmäßig aufgeteilt und die Intensität sei immer nur von der Sonnenhöhe abhängig und daher immer von derselben Größe, wie bei den entsprechenden Sonnenhöhen an wolkenlosen Tagen.

Diese vereinfachenden Annahmen treffen aber keineswegs zu. Beachtet man für Orte ohne nennenswerte Horizontüberhöhung die durchschnittliche Sonnenscheindauer zu den verschiedenen Tagesstunden und die auf diese entfallenden mittleren Intensitäten der Sonnenstrahlung auf die horizontale Fläche, so findet man, daß infolge der ungleichmäßigen Aufteilung der Sonnenscheindauer auf die verschiedenen Tagesstunden die nach obiger Formel für den ganzen Tag berechnete Sonnenstrahlungssumme zu gering erfaßt wird. In der Abb. 4 sind die Differenzen zwischen tagweise und stundenweise berechneter Tagessumme ersichtlich, u. zw. in Prozenten der Strahlungssumme an wolkenlosen Tagen und bei den tatsächlichen Sonnenscheinverhältnissen. Die in der Abb. 4 gezeigten Kurven wurden nach den aus Auswertungen von sechs verschiedenen Orten in verschiedenen Seehöhen, gewonnenen Mittelwerten die untereinander sehr ähnliche Ergebnisse brachten, gezeichnet. Vergleichweise sei erwähnt, daß an Orten mit stärkerer Horizontüberhöhung die Kurven viel flacher werden und daß bei ganz kurzer Besonnung um die Mittagszeit überhaupt eine lineare Beziehung eintritt.

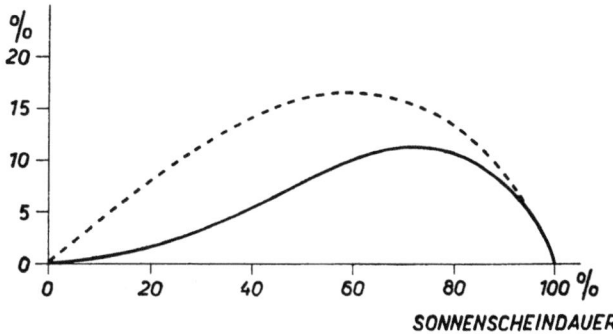

Abb. 4: Mehrbetrag der Tagessummen der Sonnenstrahlung bei stundenweiser Bestimmung, dargestellt in % der Tagessumme bei wolkenlosem Himmel T_{100} (———) und in % der Tagessumme bei den jeweiligen Bewölkungsverhältnissen s (- - - -)

Ähnliche Ergebnisse werden auch erzielt, wenn man die Monatssummen aus den Monatswerten der Sonnenscheindauer und nach der mittleren Aufteilung auf die einzelnen Tagesstunden berechnet. In letzterem Falle erhält man z. B. für Wien einen im Mittel um 11% größeren Wert.

Die zweite Fehlerquelle bei der vereinfachten Berechnung, die Annahme einer bei jeder Sonnenhöhe den Verhältnissen an wolkenlosen Tagen entsprechenden Intensität der Sonnenstrahlung, ist von noch größerer Bedeutung, in ihrer Wirkung aber entgegengesetzt. Sie hat ihre Ursache darin, daß der Sonnenscheinautograph auch bei geschwächter Intensität der Sonnenstrahlung ansprechen kann. Hiebei handelt es sich um Zeiten mit Sonnenschein, zu denen aber mitunter eine erheblich geringere Strahlungsintensität auf die Horizontale gelangt als bei ungestörter Einstrahlung. Bezüglich der Schwächung der Sonnenstrahlung müssen zwei Ursachen auseinandergehalten werden, nämlich solche, die durch Wolken, und solche, die durch stärkeren Dunst verursacht werden. Die Schwächung durch Wolken — hauptsächlich handelt es sich hier um feine Cirrus- und Altostratuswolken — tritt in größeren Seehöhen relativ häufiger auf als in der Niederung, während die Schwächung infolge von Dunst in niedrigen Lagen wirksamer ist.

In geringen Seehöhen übertreffen die Wirkungen der zeitweiligen Schwächung der Sonnenstrahlung jene der ungleichen Aufteilung der Sonnenscheinzeiten bei weitem. So wurde festgestellt, daß bei der vereinfachten Berechnung in Pawlowsk und in Potsdam die Tagessumme der Sonnenstrahlung im Mittel um rund 20% zu hoch berechnet wird, im 1600 m hoch gelegenen Davos hingegen nur mehr um etwa 6% [siehe (8)]. Registrierungen in Wien-Hohe Warte ergeben ebenfalls bei der vereinfachten Berechnung um 15 bis 20% zu hohe Tagessummen, während auf dem Sonnblick, wo die Wirkungen der Verteilung der Sonnenscheinzeiten schon etwas überwiegen, geringe Mehrwerte bei stundenweiser Berechnung gefunden wurden (9).

Nach obigen Ausführungen kann die Berechnung der Tagessummen der Sonnenstrahlung auf die horizontale Fläche mit Hilfe der gemessenen oder geschätzten Sonnenscheindauer nicht nach der einfachen Formel

$$T_s = T_{100} \cdot \frac{s}{100}$$

berechnet werden, da die Beziehung zwischen der relativen Sonnenscheindauer s und der Tagessumme der Sonnenstrahlung T_s nicht linear ist. Es muß vielmehr s noch mit einem von der Seehöhe und der relativen Sonnenscheindauer abhängigen Faktor i multipliziert werden. Damit werden die oben angeführten Einflüsse summarisch berücksichtigt. Die derzeit benutzte empirische Formel lautet demnach:

$$T_s = T_{100} \cdot \frac{i \cdot s}{100} = T_{100} \cdot \frac{k}{100}$$

Zahlenwerte für k sind in Tabelle 19 angegeben.

Für die Erstellung der Tabelle 19 wurden auch die Ergebnisse der Untersuchungen aus niedrigen Seehöhen herangezogen (10). In der Niederung können in der Regel für den Winter die k-Werte um etwa 5% höher, für den Sommer um 5% niedriger angenommen werden als die Mittelwerte in der Tabelle 19. An Plätzen mit sehr geringer Trübung können in niedrigen Lagen um etwa 3% höhere k-Werte angenommen werden, während für Großstädte und Industriegebiete eine Verminderung um 8 bis 12% empfohlen werden kann.

Die Tabelle 19 enthält die k-Werte für verschiedene Seehöhen und relative Sonnenscheindauer.

Tabelle 19: *Zahlenfaktor k zur Berechnung der Tagessummen der auf die horizontale Fläche fallenden Sonnenstrahlung aus den Werten der relativen Sonnenscheindauer für verschiedene Seehöhen*

Seehöhe	Sonnenscheindauer in %									
	10	20	30	40	50	60	70	80	90	100
200 m	7	15	24	33	42	53	64	75	88	100
500 m	8	16	25	34	44	55	65	77	89	100
1000 m	8	17	27	36	46	56	67	78	89	100
1500 m	9	18	28	38	48	58	68	79	90	100
2000 m	9	19	29	39	50	61	71	81	90	100
2500 m	10	20	30	41	52	62	72	82	91	100
3000 m	10	21	31	43	53	65	75	85	92	100

Naturgemäß kann man aus Berechnungen, die nach dieser Art durchgeführt werden, derzeit noch keine besondere Genauigkeit erwarten, weil für die Bestimmung der Konstanten k noch nähere Unterlagen fehlen. Immerhin lassen sich aber auch für die Tagessummen der Sonnenstrahlung an bewölkten Tagen brauchbare Angaben machen. Die Tabelle 20 enthält so berechnete Tagessummen der auf die horizontale Fläche fallenden Sonnenstrahlung für verschiedene Seehöhen und verschiedene Werte der relativen Sonnenscheindauer.

Es ist ohneweiters auch möglich, Tagessummen der Sonnenstrahlung bei verschiedenen Bewölkungs- bzw. Sonnenscheinverhältnissen für Orte mit überhöhtem Horizont zu bilden. Hiezu bestimmt man zuerst die an diesen Plätzen mögliche Tagessumme nach den möglichen Sonnenscheinzeiten (Tabelle 16) oder nach der Horizontabschirmung (Tabelle 17), worauf man die Reduktion auf die betreffenden Bewölkungsverhältnisse vornimmt. Naturgemäß treten hier gewisse Fehler auf, wenn die Bewölkungsverhältnisse um den Mittag unsymmetrisch verteilt sind.

Tabelle 20: *Tagessummen der auf die horizontale Fläche fallenden Sonnenstrahlung bei verschiedenen Werten der relativen Sonnenscheindauer (s in Prozenten), bzw. der Bewölkung (w in Zehnteln)*

(Angaben für den 15. jeden Monats in cal/cm^2)

		I.	II.	III.	IV.	V.	VI.	VII.	VIII.	IX.	X.	XI.	XII.
	200 m	116	201	324	435	540	592	560	484	379	238	146	101
	500 m	129	219	344	468	569	622	590	512	400	260	156	110
s = 100%	1000 m	146	245	375	512	610	662	629	549	430	288	176	125
w = 0/10	1500 m	160	264	403	552	650	701	668	586	455	312	190	136
	2000 m	168	278	422	580	685	728	706	615	480	330	203	144
	3000 m	175	293	445	599	717	773	752	656	516	350	217	152
	200 m	87	151	243	327	406	446	421	364	285	180	110	76
	500 m	99	168	265	360	437	480	455	394	308	200	121	85
s = 80%	1000 m	114	193	295	401	480	520	494	430	337	226	138	98
w = 2/10	1500 m	127	209	319	439	515	555	530	464	361	247	150	108
	2000 m	136	224	340	460	554	588	568	495	387	266	164	116
	3000 m	148	248	376	508	608	656	640	557	437	297	184	129
	200 m	61	106	172	230	286	314	296	255	200	128	77	53
	500 m	70	118	187	255	309	340	321	279	218	141	85	60
s = 60%	1000 m	82	137	216	288	344	372	353	308	241	162	99	70
w = 4/10	1500 m	93	154	234	322	377	406	389	340	265	181	110	79
	2000 m	102	167	253	349	412	438	425	370	289	198	122	88
	3000 m	114	190	288	388	461	500	488	425	335	226	140	98
	200 m	38	65	105	142	177	195	183	157	124	78	48	33
	500 m	44	75	118	160	195	214	202	175	137	89	57	38
s = 40%	1000 m	52	88	135	184	220	239	225	197	155	104	63	45
w = 6/10	1500 m	61	100	153	210	247	266	254	223	173	119	72	52
	2000 m	67	110	168	230	271	289	280	244	190	131	81	57
	3000 m	75	124	189	253	302	327	319	278	218	149	92	64
	200 m	18	31	50	67	83	91	83	74	58	37	22	16
	500 m	21	36	56	76	94	102	97	83	65	43	26	18
s = 20%	1000 m	25	42	65	88	106	115	108	95	74	50	30	21
w = 8/10	1500 m	29	46	73	100	118	128	121	106	83	57	35	25
	2000 m	32	53	81	110	130	140	133	117	92	63	39	27
	3000 m	36	60	92	124	147	160	155	135	107	72	45	31

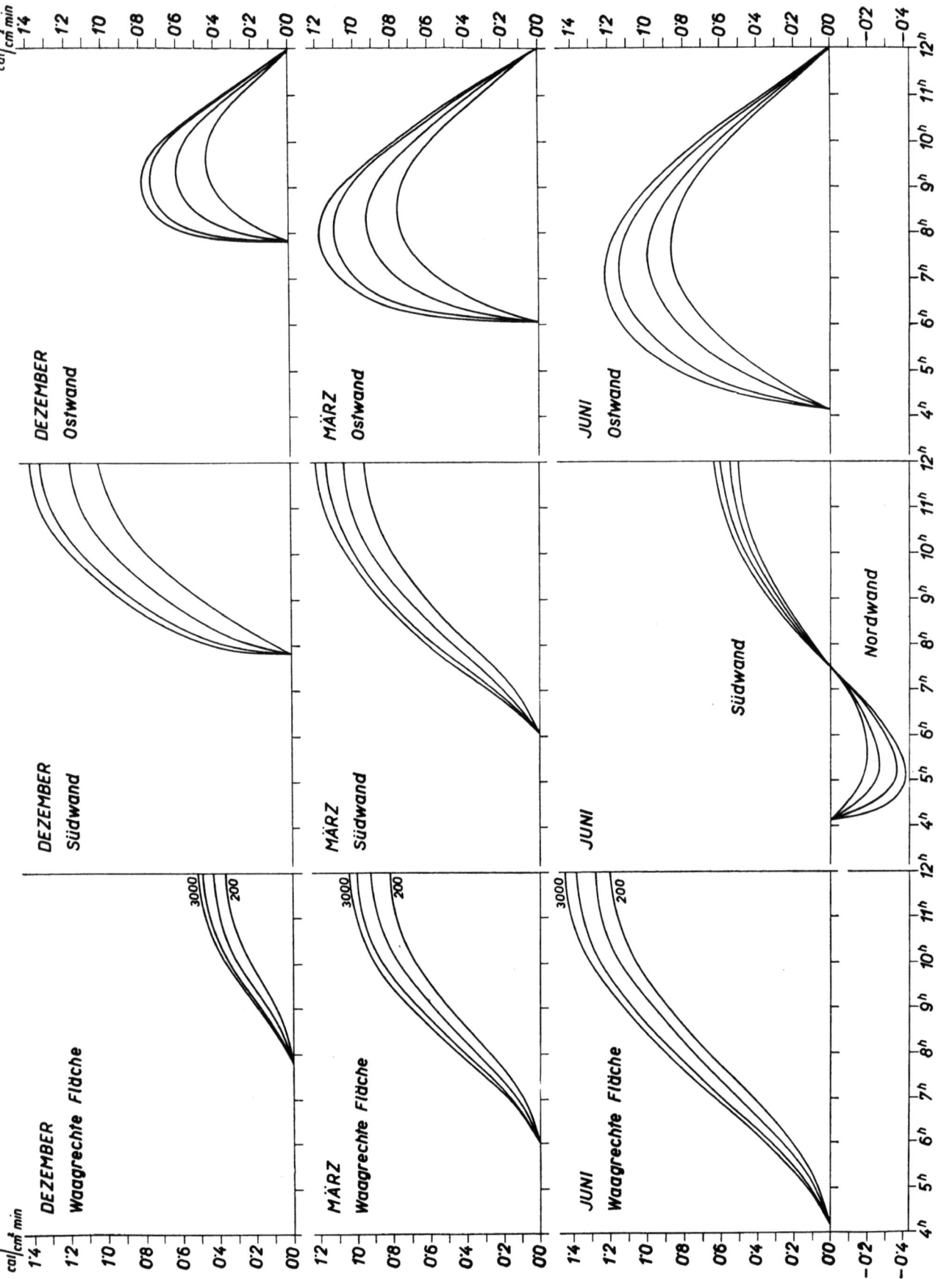

Abb. 5: Tagesgang der Bestrahlung einer waagrechten Fläche, einer Süd- und Nordwand und einer Ostwand im Dezember, März und Juni in 200, 1000, 2000 und 3000 m Höhe (47° N); die Werte für die Nordwand sind mit negativen Vorzeichen versehen (12)

e) Die Sonnenstrahlung auf geneigte Hänge und Wände

In einem Gebirgsland wie Österreich sind auch die Bestrahlungsverhältnisse geneigter Hänge und senkrechter Wände von großem Interesse (11), (12), (13).

Nachstehende Zusammenstellung bringt Angaben über die Tagessummen der Sonnenstrahlung bei wolkenlosem Himmel auf senkrechte Wände in der Niederung in Prozenten der auf die horizontale Fläche fallenden Strahlung.

	Südwand	Ost- und Westwand	Nordwand
Sommer	33	46	10
Frühling, Herbst	117	62	—
Winter	400	85	—

Die Tagesgänge der Sonnenstrahlung auf verschieden gerichtete Wände zeigt die Abb. 5. Zahlenangaben dazu für verschiedene Seehöhen enthält die Tabelle 21 (12). Die Jahresgänge der Tagessummen der Sonnenstrahlung auf verschieden orientierte Wände bei wolkenlosem Himmel in Wien sind in der Abb. 6 dargestellt (13).

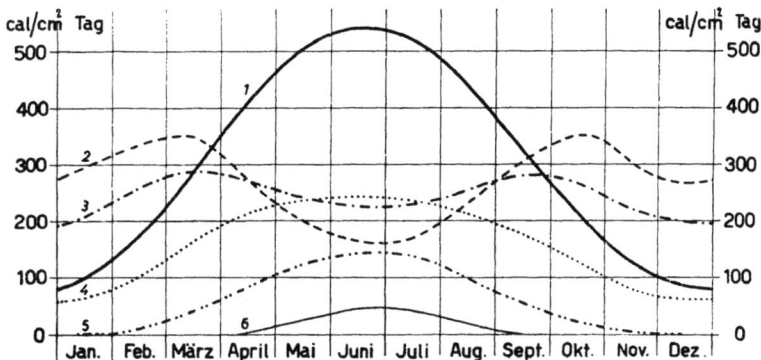

Abb. 6: Jahresgang der Tagessummen der Sonnenstrahlung an wolkenlosen Tagen in Wien. 1 = horizontale Fläche, 2 = Südwand, 3 = Südost- und Südwest-, 4 = Ost- und West-, 5 = Nordost- und Nordwest-, 6 = Nordwand

In der Tabelle 22 sind die Tagessummen der Sonnenstrahlung auf verschieden gerichtete Hänge für die Neigung 10, 20 und 30°, ausgedrückt in Prozenten der auf eine horizontale Fläche fallenden Sonnenstrahlung, angegeben. Sie beziehen sich auf wolkenlose Tage und können für alle Seehöhen in Österreich verwendet werden (11). Mit Hilfe dieser Tabelle können auch die Sonnenstrahlungssummen bei bewölktem Himmel bestimmt werden, es ist aber bei derartigen Berechnungen darauf zu achten, daß infolge der ungleichmäßigen Verteilung der Bewölkung auf die Tagesstunden und der wechselnden Wolkendichte gewisse Fehler auftreten. Nötigenfalls kann hier der örtliche Tagesgang der Bewölkung berücksichtigt werden.

f) Einwirkungen von Großstadt und Industrietrübung

Begreiflicherweise wird die Intensität der Sonnenstrahlung durch Großstadt- und Industriedunst (mehr oder weniger mit Rauch vermengt) erheblich beeinflußt. Hierüber liegen nur aus Wien eingehende Studien vor (14), (15), (16). Diese Arbeiten liefern auch Anhaltspunkte für die Verhältnisse in anderen größeren Städten und in Industriegebieten. In der Tabelle 23 ist die Schwächung der Sonnenstrahlung in Wien durch Angabe der Strahlungswerte in Prozenten der Werte für Freiland ausgedrückt.

Tabelle 21: *Tagesgang der Intensität der Sonnenstrahlung auf senkrechte Wände in verschiedenen Seehöhen (MOZ). Werte in cal/cm² min nach (12)*

a) Ostwand und Westwand								
Stunde Ostwand	5	6	7	8	9	10	11	12ʰ
Westwand	19	18	17	16	15	14	13	
200 m								
März	—	—	0·53	0·76	0·75	0·60	0·32	0·00
Juni	0·35	0·66	0·83	0·86	0·75	0·56	0·29	0·00
September	—	0·20	0·67	0·81	0·77	0·58	0·31	0·00
Dezember	—	—	—	0·11	0·42	0·44	0·26	0·00
1000 m								
März	—	—	0·76	0·93	0·88	0·68	0·35	0·00
Juni	0·51	0·82	0·97	0·96	0·83	0·61	0·32	0·00
September	—	0·37	0·86	0·96	0·89	0·65	0·34	0·00
Dezember	—	—	—	0·28	0·60	0·55	0·30	0·00
2000 m								
März	—	—	0·99	1·13	1·01	0·76	0·39	0·00
Juni	0·73	1·02	1·14	1·10	0·93	0·67	0·34	0·00
September	—	0·60	1·06	1·13	1·00	0·72	0·37	0·00
Dezember	—	—	—	0·50	0·76	0·65	0·35	0·00
3000 m								
März	—	—	1·07	1·19	1·06	0·79	0·40	0·00
Juni	0·84	1·12	1·21	1·16	0·98	0·70	0·36	0·00
September	—	0·73	1·17	1·21	1·06	0·76	0·39	0·00
Dezember	—	—	—	0·57	0·81	0·68	0·36	0·00
b) Südwand (positive Zahlen) und Nordwand (negative Zahlen)								
Stunde Südwand	5	6	7	8	9	10	11	12ʰ
Nordwand	19	18	17	16	15	14	13	
200 m								
März	—	—	0·13	0·38	0·61	0·79	0·91	0·95
Juni	−0·17	−0·19	−0·09	0·09	0·26	0·39	0·48	0·51
September	—	−0·01	0·11	0·30	0·52	0·72	0·84	0·88
Dezember	—	—	—	0·08	0·46	0·76	0·95	1·03
1000 m								
März	—	—	0·19	0·47	0·71	0·90	1·02	1·06
Juni	−0·25	−0·23	−0·10	0·10	0·29	0·43	0·52	0·56
September	—	−0·01	0·14	0·37	0·60	0·81	0·93	0·97
Dezember	—	—	—	0·21	0·67	0·95	1·13	1·19
2000 m								
März	—	—	0·25	0·57	0·82	1·00	1·12	1·16
Juni	−0·36	−0·29	−0·12	0·12	0·32	0·47	0·57	0·60
September	—	−0·02	0·17	0·43	0·67	0·89	1·01	1·05
Dezember	—	—	—	0·36	0·84	1·12	1·29	1·35
3000 m								
März	—	—	0·27	0·61	0·86	1·05	1·17	1·22
Juni	−0·41	−0·32	−0·13	0·12	0·34	0·49	0·60	0·64
September	—	−0·03	0·19	0·47	0·72	0·94	1·06	1·11
Dezember	—	—	—	0·41	0·89	1·17	1·35	1·40

Tabelle 22: *Tagessummen der Intensität der geneigten Hängen zukommenden Sonnenstrahlung in Prozenten der auf eine frei liegende horizontale Fläche auffallenden Strahlungssummen* [nach (11)]

Richtung	Neigung	I.	II.	III.	IV.	V.	VI.	VII.	VIII.	IX.	X.	XI.	XII.
S	10°	148	133	117	109	104	103	104	108	114	127	145	155
	20°	190	161	132	116	107	103	104	111	127	151	180	195
	30°	228	185	144	120	106	99	101	114	133	168	216	242
SE	10°	133	122	112	106	103	102	102	105	108	116	128	132
	20°	163	141	123	111	103	101	102	107	114	130	154	163
	30°	190	156	129	112	102	98	100	108	119	142	176	192
E	10°	97	100	99	99	99	99	98	99	98	96	95	92
	20°	97	98	96	96	95	95	94	95	95	95	95	90
	30°	97	97	94	91	91	91	90	92	91	92	95	90
NE	10°	62	74	84	90	82	96	95	92	85	77	64	56
	20°	34	51	67	79	85	89	87	82	71	56	39	25
	30°	16	34	18	66	76	79	76	69	56	39	20	8
N	10°	48	65	78	87	93	95	93	89	81	70	54	39
	20°	4	29	54	71	83	86	83	76	60	39	7	—
	30°	—	3	28	53	70	75	72	60	38	7	—	—

Tabelle 23: *Sonnenstrahlungsintensität in Wien in Prozenten der Freilandswerte* [nach (15)]

Sonnenhöhe	10°	20°	30°	45°
Winter	69	79	(84)	—
Frühling	74	82	86	90
Sommer	75	83	87	91
Herbst	69	79	84	88

Im Vergleich zu anderen Großstädten ist die Schwächung in Wien größer als in Leipzig, jedoch geringer als in Frankfurt a. M. (15). Im Mittel beträgt in Wien die Schwächung bei 15° Sonnenhöhe zirka 25%, bei 60° hingegen nur noch 10%. Naturgemäß kann das Ausmaß der Schwächung sehr variieren, wobei die vorhandenen Luftmassen wohl eine Rolle spielen, die vorherrschende Windrichtung aber ausschlaggebend ist. Messungen aus letzter Zeit ergaben z. B. für Wien-Hohe Warte im Winter bei Windrichtungen um Ost mittlere Strahlungsintensitäten, die nur 65 bis 70% des Durchschnittswertes für diese Jahreszeit betrugen, während bei Nordwestwinden im Mittel 132% festgestellt wurden. Im Sommer sind die Unterschiede geringer, nämlich 89 bzw. 110%.

Die Hauptquelle des Wiener Großstadtdunstes bilden heute die Industriegebiete im Osten, bzw. Südosten der Stadt. Früher, als noch die überwiegende Mehrheit der Haushalte mit Kohle kochte und die Feuerungsanlagen überhaupt erheblich mehr rußten, war die Einwirkung der Großstadttrübung eine viel größere. Dies geht deutlich aus den Vergleichen der in den Jahren 1904 bis 1906 durchgeführten Messungen der Sonnenstrahlung mit neueren Meßreihen hervor. So waren im Mittel im Meßabschnitt 1930 bis 1932, in dem infolge einer Konjunkturkrise viele Fabriken still standen oder eingeschränkt arbeiteten, die Werte um

10% höher (17). Die in den Jahren 1938 bis 1950 gemessenen Werte lagen niedriger, aber noch um rund 5% höher als die Werte aus 1904 bis 1906 (18).

Auf die horizontale Fläche bezogen, liegen die mittleren Tagessummen der Sonnenstrahlung bei wolkenlosem Himmel nach den Messungen aus den Jahren 1938 bis 1946 im Jahresmittel um 11% niedriger als die in der Tabelle 14 verzeichneten Freilandwerte in 200 m Seehöhe, im Winter beträgt der Unterschied 15%, im Sommer 8%. Diese Ergebnisse weichen etwas von den für den eigentlichen (enger verbauten) Stadtbereich bestimmten Werten der Tabelle 23 ab, weil auf der Hohen Warte der volle Stadteinfluß nur zeitweise zur Geltung kommt.

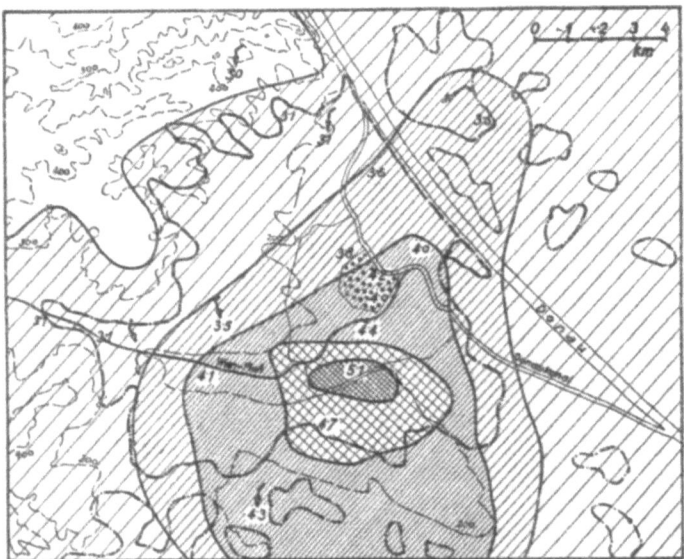

Abb. 7 a): Verteilung des Stadtdunstes über Wien bei schwachem Nordwind. Die stärkste Trübung liegt südlich vom Stadtzentrum im Bereich des Laaerberges

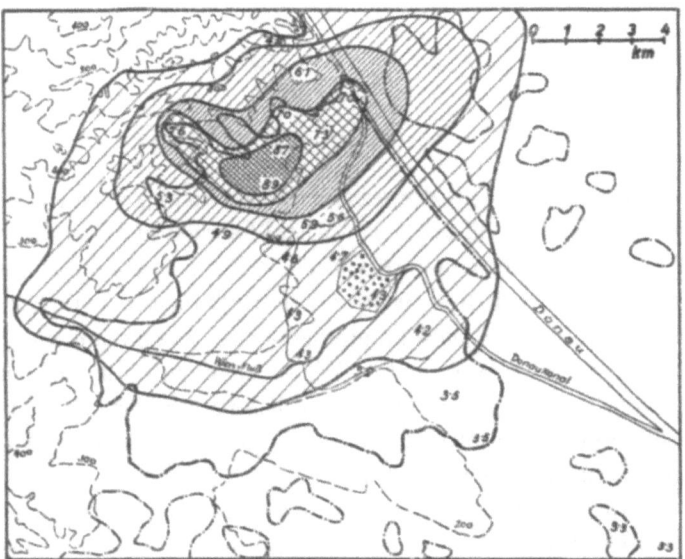

Abb. 7 b): Verteilung des Stadtdunstes über Wien bei schwachem Südostwind. Die stärkste Trübung liegt im Nordwesten der Stadt und staut am Wienerwaldhang. Die Lufttrübung ist dort bei Südostwind bedeutend stärker als bei Nordwind im Süden der Stadt. ········ = Begrenzung des verbauten Gebietes, ——— = Linien gleicher Trübungsfaktoren, - - - - - = Isohypsen für je 100 m, punktiertes Gebiet = Stadtzentrum. Die eingetragenen Zahlen sind die Trübungsfaktoren an den Meßstellen

Aufschlußreiche Ergebnisse lieferten Meßfahrten im ganzen Stadtbereich, wie zwei Beispiele in der Abb. 7 zeigen. Bedingt durch die orographische Lage wirken sich für die nordwestlichen Stadtteile die in Wien sehr häufigen Südostwinde zeitweise sehr schlecht aus, weil die Dunstmassen in diesem Fall von den sich im Westen und Nordwesten erhebenden Wienerwaldbergen am Abwandern behindert werden [siehe auch (19), (20), (21)].

Im dichten Stadtdunst sind oft große Unterschiede zwischen höher und niedriger liegenden Stadtteilen vorhanden, ja sogar im Bereich verschiedener Höhen der Gebäude. So ergab sich bei Messungen auf dem Graben und 72 m höher auf dem Stephansturm eine Zunahme der Strahlung in diesem Höhenintervall von mitunter 6 bis 8%. Diese Feststellungen wurden im Sommer gemacht, im Winter treten sicher oft noch größere Unterschiede auf.

Auf Grund der Messungen der Intensität der Sonnenstrahlung in den Jahren 1938 bis 1950 (18) ergaben sich die in der Tabelle 24 zusammengestellten Intensitäten bei verschiedenen Sonnenhöhen.

Tabelle 24: *Intensität der Sonnenstrahlung an der Zentralanstalt für Meteorologie und Geodynamik Wien-Hohe Warte (1938 bis 1950) normal zur Strahlungsrichtung, geordnet nach Sonnenhöhen, in 10^{-2} cal/cm² min*

Sonnenhöhe	5°	10	15	20	25	30	35	40	45	50	55	60	65°
Jänner	32	63	79	92	—	—	—	—	—	—	—	—	—
Februar	28	58	76	88	97	105	—	—	—	—	—	—	—
März	26	56	74	87	96	103	108	111	113	—	—	—	—
April	24	52	67	80	88	97	103	108	112	115	117	—	—
Mai	22	46	61	74	86	95	101	107	111	114	115	116	—
Juni	19	43	60	73	83	91	98	104	108	111	113	114	115
Juli	20	44	62	72	83	92	98	105	108	111	113	114	115
August	20	50	66	76	86	94	100	105	109	112	115	117	—
September	23	52	69	79	88	95	101	106	110	114	—	—	—
Oktober	27	55	71	83	93	100	103	107	—	—	—	—	—
November	30	57	73	89	100	—	—	—	—	—	—	—	—
Dezember	32	61	78	95	—	—	—	—	—	—	—	—	—

Tabelle 25: *Tagesgang der Intensität der in Wien-Hohe Warte auf die horizontale Fläche auffallenden Sonnenstrahlung (1938 bis 1950) in 10^{-2} cal/cm² min*

Zeit (MEZ)	5ʰ	6	7	8	9	10	11	12	13	14	15	16	17	18	19ʰ
Jänner	—	—	—	1	11	21	29	33	31	22	12	6	—	—	—
Februar	—	—	—	6	21	34	46	51	47	39	26	12	2	—	—
März	—	—	5	21	41	58	68	72	70	62	48	27	10	—	—
April	—	6	22	43	61	78	89	93	89	78	62	43	21	5	—
Mai	3	16	36	56	76	91	101	102	100	90	73	52	31	12	—
Juni	5	19	40	61	81	95	102	105	102	94	80	60	39	20	5
Juli	1	15	35	56	76	91	101	103	100	92	78	58	39	20	4
August	—	8	25	46	56	81	92	96	92	82	66	49	26	10	—
September	—	2	14	31	50	65	74	80	75	65	48	28	12	2	—
Oktober	—	—	3	17	32	47	56	59	54	42	26	9	—	—	—
November	—	—	—	4	16	28	37	41	36	25	11	1	—	—	—
Dezember	—	—	—	—	8	19	28	31	27	18	7	—	—	—	—

Auf die horizontale Fläche fallen die in der Tabelle 25 verzeichneten Intensitäten. Die für den Zeitraum 1938 bis 1950 bestimmten mittleren Tagessummen der bei wolkenlosem Himmel auf eine horizontale Fläche auftreffenden Sonnenstrahlung ergeben für den 15. jeden Monats die nachfolgenden Werte (in cal/cm^2).

I.	II.	III.	IV.	V.	VI.	VII.	VIII.	IX.	X.	XI.	XII.
101	170	290	411	505	538	520	442	325	209	125	85

Durchschnittliche Tagessummen der Sonnenstrahlung auf eine horizontale Fläche in Wien bringt, geordnet nach relativer Sonnenscheindauer, die Tabelle 26. Die Tabelle 27 enthält Durchschnittswerte bei der tatsächlichen Bewölkung in Wien im Mittel aller Tage.

Tabelle 26: *Tagessummen der Sonnenstrahlung auf eine horizontale Fläche in cal/cm^2, gültig für Wien-Hohe Warte für verschiedene relative Sonnenscheindauer (s in %)*

s, %	I.	II.	III.	IV.	V.	VI.	VII.	VIII.	IX.	X.	XI.	XII.
10	8	13	21	31	37	40	38	33	24	15	9	6
20	15	26	45	64	78	83	80	68	50	32	19	13
30	24	40	69	98	120	128	124	105	77	50	30	20
40	33	55	95	134	165	176	170	144	106	68	41	28
50	43	72	123	175	215	228	221	187	138	88	53	36
60	53	90	154	218	267	285	275	234	172	111	66	45
70	64	108	184	261	320	341	330	281	206	132	80	54
80	76	128	218	310	380	402	390	332	244	156	94	64
90	89	150	255	361	445	473	460	390	286	184	110	75
100	101	170	290	411	505	538	520	442	325	209	125	85

Tabelle 27: *Durchschnittliche Tages- und Monatssummen der Sonnenstrahlung bei den tatsächlichen Bewölkungsverhältnissen (1901 bis 1950) in Wien-Hohe Warte für die horizontale Fläche (Mittel aller Tage, Werte in cal/cm^2)*

	I.	II.	III.	IV.	V.	VI.	VII.	VIII.	IX.	X.	XI.	XII.
Tag	18	41	95	155	232	248	267	225	142	62	24	12
Monat	549	1156	2948	4650	7195	7465	8290	6975	4250	1926	720	372

Die Himmelsstrahlung

a) Vorbemerkungen

Einen weiteren wichtigen Faktor für den Strahlungshaushalt der Erdoberfläche stellt die Himmelsstrahlung dar. Die Sonnenstrahlung wird auf ihrem Weg durch die Atmosphäre zu einem gewissen Prozentsatz an den Luftmolekülen und an suspendierten Partikeln (an verschiedenen Kernen, Staubteilchen, Dunsttröpfchen, Wolkenelementen usw.) diffus zerstreut. Von dieser Streustrahlung wird ein Teil in den Weltraum zurückgeworfen und geht somit der Erde verloren, der andere Teil trifft, von allen Seiten der Himmelshalbkugel kommend, auf die

Erdoberfläche auf. Wir bezeichnen diesen Anteil der Streustrahlung als diffuse Himmelsstrahlung oder kurz als „Himmelsstrahlung". Es handelt sich hier also nicht um Strahlung, die vom Himmel ausgesandt wird, sondern nur um zerstreute Sonnenstrahlung. Über zusätzliche Reflexstrahlungen wird weiter unten Näheres ausgeführt.

Die spektrale Zusammensetzung der Himmelsstrahlung weicht insofern von jener der direkten Sonnenstrahlung ab, als die Zerstreuung für verschiedene Wellenlängen verschieden stark erfolgt. Gewissen Gesetzmäßigkeiten (Rayleighsches Gesetz) zufolge werden die kürzeren Wellen von den Luftmolekülen stärker zerstreut als die längeren. Deshalb ist der Himmel an klaren Tagen von vorwiegend kurzwelliger Streustrahlung erfüllt und erscheint daher blau. Mit zunehmender Verunreinigung der Atmosphäre tritt auch die Zerstreuung in längeren Wellenbereichen immer mehr in Erscheinung, so daß sich dabei die Himmelsfarbe allmählich gegen weißliche Töne verschiebt. Ist Bewölkung vorhanden, so treten auch stärkere Reflexionswirkungen auf, und es werden alle Bereiche des sichtbaren Spektrums annähernd in gleichem Ausmaß zerstreut, so daß die Wolken weiß, oder bei geringerer Leuchtdichte grau bis blaugrau, bzw. braungrau erscheinen. Besonders bei wolkenlosem Himmel tritt der Infrarotanteil gegenüber der Spektralverteilung der Sonnenstrahlung stark zurück, so daß der größte Teil der Himmelsstrahlung auf den sichtbaren Teil des Spektrums fällt (siehe Abb. 1). Im allgemeinen sind in der Himmelsstrahlung Wellenlängen über 0·9 μ nur mehr in bedeutungslosem Ausmaß vorhanden.

In der Nähe von Bauwerken, Bäumen usw. und besonders in Tälern und in Mulden werden Teile des Himmels durch den Horizont überragende Objekte, bzw. Berge abgedeckt. An Stelle der abgehaltenen Himmelsstrahlung tritt nun die von den Horizontüberhöhungen kommende Reflexstrahlung, die bei Messungen der Intensität der Himmelsstrahlung mit erfaßt wird. Diese Reflexstrahlung verstärkt die Wirkung der Himmelsstrahlung und man muß sie daher zur Himmelsstrahlung dazurechnen. Die Summenwirkung von Himmelsstrahlung und Reflexstrahlung ist geringer als die Himmelsstrahlung bei freiem Horizont, wenn die Reflexstrahlung weniger intensiv ist als die abgehaltene Himmelsstrahlung.

Auch durch die Bewölkung werden Teile des Himmels abgedeckt; die hiebei abgehaltene diffuse Strahlung des wolkenlosen Himmels wird durch die von den Wolken kommende ersetzt. Je nach Art und Dichte der Bewölkung tritt dabei eine Verminderung oder Vergrößerung der Himmelsstrahlung auf. In der Regel ist die von den Wolken kommende Streustrahlung intensiver als jene des abgedeckten Himmelsstückes, so daß eine Bewölkungszunahme meist mit einer Zunahme der Intensität der Himmelsstrahlung einhergeht. Erst bei höheren Bedeckungsgraden werden die Wolken in der Regel so dicht, daß die Himmelsstrahlung unter Umständen unter jene des wolkenlosen Himmels zurückgeht. Hiebei ist die mit der Seehöhe abnehmende Mächtigkeit der Wolken von einer derartigen Bedeutung, daß die Himmelsstrahlung bei bewölktem Himmel mit der Seehöhe stark zunimmt.

Eine weitere Beeinflussung der Intensität der Himmelsstrahlung erfolgt durch die mehrfache Reflexion der diffusen Strahlung zwischen der Erdoberfläche und der Atmosphäre. Auf diese Weise wirkt sich die Reflexionsfähigkeit der Unterlage mitunter stark aus. Dies ist besonders bei schneebedecktem Boden und bei gleichzeitig vorhandener niedriger Bewölkung deutlich zu beobachten. Unter solchen Umständen nimmt die Intensität der Himmelsstrahlung stark zu. Die Himmelsstrahlung wird also durch lokale Gegebenheiten viel stärker beeinflußt als die direkte Sonnenstrahlung.

Es muß hervorgehoben werden, daß unsere Kenntnisse über die Himmelsstrahlung noch lange nicht so gut fundiert sind wie jene über die Sonnenstrahlung. Dies liegt vor allem darin, daß die Meßgeräte für die Himmelsstrahlung noch nicht vereinheitlicht sind, und Himmelsstrahlungsmessungen, wie vorhin erwähnt wurde, sehr stark lokal beeinflußt werden können.

Tabelle 28: *Tagesgang der Intensität der auf eine horizontale Fläche fallenden Himmelsstrahlung bei wolkenlosem Himmel in verschiedenen Seehöhen*

[Werte in $mcal/cm^2$ min (37) für den 15. jedes Monats]

Zeit (MOZ)	4/20	5/19	6/18	7/17	8/16	9/15	10/14	11/13	12^h	5/19	6/18	7/17	8/16	9/15	10/14	11/13	12^h
					200 m								500 m				
Jänner	—	—	—	—	22	53	71	81	85	—	—	—	19	48	64	75	78
Februar	—	—	—	10	48	74	88	97	100	—	—	7	46	69	87	92	95
März	—	—	—	48	76	98	110	115	118	—	—	40	72	93	107	113	116
April	—	—	45	75	99	115	126	135	139	—	37	70	95	111	122	128	130
Mai	—	30	65	93	113	128	136	143	145	25	60	86	106	120	131	139	142
Juni	7	42	72	96	115	131	141	146	148	40	70	93	111	123	133	140	144
Juli	—	30	64	92	110	125	137	145	146	35	65	90	110	123	132	140	143
August	—	13	44	82	104	119	131	137	139	10	48	77	100	117	127	133	135
September	—	—	20	56	85	105	115	123	127	—	17	52	81	100	113	121	123
Oktober	—	—	—	24	62	84	99	107	112	—	—	24	56	77	92	103	107
November	—	—	—	—	29	58	75	85	90	—	—	—	31	56	72	85	90
Dezember	—	—	—	—	14	44	63	75	82	—	—	—	12	42	57	67	73
					1000 m								1500 m				
Jänner	—	—	—	—	18	47	62	71	75	—	—	—	18	46	59	67	71
Februar	—	—	—	7	43	67	77	84	87	—	—	7	42	60	70	73	75
März	—	—	—	41	72	90	95	100	103	—	—	40	64	76	85	92	94
April	—	—	38	66	85	100	110	114	115	—	36	62	80	91	98	103	105
Mai	—	24	55	80	96	107	115	122	124	23	53	72	87	98	105	111	113
Juni	—	39	65	85	98	111	120	126	127	38	62	77	91	101	109	113	115
Juli	—	33	61	84	97	110	119	125	126	31	57	76	90	100	108	112	114
August	—	9	46	72	90	104	115	121	123	8	44	65	83	96	100	104	107
September	—	—	17	51	75	92	102	108	110	—	16	49	69	84	92	97	99
Oktober	—	—	—	23	52	73	86	93	97	—	—	22	49	67	78	87	88
November	—	—	—	—	27	52	67	76	80	—	—	—	25	50	65	73	76
Dezember	—	—	—	—	10	38	55	63	67	—	—	—	9	37	53	60	64
					2000 m								3000 m				
Jänner	—	—	—	—	18	43	55	61	63	—	—	—	17	38	49	55	57
Februar	—	—	—	6	38	57	65	69	70	—	—	6	36	50	56	57	58
März	—	—	—	39	60	72	78	85	86	—	—	37	52	61	66	68	69
April	—	—	35	58	75	85	90	93	95	—	31	50	63	70	74	76	77
Mai	—	22	50	67	77	88	94	99	100	20	44	57	67	73	78	82	85
Juni	—	36	57	73	84	92	97	100	102	33	49	61	69	77	82	86	88
Juli	—	30	54	70	83	90	95	100	101	26	49	61	68	76	82	86	87
August	—	7	42	61	75	85	92	97	99	6	37	53	64	70	76	81	84
September	—	—	15	46	63	75	83	88	89	—	14	40	55	64	70	74	75
Oktober	—	—	—	21	46	64	72	78	80	—	—	19	42	53	61	64	65
November	—	—	—	—	24	45	60	66	70	—	—	—	21	38	51	56	58
Dezember	—	—	—	—	9	36	50	56	58	—	—	—	8	34	46	50	51

b) Wolkenloser Himmel

Die Intensität der Himmelsstrahlung bei wolkenlosem Himmel hängt vom Ausmaß der Zerstreuung der Sonnenstrahlung in der Atmosphäre ab. Eine größere Trübung bedeutet eine Zunahme der Zerstreuung und damit auch der Himmelsstrahlung, eine Abnahme der Luftdichte eine Verringerung. Da die Streustrahlung in der Richtung der Primärstrahlung am stärksten wirkt, ist die Intensität der Himmelsstrahlung auf die horizontale Fläche von der Sonnenhöhe abhängig. Daraus ergibt sich ein ausgeprägter Tagesgang und ein Jahresgang der Intensität der Himmelsstrahlung. Die Abhängigkeit der Himmelsstrahlung von der Luftdichte bedingt eine Abnahme der Intensität mit der Zunahme der Seehöhe.

Aus den bisher vorliegenden Meßergebnissen konnten die in der Tabelle 28 enthaltenen Tagesgänge der Himmelsstrahlung bei wolkenlosem Himmel abgeleitet werden. Hier handelt es sich um Mittelwerte für den 15. jeden Monats, geordnet nach Seehöhen (37). Den Bedürfnissen der Praxis Rechnung tragend, wurden die Intensitäten in der Tabelle 28 für die verschiedenen Tagesstunden angegeben, wobei die Unterschiede zwischen Vormittag und Nachmittag, die z. B. in Großstädten in Erscheinung treten, vernachlässigt werden mußten. Das Ausmaß des Einflusses der Seehöhe wird bei Betrachtung der Abb. 2 ersichtlich, in welcher die Intensitäten (nach Sonnenhöhen geordnet) dargestellt sind.

Aus der Tabelle 28 können Tagessummen der Strahlung des wolkenlosen Himmels gebildet werden, die in der Tabelle 30 (Bewölkung 0/10) enthalten sind. Danach nimmt die Himmelsstrahlung bei wolkenlosem Wetter im Mittel bei einem Anstieg von 200 auf 3000 m Seehöhe im Winter um rund 33%, im Sommer sogar um 40% ab. Es ist zu beachten, daß die Tabellen 28 und 30 sowie die Abb. 2 für Stellen gelten, an denen kein größerer Einfluß von Hangreflexionen (insbesondere von Schneeflächen) vorhanden ist. Im Falle von größerer Hangwirkung müssen die Ausführungen auf Seite 46 berücksichtigt werden.

c) Vollständig bedeckter Himmel

Die Intensitäten der Himmelsstrahlung bei bedecktem Himmel können auch den Registrierungen der Globalstrahlung entnommen werden, wenn man nur jene Zeitabschnitte behandelt, an denen der Sonnenscheinautograph keine Registrierung zeigt. Dies ist berechtigt, soweit es sich nicht um geschlossene dünne Wolkendecken handelt, durch welche die Sonne noch genügend stark strahlt, jedoch am Sonnenscheinschreiber keine Brennspur mehr erzeugt. Tritt dies ein, so entstehen gewisse Verfälschungen der Ergebnisse. Allerdings wirkt diesen Störungen ein anderer Effekt entgegen, der besonders in höheren Lagen zur Geltung kommt: Schneefall tritt in der Regel bei geschlossener Wolkendecke auf. In diesem Falle wird meist durch den Schneebelag der Glasglocke des Aktinographen eine zu geringe Himmelsstrahlung bei geschlossener Wolkendecke vorgetäuscht. Diese beiden Störungen wirken einander entgegen.

Entsprechend der Vielfalt der Wolkenformen und -arten können bei gleichem Bedeckungsgrad des Himmels sehr unterschiedliche Intensitäten der Himmelsstrahlung auftreten. Am größten werden diese Variationen bei ganz bedecktem Himmel. Es erfolgt ein Anstieg der Intensität über Ci, Cs mit einem Maximum bei dichtem Cs oder dünnem As. Bei dichtem As beginnt die Intensität wieder abzusinken, sie erreicht über St und Sc bei dichten winterlichen Nebellagen der Niederung oder mächtiger Schauerbewölkung das Minimum der Intensität. Leider reicht das vorhandene Material nicht aus, um eine getrennte Behandlung von Wolkenarten durchzuführen, so daß vorläufig nur Mittelwerte angegeben werden können. Einen gewissen Anhaltspunkt für die Verhältnisse in der Niederung gewinnt man aber aus der Abb. 8, in der mittlere Intensitäten für Wien bei verschiedenen Wolkenarten zu ersehen sind.

Tabelle 29: *Tagesgang der Intensität der auf eine horizontale Fläche auffallenden Himmelsstrahlung bei bedecktem Himmel*

[Werte in mcal/cm² min für den 15. jedes Monats (37)]

Zeit (MOZ)	5/19	6/18	7/17	8/16	9/15	10/14	11/13	12ʰ	5/19	6/18	7/17	8/16	9/15	10/14	11/13	12ʰ
	\multicolumn{8}{c}{200 m}	\multicolumn{8}{c}{500 m}
Jänner	—	—	—	6	40	84	124	140	—	—	—	8	47	98	138	153
Februar	—	—	2	35	76	120	157	168	—	—	3	42	93	142	178	188
März	—	—	32	72	118	167	202	218	—	—	34	84	140	195	237	253
April	—	23	64	110	160	207	241	256	—	29	73	120	177	229	273	287
Mai	13	57	107	164	220	270	307	319	20	67	113	168	233	288	322	333
Juni	32	72	114	160	210	250	280	295	33	77	124	183	237	282	314	327
Juli	22	61	107	154	203	247	277	290	27	73	123	170	225	277	310	323
August	2	34	77	127	172	212	239	250	6	43	93	144	198	249	279	290
September	—	8	43	82	125	170	200	213	—	10	64	93	148	192	228	240
Oktober	—	—	10	45	88	131	167	178	—	—	12	52	100	148	190	208
November	—	—	—	16	49	86	118	130	—	—	—	18	50	90	126	138
Dezember	—	—	—	3	31	68	94	107	—	—	—	6	37	74	105	115
	\multicolumn{8}{c}{1000 m}	\multicolumn{8}{c}{1500 m}
Jänner	—	—	—	9	57	126	180	197	—	—	—	10	70	144	212	230
Februar	—	—	4	53	113	180	232	250	—	—	5	66	138	220	284	308
März	—	—	45	104	168	232	289	312	—	—	53	128	210	292	367	393
April	—	37	92	155	220	284	340	360	—	48	113	188	272	358	437	470
Mai	24	74	140	205	280	345	390	405	30	100	177	263	358	433	480	493
Juni	40	100	158	216	280	340	372	390	50	117	190	263	340	410	452	467
Juli	30	80	138	203	267	322	355	370	40	97	157	227	300	367	412	430
August	7	50	100	160	222	278	312	320	10	60	114	180	254	315	355	370
September	—	12	60	106	160	217	259	275	—	13	64	127	190	258	308	327
Oktober	—	—	—	62	117	172	213	230	—	—	20	72	130	197	250	272
November	—	—	—	20	63	112	153	170	—	—	—	23	70	127	178	197
Dezember	—	—	—	7	40	83	122	135	—	—	—	9	50	98	142	160
	\multicolumn{8}{c}{2000 m}	\multicolumn{8}{c}{3000 m}
Jänner	—	—	—	12	78	168	236	261	—	—	—	20	92	205	291	320
Februar	—	—	6	73	172	270	330	350	—	—	8	93	213	350	443	474
März	—	—	70	155	245	350	437	464	—	—	90	213	348	493	607	655
April	—	52	140	230	334	440	520	548	—	82	205	328	480	632	740	777
Mai	33	115	205	303	424	520	582	605	48	163	286	424	592	740	826	860
Juni	64	140	222	311	410	487	543	570	90	190	304	430	572	670	732	760
Juli	45	110	190	273	356	440	490	510	53	137	239	348	452	554	617	640
August	12	66	132	208	290	358	400	418	8	80	163	262	374	469	519	540
September	—	16	76	144	221	297	351	370	—	20	92	180	277	378	450	477
Oktober	—	—	22	80	150	230	289	313	—	—	30	113	220	320	402	433
November	—	—	—	28	80	147	202	224	—	—	—	40	110	192	272	303
Dezember	—	—	—	10	56	110	168	195	—	—	—	12	82	167	239	264

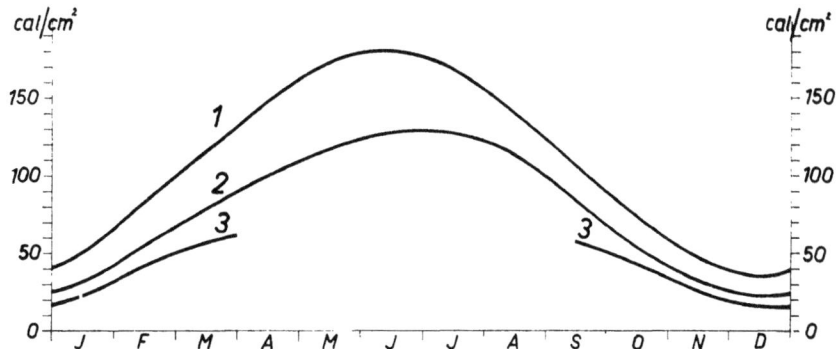

Abb. 8: Jahresgang der Tagessummen der Himmelsstrahlung an bedeckten Tagen in Wien: (1) bei mittelhoher und hoher Bewölkung, (2) bei tiefer Bewölkung und (3) bei Nebel

Die durchschnittlichen Tagesgänge der Himmelsstrahlung bei bedecktem Himmel sind in der Tabelle 29 zusammengestellt. Hier handelt es sich wieder um für bestimmte Tagesstunden angegebene Intensitäten.

Die Tagessummen der Himmelsstrahlung bei ganz bedecktem Himmel sind in der Tabelle 30 zu finden. Aus den Tabellen 29 und 30 und aus der Abb. 2 ergibt sich, daß die Himmelsstrahlung bei bedecktem Himmel mit der Seehöhe stark zunimmt. Beim Anstieg von 200 zu 3000 m findet man eine Zunahme auf 230 bis 260% des Wertes in der Niederung. Dies ist begreiflich, weil mit der Höhe Mächtigkeit und Dichte der Bewölkung abnehmen. In der Niederung entspricht die Intensität der Strahlung des bedeckten Himmels ungefähr jener des wolkenlosen Himmels, in 3000 m Höhe gilt aber ein Verhältnis 1 : 4 bis 1 : 8. Diese hohen Intensitäten der Strahlung des bedeckten Himmels im Hochgebirge haben für den Strahlungshaushalt und für das Pflanzenleben eine enorme Bedeutung.

Die deutlichsten Einflüsse jahreszeitlicher Eigenarten in der Beschaffenheit der Wolkendecke findet man im Mai, wo die Intensitäten der Himmelstrahlung bei geschlossener Wolkendecke in Seehöhen von über 1000 m höher sind als im Juni. Der Jahresverlauf der Himmelsstrahlung wird hier stark asymmetrisch, was aus der Abb. 9 gut zu entnehmen ist. Allerdings spielen hiebei auch andere Faktoren, so vor allem die multiple Reflexion und die Hangwirkungen eine Rolle.

Bezüglich regionaler und örtlicher Eigenarten der Strahlung des bedeckten Himmels sei besonders darauf hingewiesen, daß Gegenden mit höheren Niederschlagswerten in der

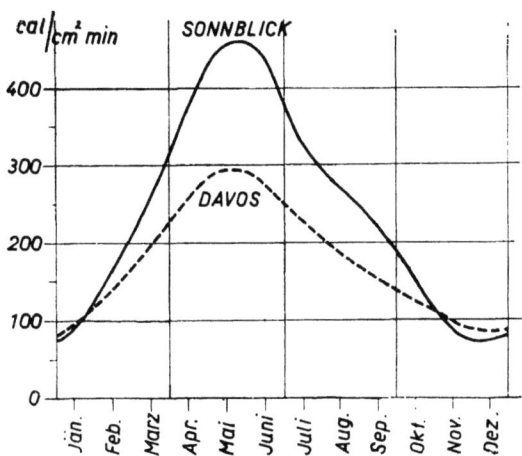

Abb. 9: Jahresgang der Tagessummen der Himmelsstrahlung an bedeckten Tagen auf dem Sonnblick ——— und in Davos · · · · ·

Tabelle 30: *Tagessummen der auf eine horizontale Fläche auffallenden Himmelsstrahlung bei verschiedenen Bewölkungsstufen ohne Berücksichtigung der Wolkenart*

(Werte in cal/cm^2 für den 15. jedes Monats)

Seehöhe	I.	II.	III.	IV.	V.	VI.	VII.	VIII.	IX.	X.	XI.	XII.
Bewölkung 0/10												
200 m..	32	44	62	80	93	99	95	86	67	52	36	29
500 m..	29	41	59	76	88	95	90	82	64	48	35	26
1000 m..	28	39	54	70	80	85	84	74	60	45	33	25
1500 m..	27	34	50	63	72	78	76	66	55	42	31	23
2000 m..	25	33	45	59	66	71	66	60	48	39	28	22
2500 m..	23	30	42	53	61	65	63	56	45	35	25	20
3000 m..	22	28	39	49	56	61	60	52	42	32	24	19
Bewölkung 2/10												
200 m..	43	65	98	135	169	176	175	140	105	80	45	37
500 m..	43	65	95	125	158	166	157	133	101	73	46	36
1000 m..	41	63	92	120	147	154	144	121	92	69	45	35
1500 m..	40	61	89	116	138	146	132	110	85	60	43	33
2000 m..	40	59	86	114	132	140	122	102	80	57	41	33
2500 m..	38	54	78	107	125	130	112	88	73	53	37	30
3000 m..	33	50	73	98	118	122	103	80	62	48	33	27
Bewölkung 4/10												
200 m..	54	82	116	160	215	225	212	176	130	92	54	43
500 m..	54	84	118	162	212	218	206	168	124	89	58	44
1000 m..	54	87	122	160	206	214	199	163	123	90	57	45
1500 m..	55	87	124	161	201	205	188	155	118	88	58	45
2000 m..	55	85	124	161	200	200	178	147	111	85	55	45
3000 m..	49	79	121	160	197	194	160	130	103	79	50	41
Bewölkung 6/10												
200 m..	57	88	130	174	250	261	249	202	150	102	61	47
500 m..	61	96	137	184	252	262	248	204	145	103	62	49
1000 m..	66	104	146	193	256	258	242	201	149	106	68	51
1500 m..	72	115	163	208	263	265	245	199	155	113	74	55
2000 m..	76	114	167	217	273	271	246	195	153	113	74	55
3000 m..	70	110	175	230	280	275	227	183	142	109	70	56
Bewölkung 8/10												
200 m..	52	85	123	170	238	250	235	190	135	96	58	42
500 m..	58	94	134	174	240	252	235	198	144	100	64	49
1000 m..	70	112	155	203	259	268	248	213	156	118	74	56
1500 m..	83	135	192	250	302	310	275	227	170	131	85	64
2000 m..	90	143	207	267	328	328	290	235	181	137	90	70
3000 m..	89	143	222	298	362	354	297	237	182	143	90	73
Bewölkung 10/10												
200 m..	40	57	84	113	148	155	146	120	88	65	40	30
500 m..	47	67	97	127	166	173	162	138	100	73	42	33
1000 m..	58	85	120	158	200	205	188	155	114	83	52	38
1500 m..	67	105	150	197	249	245	218	178	135	97	60	45
2000 m..	77	120	180	240	300	293	255	203	155	112	68	54
2500 m..	85	140	218	285	360	345	290	228	175	130	80	63
3000 m..	94	160	252	345	420	403	325	256	198	155	92	75

Regel auch eine dichtere Bewölkung und daher eine geringere Himmelsstrahlung haben. Dies gilt z. B. für Gebiete mit häufiger Staubewölkung, wie für den Raum um Lunz am See am Alpennordrand. Anderseits sind die auf dem Sonnblick gemessenen und registrierten Werte der Himmelsstrahlung bei bedecktem Himmel im Vergleich zur Sonnenstrahlung auf die horizontale Fläche auffallend hoch. Dies ist vor allem darauf zurückzuführen, daß sich auf Gipfeln besonders zur Sommerzeit an Schönwettertagen eine Wolkenhaube ausbildet, die nur wenig mächtig ist, daher die eindringende Sonnenstrahlung stark zerstreut, aber nur wenig absorbiert.

d) Verschiedene Bedeckungsgrade

Bisher liegen nur wenige Meßergebnisse über die Intensitäten der Himmelsstrahlung bei verschiedenen Bedeckungsgraden vor, aus denen die diesbezüglichen Verhältnisse für verschiedene Seehöhen hergeleitet werden können. [Literatur hiezu in (37) und (38)]. Unter Verarbeitung der neuesten Ergebnisse gewinnen wir folgendes Schema: In geringeren Seehöhen ist zunächst mit zunehmender Bedeckung eine Zunahme der Intensität der Himmelsstrahlung feststellbar. Das Maximum wird bei 6 bis 8/10 erreicht, bei weiterer Zunahme der Bedeckung erfolgt wieder ein rascher Abfall bis 10/10. Mit zunehmender Seehöhe des Beobachtungsortes rückt dieses Maximum immer mehr gegen 10/10 (Tabelle 31). In Höhen von 2800 bis 3000 m ist schon ein ständiger Anstieg der Intensität bis 10/10 feststellbar. Die Abb. 10 zeigt dieses Verhalten der Himmelsstrahlung im Winter und im Sommer für die Seehöhen 200, 1000, 2000 und 3000 m, wobei die Werte so dargestellt werden, daß die Intensität bei wolkenlosem Himmel gleich 100% gesetzt ist.

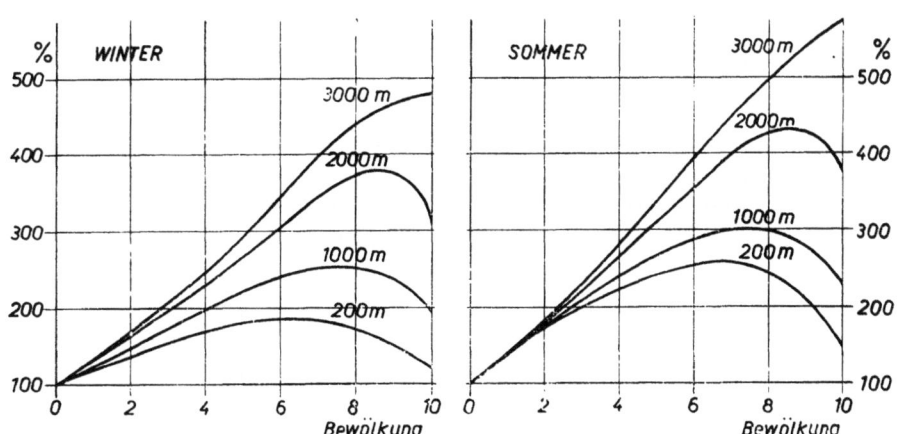

Abb. 10: Tagessummen der Himmelsstrahlung bei verschiedenen Bewölkungsstufen in Seehöhen von 200, 1000, 2000 und 3000 m im Winter und im Sommer (Relativwerte, bezogen auf wolkenlosen Himmel, Bewölkungsangaben in Zehnteln der Himmelsfläche)

Hier fällt besonders auf, daß in großen Seehöhen relativ sehr hohe Tagessummen bei den Bewölkungsstufen 6 bis 10/10 auftreten.

Für praktische Zwecke sind in der Tabelle 30 mittlere Tagessummen der Himmelsstrahlung bei verschiedenen Bedeckungsgraden, ohne Berücksichtigung der Wolkenart, monatsweise angegeben. Aus dieser Tabelle ist zu entnehmen, daß bei Bewölkung 0 und 2/10 eine Abnahme der Tagessummen mit der Seehöhe erfolgt. Bei 4/10 ist diese Abnahme der Tagessummen noch schwach ausgeprägt, bei 6/10 geht sie schon in eine Zunahme über, die dann bei 10/10 sehr ausgeprägt erscheint.

Alle diese Werte gelten für Orte mit nur geringer oder gar keiner Horizontüberhöhung.

Tabelle 31: *Tagessummen der Himmelsstrahlung bei verschiedenen Bewölkungsstufen, ausgedrückt in Prozenten der Summen an wolkenlosen Tagen*

Seehöhe	Bewölkungsstufen (Zehntel)					
	0	2	4	6	8	10
Frühling						
200 m	100	171	211	238	227	148
500 m	100	172	222	258	248	176
1000 m	100	177	240	291	303	234
1500 m	100	184	262	341	401	321
2000 m	100	194	285	385	469	421
3000 m	100	200	331	475	611	701
Sommer						
200 m	100	166	219	254	241	150
500 m	100	169	219	265	254	176
1000 m	100	173	238	289	300	226
1500 m	100	184	262	338	388	306
2000 m	100	184	266	356	430	380
3000 m	100	176	278	395	494	568
Herbst						
200 m	100	148	177	200	185	124
500 m	100	149	184	210	210	153
1000 m	100	150	196	235	253	181
1500 m	100	146	198	265	300	226
2000 m	100	155	221	298	359	295
3000 m	100	164	233	324	419	449
Winter						
200 m	100	137	172	183	172	120
500 m	100	150	191	216	216	153
1000 m	100	148	200	239	252	194
1500 m	100	161	222	290	336	258
2000 m	100	163	230	305	374	311
3000 m	100	166	243	344	444	479

e) Wirkungen einer Horizontüberhöhung

Bisher begnügte man sich meist damit, bei der Berechnung der Himmelsstrahlung an Orten mit überhöhtem Horizont die Strahlung von den abgedeckten Teilen des Himmels von der Gesamt-Himmelsstrahlung abzuziehen. Hiebei werden aber Fehler gemacht, die leicht vermeidbar sind (39). In der Abb. 11 sind die Tagessummen der Himmelsstrahlung in Abhängigkeit von der Horizontüberhöhung durch Berge dargestellt. Es handelt sich hier um die Verhältnisse in Seehöhen von 200 m bis 1000 m bei zum größten Teil bewaldeten Berghängen. Unter der Annahme, die abschirmenden Hänge seien schwarz, ergibt sich die unterste Kurve, für die Lichtstrahlung gelten die durch die mittlere Kurve angegebenen Intensitäten, bzw. Tagessummen und für die in *cal/cm²* gemessene Himmelsstrahlung die oberste Kurve. Die Unterschiede zwischen Licht- und Himmelsstrahlung werden dadurch verursacht, daß die pflanzengrünen Hänge die Lichtstrahlung weniger gut reflektieren als die Sonnen- und Himmelsstrahlung (siehe S. 61).

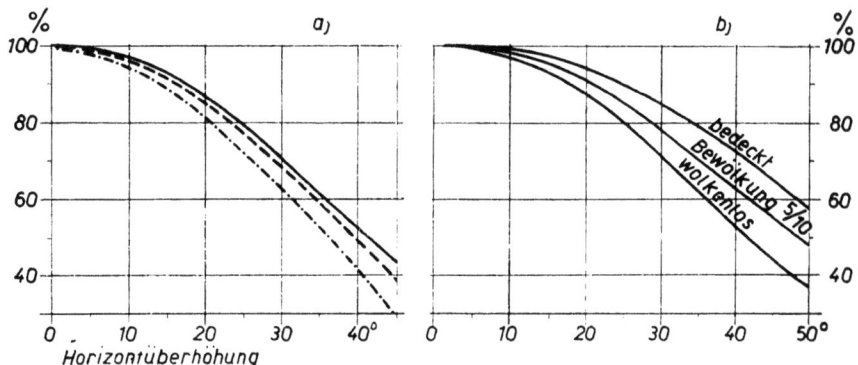

Abb. 11: Relative Himmelsstrahlung bei überhöhtem Horizont (Frühling und Herbst, Hänge schneefrei), a) Himmelsstrahlung (———), Lichtstrahlung (· · · · ·), Himmelsstrahlung unter Annahme schwarzer Hänge (· — · —), b) Himmelsstrahlung bei wolkenlosem, halb bedecktem und ganz bedecktem Himmel

Die zunächst besprochenen Reflexionswirkungen bei wolkenlosem Himmel sind von der Sonnenhöhe und somit auch von der Tages- und Jahreszeit abhängig, weil bei hohem Sonnenstand alle Hänge bestrahlt werden und starke Reflexionswirkungen ergeben, bei niedrigeren Sonnenständen aber nur mehr die gegen Süden gerichteten und schließlich auch von diesen nur mehr die höchsten Partien.

Auf Grund neuerer Messungen können die in der Tabelle 32 verzeichneten Tagessummen für die Himmelsstrahlung bei überhöhtem Horizont berechnet werden, die in

Tabelle 32: *Tagessummen der auf die horizontale Fläche auffallenden Himmelsstrahlung an Punkten mit überhöhtem Horizont, ausgedrückt in Prozenten der Summen bei freiem Horizont*

(Gültig bis etwa 1000 m Seehöhe)

Mulden

Horizontüberhöhung (Abschirmungswinkel)	5	10	15	20	25	30	35	40	45	50°
wolkenlos										
Winter	99	98	95	91	87	82	79	75	72	69
Frühling, Herbst	99	97	93	87	80	71	62	52	45	38
Sommer	99	98	95	91	86	81	75	68	61	55
halb bedeckt										
Winter	99	98	96	94	91	87	84	80	77	74
Frühling, Herbst	99	98	95	90	85	78	70	62	55	48
Sommer	99	98	96	92	88	83	77	70	63	56
ganz bedeckt										
Winter	100	99	98	97	95	93	89	86	83	79
Frühling, Herbst	100	99	97	94	90	85	79	73	65	58
Sommer	100	99	97	94	90	85	79	73	65	58

Tabelle 32 (Fortsetzung): **Täler**

Größter Abschirmungswinkel	5	10	15	20	25	30	35	40	45
Nord—Süd-Tal, wolkenlos									
Sommer, Winter	99	98	97	96	94	92	90	87	84
Frühling, Herbst	99	98	96	94	91	87	84	81	77
Ost—West-Tal, wolkenlos									
Winter	99	98	96	93	90	87	83	80	76
Frühling, Herbst	99	98	96	92	87	83	78	74	70
Sommer	100	99	97	95	92	90	88	84	80
Nord—Süd-Tal, halb bedeckt									
Winter	100	99	98	97	95	94	92	90	87
Frühling, Herbst	99	98	97	95	93	90	87	84	81
Sommer	99	98	97	96	94	92	90	87	85
Ost—West-Tal, halb bedeckt									
Winter	100	99	98	97	96	95	93	91	88
Frühling, Herbst	100	99	97	96	94	92	89	86	83
Sommer	99	98	97	96	94	92	90	87	85
beliebige Richtung, ganz bedeckt									
Winter	100	99	99	98	97	96	95	93	90
Frühling, Herbst	100	99	98	97	95	93	91	88	86
Sommer	100	99	98	97	95	93	91	88	86

Prozenten der Werte gleich hoch liegender Orte mit freiem Horizont angegeben sind. Hiebei wird auch der Bedeckungsgrad einigermaßen berücksichtigt (Werte für wolkenlosen, halb bedeckten und bedeckten Himmel). Dies ist notwendig, weil bei bedecktem Himmel die zenitnahen Teile des Himmels in erheblich stärkerem Maß an der auf die horizontale Fläche fallenden Himmelsstrahlung beteiligt sind als bei wolkenlosem Himmel. Bei bedecktem Himmel fallen außerdem die Unterschiede zwischen Licht- und Himmelsstrahlung praktisch fort, weil jene Spektralbereiche (Infrarot), welche diese Unterschiede hervorrufen, in der Himmelsstrahlung stark unterdrückt sind und bei bedecktem Himmel auf die reflektierenden Hänge hauptsächlich nur mehr Lichtstrahlung auffällt. Die Tabelle 32 gibt gesonderte Werte für Mulden und für Täler verschiedener Richtungen an. Die Verhältnisse für Zwischenrichtungen können durch Interpolation bestimmt werden.

Mit Hilfe der Tabelle 32 können die Himmelsstrahlungswerte für Orte mit überhöhtem Horizont in geringeren Seehöhen bestimmt werden. Es sei betont, daß in größeren Seehöhen andere Verhältnisse vorhanden sind. Der wolkenlose Himmel strahlt im Hochgebirge erheblich weniger als in der Niederung. Daher bedeuten dort Horizontüberhöhungen in diesem Falle meist keine Verluste mehr, sondern im Gegenteil einen gewissen Gewinn, der bei schneebedeckten Hängen 10 bis 20% der Himmelsstrahlung an freien Plätzen erreichen kann. Dies gilt besonders für die Gletscherregionen bei nicht extrem großen Abschirmungen. Bei bedecktem Himmel bliebe wohl meist ein gewisser kleiner Verlust. Dieser tritt aber kaum in Erscheinung, weil die multiple Reflexion zwischen Schneedecke und Wolkenuntergrenze stärker wirksam ist. Man kann demnach die in der Tabelle 27 verzeichneten Angaben als Mindestwerte betrachten und bei hellen Flächen, insbesondere aber bei Schnee und in größeren Seehöhen, sinngemäß Erhöhungen vornehmen.

f) Großstadt- und Industrieeinflüsse

Eingehendere Studien über die Himmelsstrahlung in Wien (37) ergaben, daß dort infolge des Großstadtdunstes im Durchschnitt bei wolkenlosem Himmel die Tagessummen der Himmelsstrahlung um etwa 10 bis 15% höher liegen als im freien Gelände. Hiebei ist die durchschnittlich größere Dunsttrübung am Vormittag ausschlaggebend. Die Tagesgänge der Himmelsstrahlung an wolkenlosen Tagen in Wien zeigt die Tabelle 33.

Der über Städten und Industrieanlagen oftmals auftretende bräunliche Dunst trägt aber im Gegensatz zum meist gleichzeitig vorhandenen weißlichen nicht viel zur Erhöhung der Himmelsstrahlung bei (siehe Abb. 12). Dies ist besonders für Industriegebiete zu beachten. Der bräunliche Dunst bedingt spektrale Veränderungen der Himmelsstrahlung, so insbesondere eine Unterdrückung des Ultravioletts. Bei bedecktem Himmel sind die lagebedingten örtlichen Unterschiede in der Intensität der Himmelsstrahlung so groß, daß ein eindeutiger Einfluß der Großstadt bisher nicht nachgewiesen werden konnte.

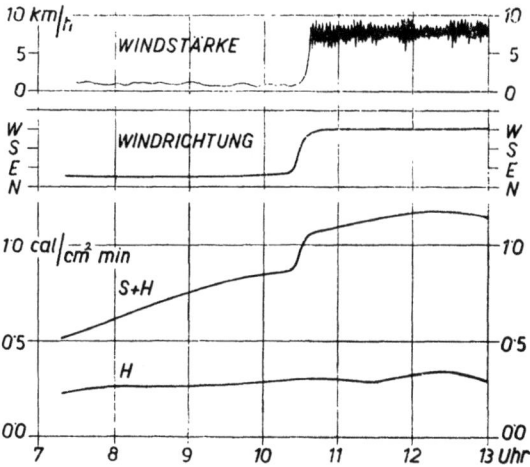

Abb. 12: Verlauf der Globalstrahlung (S+H) und der Himmelsstrahlung (H) am 27. Juli 1949 in Wien mit Angabe der Windrichtung und Windstärke. (Um 10^h 30 dreht der Wind bei gleichzeitig sprunghafter Zunahme der Windstärke auf West. Gleichzeitig damit steigt die Globalstrahlung stark an, während die Himmelsstrahlung praktisch unverändert bleibt. Vor dem Windsprung war die Sonnenstrahlung durch den Stadtdunst geschwächt, dabei war aber die Himmelsstrahlung nicht verstärkt, wie es sonst bei Dunst der Fall ist.)

Tabelle 33: *Tagesgänge der Intensität der auf die horizontale Fläche auffallenden Himmelsstrahlung bei wolkenlosem Himmel in Wien-Hohe Warte*

(Mittelwerte in $mcal/cm^2\ min$)

Stunden	4	5	6	7	8	9	10	11	12	13	14	15	16	17	18	19	20^h
März	—	—	19	55	92	119	135	144	146	144	134	121	100	62	2	—	—
Juni	2	42	76	103	121	135	146	155	160	158	145	127	107	86	63	30	1
September	—	—	30	77	117	138	151	160	160	151	136	118	100	74	30	—	—
Dezember	—	—	—	—	29	64	83	72	99	98	80	55	25	—	—	—	—

Durchschnittswerte der Himmelsstrahlung bei verschiedener relativer Sonnenscheindauer, bzw. verschiedenen Bewölkungsstufen sind in der Tabelle 34 enthalten, welche aus den Ergebnissen der Registrierungen und Messungen an der Zentralanstalt für Meteorologie und Geodynamik auf der Hohen Warte berechnet wurde.

Tabelle 34: *Mittlere Tagessummen der Himmelsstrahlung in Wien-Hohe Warte bei verschiedenen Bewölkungsgraden*

(Werte in cal/cm^2 für den 15. jedes Monats)

Sonnenscheindauer, %	Bewölkung (Zehntel)	I.	II.	III.	IV.	V.	VI.	VII.	VIII.	IX.	X.	XI.	XII.
100	0	46	70	78	87	97	100	98	95	88	72	49	37
80	2	52	79	100	120	142	151	141	130	108	80	54	42
60	4	57	88	116	159	187	202	191	166	128	89	60	45
40	6	59	95	130	184	223	236	224	185	140	95	64	47
20	8	54	90	122	166	215	226	213	166	134	90	58	42
0	10	32	60	80	105	135	142	130	107	86	57	34	24

Als Mittel aller Tage ergeben sich für Wien-Hohe Warte folgende durchschnittliche Tagessummen und Monatssummen der Himmelsstrahlung in cal/cm^2:

	I.	II.	III.	IV.	V.	VI.	VII.	VIII.	IX.	X.	XI.	XII.
Tag	57	90	130	180	210	218	196	170	133	95	60	39
Monat	1760	2550	4026	5400	6520	6550	6075	5275	3980	2950	1800	1210

Die Globalstrahlung

Die Summe der auf eine horizontale Fläche fallenden Komponenten der Sonnen- und Himmelsstrahlung bezeichnet man als „Globalstrahlung". Unter Berücksichtigung der Reflexion kann aus dieser Größe leicht die kurzwellige Strahlungsbilanz hergeleitet werden. Hiebei können bei freiem Horizont meist über weitere Strecken einheitliche Werte für die Globalstrahlung angenommen werden, im Gebirge sind die Verhältnisse aber oft kompliziert. Es scheint daher zweckmäßig zu sein, eine kurze Übersicht über die Globalstrahlung in Österreich zu geben.

a) Die Globalstrahlung bei freiem Horizont

Aus den Tabellen 14 und 28 können die Tagesgänge der Globalstrahlung bei wolkenlosem Himmel abgeleitet werden. Diese in der Tabelle 35 angegebenen Gänge gelten für Orte ohne nennenswerte Dunststörungen und ohne Reflexionswirkungen von Hängen, Gebäuden usw. Die mittleren Tagessummen der Globalstrahlung bei wolkenlosem Himmel sind in der Tabelle 36 enthalten.

Bei Vorhandensein von Bewölkung tritt an Sonnenstrahlung ein gewisser Verlust, an Himmelsstrahlung hingegen meist ein Gewinn ein. Hier müssen wir zwischen den momentanen Intensitäten der Globalstrahlung und den Tagessummen unterscheiden. Bei heller Bewölkung können sehr große Augenblickswerte auftreten, so besonders dann, wenn die Sonne ungeschwächt durch eine Lücke in einer weißen Wolkendecke scheint. Hiebei können Intensitäten vorkommen, die jene des wolkenlosen Himmels um mehr als 30% übertreffen. Anders liegen die Verhältnisse bei den Tagessummen der Globalstrahlung, wo in der Regel die höchsten Beträge bei wolkenlosem Himmel vorzufinden sind. Es ist aber durchaus möglich, daß an einzelnen Tagen bei Bewölkung von 1 bis 3/10 höhere Tagessummen auftreten als bei wolkenlosem Himmel. Dies ist besonders an solchen Stellen häufiger der Fall, wo infolge der orographischen Lage die Wolken an heiteren Tagen so verteilt sind, daß sie die Sonnenstrahlung wenig schwächen, die Himmelsstrahlung aber erheblich vergrößern.

Tabelle 35: *Mittlere Tagesgänge der Globalstrahlung auf die horizontale Fläche bei wolkenlosem Himmel in verschiedenen Seehöhen*

(Werte für den 15. des Monats in $mcal/cm^2 \, min$)

Zeit (MOZ)	5 19	6 18	7 17	8 16	9 15	10 14	11 13	12^h	5 19	6 18	7 17	8 16	9 15	10 14	11 13	12^h
				200 m								500 m				
Jänner	—	—	—	46	183	328	441	475	—	—	—	51	196	352	464	499
Februar	—	—	15	155	339	508	652	708	—	—	17	176	357	551	686	745
März	—	—	129	355	592	778	887	936	—	—	139	385	627	811	927	1022
April	—	107	306	550	778	968	1095	1136	—	105	320	586	823	1018	1126	1180
Mai	47	214	459	713	932	1116	1219	1255	51	229	484	734	963	1149	1255	1292
Juni	93	282	522	785	1013	1195	1281	1310	105	304	552	815	1036	1215	1310	1344
Juli	78	273	514	755	975	1133	1225	1284	87	290	532	782	1003	1158	1261	1302
August	19	145	380	625	848	1028	1139	1189	17	160	396	655	885	1060	1179	1235
September	—	33	196	428	674	851	971	1033	—	35	214	455	708	884	1003	1071
Oktober	—	—	49	220	416	586	719	782	—	—	58	241	445	627	773	837
November	—	—	—	67	216	376	513	579	—	—	—	81	291	404	547	610
Dezember	—	—	—	26	136	280	403	452	—	—	—	28	148	297	421	475
				1000 m								1500 m				
Jänner	—	—	—	56	226	392	511	525	—	—	—	63	244	410	537	581
Februar	—	—	19	201	414	589	732	797	—	—	22	223	445	624	760	815
März	—	—	166	420	676	857	970	1023	—	—	185	444	701	895	1005	1067
April	—	128	356	639	879	1070	1196	1238	—	141	390	678	926	1123	1247	1290
Mai	59	254	514	780	1008	1195	1305	1344	68	281	548	823	1050	1235	1353	1396
Juni	117	330	595	842	1077	1255	1360	1397	130	362	626	885	1118	1293	1395	1437
Juli	96	316	570	811	1046	1205	1306	1346	111	339	601	852	1085	1253	1356	1404
August	19	184	432	701	944	1115	1222	1283	20	199	466	737	965	1144	1260	1316
September	—	41	237	490	750	927	1052	1103	—	47	260	513	781	957	1085	1135
Oktober	—	—	67	266	482	670	808	877	—	—	74	290	514	708	859	916
November	—	—	—	92	268	436	570	640	—	—	—	103	286	455	598	674
Dezember	—	—	—	28	170	332	453	497	—	—	—	31	188	358	485	534
				2000 m								3000 m				
Jänner	—	—	—	67	254	428	557	590	—	—	—	57	248	439	555	589
Februar	—	—	22	234	463	645	788	839	—	—	16	226	460	656	777	808
März	—	—	201	475	738	927	1037	1089	—	—	207	472	701	936	1058	1099
April	—	161	434	719	969	1174	1288	1330	—	141	430	713	980	1174	1296	1337
Mai	77	308	589	853	1097	1290	1404	1440	80	324	597	877	1133	1338	1432	1485
Juni	140	387	667	930	1155	1330	1442	1482	173	399	691	959	1197	1372	1486	1518
Juli	129	360	635	897	1127	1299	1408	1451	126	369	641	918	1166	1362	1466	1507
August	21	213	493	769	1003	1184	1307	1359	16	227	503	804	1040	1236	1351	1384
September	—	53	275	543	803	993	1218	1264	—	44	280	575	824	1030	1154	1195
Oktober	—	—	83	312	549	738	890	960	—	—	79	312	553	751	884	925
November	—	—	—	110	301	478	618	690	—	—	—	91	288	481	606	638
Dezember	—	—	—	36	200	374	506	547	—	—	—	40	204	406	530	561

Tabelle 36: *Tagessummen der Globalstrahlung bei verschiedenen Bewölkungsstufen in Abhängigkeit von der Seehöhe*

(Werte in cal/cm^2)

Seehöhe	I.	II.	III.	IV.	V.	VI.	VII.	VIII.	IX.	X.	XI.	XII.
Bewölkung 0/10													
200 m..	148	245	386	515	633	691	655	570	446	290	182	130
500 m..	158	260	403	544	657	717	684	594	464	308	191	136
1000 m..	174	284	429	582	690	747	713	623	490	333	209	150
1500 m..	187	298	453	615	722	779	744	652	510	354	221	159
2000 m..	193	311	467	639	751	799	772	675	528	369	231	166
3000 m..	197	321	484	648	773	834	812	708	558	382	241	171
Bewölkung 2/10													
200 m..	130	216	340	462	575	622	596	504	390	260	155	113
500 m..	142	233	360	485	595	646	612	527	409	273	167	121
1000 m..	155	256	387	521	627	674	638	551	429	295	183	133
1500 m..	167	270	408	554	653	701	662	574	446	307	193	141
2000 m..	176	283	426	574	686	728	690	597	467	323	205	149
3000 m..	181	298	449	606	726	778	743	637	499	345	217	156
Bewölkung 4/10													
200 m..	115	188	288	390	501	539	518	431	330	220	131	96
500 m..	124	202	305	417	521	558	527	447	342	230	143	104
1000 m..	136	224	338	448	550	586	552	471	364	252	156	115
1500 m..	148	241	358	483	578	611	577	495	383	269	168	124
2000 m..	157	252	377	510	612	638	603	517	400	283	177	132
3000 m..	163	269	409	548	658	694	648	555	438	305	190	139
Bewölkung 6/10													
200 m..	95	153	235	316	427	456	432	359	274	180	109	80
500 m..	105	171	255	336	447	476	450	379	282	192	119	87
1000 m..	118	192	281	377	476	497	467	398	304	210	131	96
1500 m..	135	215	316	418	510	531	499	422	328	232	146	107
2000 m..	143	224	335	447	544	560	520	439	343	244	155	113
3000 m..	145	234	364	483	582	602	546	461	360	258	162	120
Bewölkung 8/10													
200 m..	70	116	173	237	321	341	318	274	198	133	80	58
500 m..	79	130	190	250	334	354	332	281	209	143	90	67
1000 m..	95	154	220	291	365	383	356	308	230	161	104	77
1500 m..	112	181	265	350	420	438	396	333	253	188	120	89
2000 m..	122	196	288	377	458	468	423	352	273	200	129	97
3000 m..	125	203	314	422	509	514	452	372	289	215	135	104
Bewölkung 10/10													
200 m..	40	57	84	113	148	155	146	120	88	65	40	30
500 m..	47	67	97	127	166	173	162	138	100	73	42	33
1000 m..	58	85	120	158	200	205	188	155	114	83	52	38
1500 m..	67	105	150	197	249	245	218	178	135	97	60	45
2000 m..	77	120	180	240	300	293	255	203	155	112	68	54
3000 m..	94	160	252	345	420	403	325	256	198	155	92	75

Wie in den vorhergehenden Abschnitten gezeigt wurde, nimmt die Intensität der Sonnenstrahlung mit der Seehöhe zu, jene der Himmelsstrahlung bei wolkenlosem Himmel ab, bei bedecktem Himmel aber zu. Diese Zusammenhänge bringen es mit sich, daß die durchschnittliche Globalstrahlung mit der Seehöhe ansteigt. Dies zeigt Tabelle 36, in der durchschnittliche Tagessummen der Globalstrahlung bei verschiedenen Bewölkungsverhältnissen (bzw. Sonnenscheinwerten) für die Seehöhen 200, 500, 1000, 1500, 2000 und 3000 m enthalten sind.

Beim Vergleich der tatsächlichen Mittelwerte der Globalstrahlung, wie sie aus Registrierungen mit Robitzsch-Aktinographen oder Sternpyranographen gewonnen wurden, mit den in der Tabelle 36 enthaltenen Tagessummen findet man, daß die in der Tabelle angeführten, für günstige Verhältnisse geltenden Werte im Durchschnitt um 4 bis 6% höher sind als die Ergebnisse der Registrierungen. Ein ähnlicher Prozentsatz ergibt sich auch bei Vergleichen mit Stationen, welche einen merklich überhöhten Horizont besitzen.

Zur Erklärung dieser Unterschiede kann darauf verwiesen werden, daß alle hier gebrachten Angaben für im Mittel günstige Bedingungen gelten. Solche sind z. B. in Hochserfaus vorhanden. An dieser nur wenig abgeschirmt liegenden Station lag der Mittelwert der Registrierergebnisse im Jahre 1950 bei 101% der nach Tabelle 36 errechneten. Für Plätze mit weniger günstigen Strahlungsverhältnissen (z. B. häufigeren Dunstansammlungen, größeren Niederschlagshöhen, bzw. im Mittel dichterer Bewölkung usw.) empfiehlt es sich, die Werte der Tabelle 36 um etwa 5% zu vermindern.

Neben diesen sozusagen als systematisch zu bezeichnenden Unterschieden zwischen registrierten und berechneten Tages-, bzw. Monatssummen ist selbstverständlich im einzelnen Fall mit großen Abweichungen zu rechnen, wenn die Bewölkungsverhältnisse von den durchschnittlichen abweichen. Hiebei spielt auch die Wolkenart eine wichtige Rolle. Die Tabelle 36 soll, wie dies auch bei anderen Tabellen der Fall ist, in der Hauptsache nur zur Ableitung von Monatssummen verwendet werden.

Eine charakteristische klimatische Größe stellt das Verhältnis der Globalstrahlung bei bedecktem Himmel zur Globalstrahlung bei wolkenlosem Himmel dar. Je höher dieser Wert ist, desto ausgeglichener ist das Strahlungsklima eines Ortes, d. h. desto geringer ist dort der Bewölkungseinfluß auf die Globalstrahlung. In der Tabelle 37 sind diese Verhältniswerte für verschiedene Seehöhen in Österreich angeführt.

Tabelle 37: *Verhältnis der Globalstrahlung bei bedecktem Himmel zur Globalstrahlung bei wolkenlosem Himmel für verschiedene Seehöhen in Österreich in Prozenten*

Seehöhe in m	Frühling	Sommer	Herbst	Winter
200	23	22	21	24
500	24	24	22	26
1000	28	26	24	29
1500	33	30	27	34
2000	39	33	30	38
3000	53	42	38	48

Sehr aufschlußreich ist auch die Tabelle 38, in welcher angegeben ist, wieviele Prozente der Globalstrahlung bei verschiedenen Bewölkungsverhältnissen von der Himmelsstrahlung beigesteuert werden. Bei wolkenlosem Himmel beträgt dieser Anteil in der Niederung im Sommer etwa 15%, in 3000 m Höhe aber nur 7%, im Winter hingegen 21, bzw. 10%. Mit zunehmender Bewölkung verringern sich die Unterschiede im Verhältnis zwischen den Seehöhen und den Jahreszeiten sehr, so daß bei Bewölkung 8/10 alle Werte zwischen 65 und 77% liegen.

Tabelle 38: *Anteil der Himmelsstrahlung an der Globalstrahlung in Prozenten*

Bewölkung	Jahreszeit	Seehöhe (m)					
		200	500	1000	1500	2000	3000
0/10	Frühjahr	15	14	12	10	9	8
	Sommer	15	14	12	10	9	7
	Herbst	18	16	14	12	11	8
	Winter	21	18	16	13	12	10
2/10	Frühjahr	30	26	24	21	20	16
	Sommer	28	26	24	20	18	14
	Herbst	29	26	23	20	18	14
	Winter	32	29	26	23	22	17
4/10	Frühjahr	43	41	38	35	32	30
	Sommer	43	40	36	33	29	25
	Herbst	42	39	35	33	30	25
	Winter	46	43	40	36	34	30
6/10	Frühjahr	60	56	54	52	50	48
	Sommer	60	56	53	49	46	42
	Herbst	59	54	51	49	47	42
	Winter	60	58	55	53	51	48
8/10	Frühjahr	77	74	73	72	72	71
	Sommer	77	74	72	70	69	66
	Herbst	75	73	71	70	68	65
	Winter	75	75	74	74	73	71

b) Großstadteinflüsse

In Großstädten und Industriegegenden ist der Anteil der Himmelsstrahlung bei wolkenlosem Himmel und bei geringer Bewölkung im Mittel größer als im ungestörten Freiland. Einige Angaben für Wien beinhaltet die Tabelle 39.

Über die Bestrahlung verschieden orientierter Wände durch Sonnen- und Himmelsstrahlung im Durchschnitt aller Tage in Wien gibt Abb. 13 (51) Aufschluß.

Tabelle 39: *Anteil der Himmelsstrahlung an der Globalstrahlung bei wolkenlosem Himmel und im Durchschnitt aller Tage in Wien in Prozenten*

	I.	II.	III.	IV.	V.	VI.	VII.	VIII.	IX.	X.	XI.	XII.
bei wolkenlosem Himmel	33	32	22	17	16	15	15	17	21	26	29	30
im Durchschnitt aller Tage	73	66	55	51	45	45	41	42	46	58	69	76

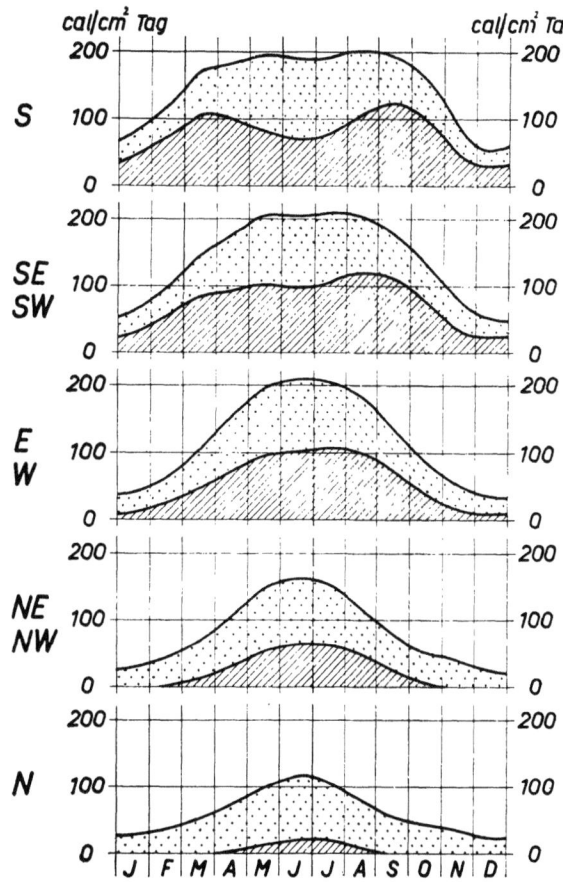

Abb. 13: Jahresgang der Bestrahlungssummen verschieden orientierter Wände bei den durchschnittlichen Bewölkungsverhältnissen in Wien. Schraffiert = Sonnenstrahlung, punktiert = Himmelsstrahlung

Im allgemeinen verringert sich die Globalstrahlung bei wolkenlosem Himmel oder bei geringer Bewölkung infolge Verdichtung des Dunstes nicht stark, weil der Verlust an Sonnenstrahlung zu einem größeren Teil durch die Zunahme der Himmelsstrahlung wettgemacht wird. In Gegenden mit Großstadt- oder Industrietrübung ist dies aber nicht so. Der dort vorhandene bräunliche Dunst schwächt wohl die Sonnenstrahlung, bringt aber nur eine geringe Erhöhung der Himmelsstrahlung. Dadurch ist dort der Dunsteinfluß auf die Intensität der Globalstrahlung bedeutend größer (siehe Abb. 12).

Die durchschnittlichen Tagessummen der Globalstrahlung bei verschiedenen Bewölkungsstufen für Wien-Hohe Warte sind in der Tabelle 40 angegeben.

Tabelle 40: *Tagessummen der Globalstrahlung in Wien-Hohe Warte bei verschiedenen Bewölkungsstufen (cal/cm^2)*

Bewölkung, Zehntel	Sonnenschein, %	I.	II.	III.	IV.	V.	VI.	VII.	VIII.	IX.	X.	XI.	XII.
0	100	147	240	368	499	604	638	618	537	413	281	174	120
2	80	128	207	318	430	522	553	531	462	352	236	148	106
4	60	110	178	270	377	454	487	466	400	300	200	126	90
6	40	92	150	225	318	388	412	394	329	246	163	105	75
8	20	69	116	167	230	293	309	293	234	184	122	77	55
10	0	32	60	80	105	135	142	130	107	86	57	34	24
Mittel aller Tage (Bewölkung 1901 bis 1950)		75	131	225	335	442	466	463	395	275	157	84	51

c) Globalstrahlung bei überhöhtem Horizont

Die Berechnung der Globalstrahlung für Orte mit mehr als um 5° überhöhtem Horizont erfolgt am besten getrennt nach Sonnenstrahlung und nach Himmelsstrahlung. Bei größeren Überhöhungen und bei ungleichförmigem Verlauf des Horizontes muß die Berechnung auf jeden Fall auf diese Weise geschehen. Hiebei spielt die Talrichtung oft eine erhebliche Rolle.

Die Bestimmung der Globalstrahlung für Plätze mit überhöhtem Horizont kann aus den vorliegenden Tabellen in folgender Weise geschehen: Vorerst wird die Sonnenstrahlung für einen in gleicher Seehöhe liegenden Platz mit freiem Horizont festgestellt, was nach der Tabelle 20 unter Berücksichtigung der Bewölkungsverhältnisse geschehen kann. Man kann auch diese Bestimmung etwas genauer vornehmen, indem man die Intensitäten für wolkenlosen Himmel (Tabelle 20) mit Hilfe der Tabelle 19 auf die mittleren Bewölkungsverhältnisse umrechnet. Hierauf ist die Wirkung der Horizontüberhöhung festzustellen. Sind die Zeiten des Sonnenauf- und -unterganges bekannt, so kann man hiefür die Tabelle 16 benützen. Ist hingegen nur die Horizontüberhöhung bekannt, so muß man die Auf- und Untergangszeiten vorerst aus der Tabelle 15 herleiten.

Die Tagessummen der Himmelsstrahlung kann man bestimmen, indem man die betreffenden Werte aus der Tabelle 30 ermittelt und dann den Horizonteinfluß (Tabelle 32) berücksichtigt.

Beispiel: Wie groß ist die durchschnittliche Monatssumme der Globalstrahlung in einer weiten Mulde mit einer durchschnittlichen Horizontüberhöhung von 20°, in einer Seehöhe von 1000 m und bei einer durchschnittlichen Bewölkung von 6/10 für den Monat Oktober?

Aus der Tabelle 20 entnimmt man für die Sonnenstrahlung in 1000 m Seehöhe bei 6/10 Bewölkung im Oktober den Wert 104 cal/cm^2. Hievon gelangen nach Tabelle 17 im Herbst bei Horizontabschirmung von 20° nur 86% auf eine horizontale Fläche (= 90 cal/cm^2). Für die Himmelsstrahlung findet man in gleicher Weise aus Tabelle 30 106 cal/cm^2 und aus Tabelle 32 87% (= 93 cal/cm^2). Daraus ergibt sich durch Summierung die Globalstrahlung zu 183 cal/cm^2.

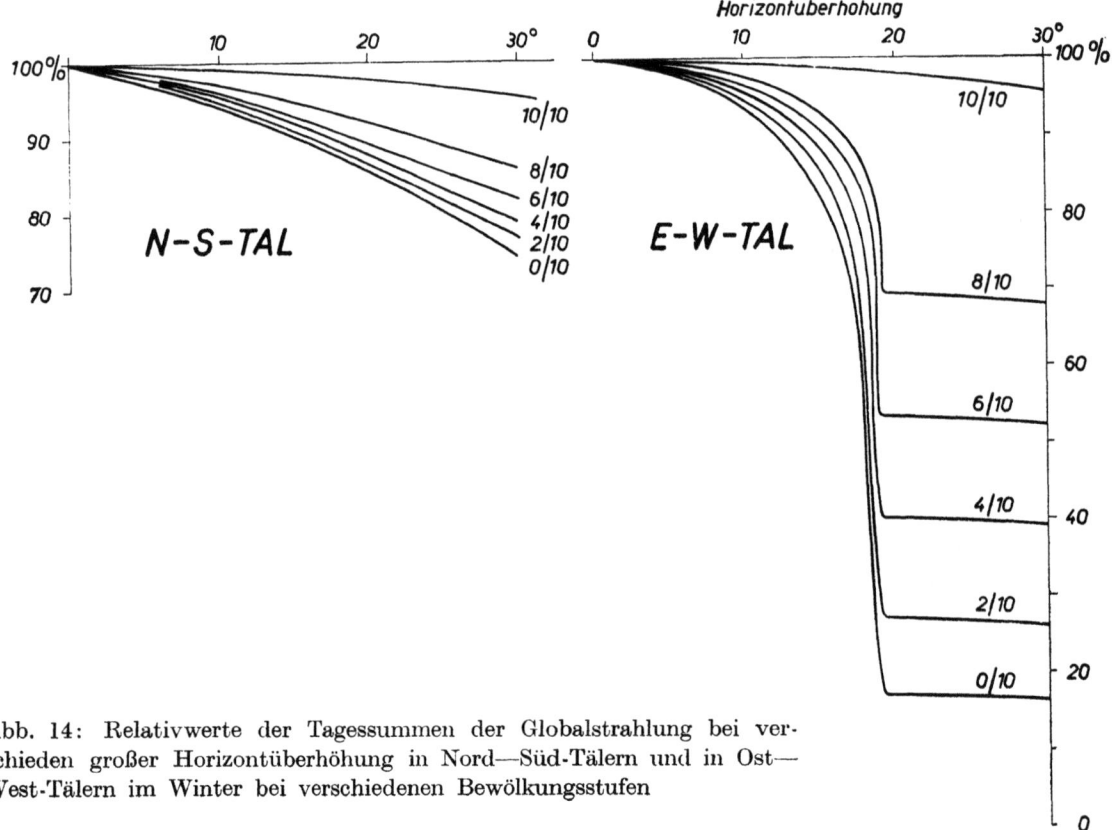

Abb. 14: Relativwerte der Tagessummen der Globalstrahlung bei verschieden großer Horizontüberhöhung in Nord—Süd-Tälern und in Ost—West-Tälern im Winter bei verschiedenen Bewölkungsstufen

Für viele Zwecke genügt zur Bestimmung der Globalstrahlung an Orten mit überhöhtem Horizont eine unmittelbare Berechnung nach der Tabelle 41. In dieser Tabelle sind die Globalstrahlungssummen bei Horizontabschirmung um 10, 20 und 30° bei verschiedenen Bewölkungsstufen in Prozenten der Summen an Stellen mit freiem Horizont angegeben. Mit ihrer Hilfe können die Tagessummen bei freiem Horizont (Tabelle 36) auf jene in Tälern und Mulden umgerechnet werden. Die Tabelle 41 gilt für Seehöhen von etwa 200 bis 1000 m. Sie läßt einige interessante Gesetzmäßigkeiten über die Globalstrahlung in Tälern und Mulden (Becken) erkennen (vgl. auch Abb. 14).

Tabelle 41: *Globalstrahlung bei Horizontabschirmung um 10, 20 und 30° für verschiedene Bewölkungsstufen in Prozenten der Strahlungssummen an Stellen mit freiem Horizont*

Bewölkung (Zehntel)	Nord—Süd-Tal			Ost—West-Tal			Mulde		
	10°	20°	30°	10°	20°	30°	10°	20°	30°
Frühling und Herbst:									
0	96	89	79	100	99	97	97	86	68
2	97	90	81	100	98	96	97	87	69
4	97	92	83	99	98	96	97	88	70
6	98	93	85	99	98	95	98	89	73
8	98	94	88	99	97	95	98	90	77
10	99	97	94	98	97	94	99	94	84
Sommer:									
0	97	92	85	99	98	96	97	92	83
2	97	93	86	99	98	95	97	92	83
4	98	93	88	99	97	94	97	92	83
6	98	94	89	99	97	93	97	92	84
8	99	95	90	99	97	93	98	93	84
10	99	96	93	99	97	93	99	94	85
Winter:									
0	95	86	74	95	17	17	91	18	15
2	95	87	77	96	27	26	92	27	25
4	96	88	79	96	40	39	93	39	36
6	96	89	82	97	53	52	95	53	49
8	97	92	86	98	69	68	96	69	65
10	99	98	96	99	98	96	99	97	93

1. Der Bewölkungseinfluß auf die Verluste an Globalstrahlung für Muldenlagen ist im Winter von großer, im Frühling und im Herbst aber nur von geringerer Bedeutung. Im Sommer ist für alle Bewölkungsstufen fast der gleiche Abschirmungsverlust vorhanden.

2. Eine Horizontabschirmung im Ausmaß von weniger als 10° wirkt sich noch nicht stark aus. Die Verluste gegenüber frei liegenden Plätzen betragen in Tälern nur 2 bis 5% der Tagessummen.

3. Im Sommer erhalten Ost—West-Täler mehr Strahlung als Nord—Süd-Täler, im Winter liegen die Verhältnisse umgekehrt: Die Ost—West-Täler empfangen erheblich

weniger, insbesondere wenn die Horizontüberhöhung 20° erreicht. In solchen Tälern ist im Winter nur mehr Himmelsstrahlung vorhanden.

4. Die Unterschiede zwischen Sommer und Winter sind in den Ost—West-Tälern größer als in Nord—Süd-Tälern.

5. An wolkenlosen Wintertagen haben Ost—West-Täler bei einer Abschirmung des südlichen Horizontes um mehr als 20° die geringste Einstrahlung. Mit zunehmendem Bewölkungsgrad nehmen die Intensitäten zu. Das Maximum entspricht jenem der Himmelsstrahlung bei Bewölkungsgraden um 7/10.

6. Im Frühling, Sommer und Herbst bewirkt die Zunahme der Bewölkung in Nord—Süd-Tälern eine Abnahme des relativen Strahlungsverlustes, in Ost—West-Tälern aber eine Zunahme. Die Unterschiede sind aber gering.

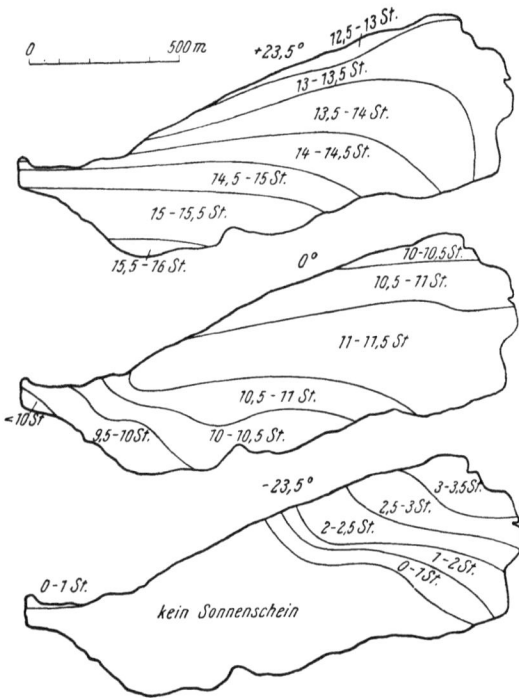

Abb. 15: Karten der Sonnenscheindauer für den Lunzer Untersee bei den Sonnendeklinationen von +23·5, 0 und —23·5°

Wie schon erwähnt wurde, spielen bei den Globalstrahlungsverhältnissen in Tälern und Becken die Reflexionsverhältnisse der Hänge eine Rolle. Dunkle Wälder verringern die Globalstrahlung um einige Prozente, helle Wiesen und Felsen erhöhen sie. Mit zunehmender Seehöhe wird die Wirkung der Horizontüberhöhung geringer, weil dann die Hänge öfter verschneit sind.

Die Feststellung der durchschnittlichen Globalstrahlung einer Fläche bei stärkerer Horizontüberhöhung kann oft nicht in einfacher Weise aus Berechnungen der Verhältnisse an einem einzigen Punkt abgeleitet werden. Hiezu sind mitunter zahlreiche Einzelbestimmungen an verschiedenen, innerhalb der zu untersuchenden Fläche liegenden Punkten erforderlich. So wurde z. B. bei der Bestimmung des Strahlungshaushaltes des Lunzer Untersees (Niederösterreich) vorgegangen (43). Die komplizierte Horizontgestaltung machte Bestimmungen der Sonnenscheinzeiten für 65 Punkte der Seeoberfläche notwendig. Die Abb. 15 zeigt die auf diese Weise festgestellten Besonnungsverhältnisse der Seeoberfläche im Winter, Frühling, bzw. Herbst und im Sommer. Für jeden der Meßpunkte wurden hierauf die Summen der Sonnenstrahlung und die der Himmelsstrahlung bestimmt und daraus die Globalstrahlung hergeleitet. Es ergaben sich z. B. für die einzelnen Monate unter

Berücksichtigung der Bewölkungsverhältnisse folgende Tagessummen der Globalstrahlung (Mittelwerte in cal/cm^2) für die Seeoberfläche:

I.	II.	III.	IV.	V.	VI.	VII.	VIII.	IX.	X.	XI.	XII.
66	130	232	316	386	415	425	390	284	165	85	52

Wie bei der Besprechung der Sonnenstrahlung und der Himmelsstrahlung schon bemerkt wurde, müssen Bestimmungen der Globalstrahlungsverhältnisse bergumschlossener Orte mit gewissen Ungenauigkeiten behaftet sein, weil die als Grundlagen dieser Bestimmungen dienenden Tabellen teilweise noch nicht durch eine genügende Anzahl von Messungen belegt sind, und z. B. die Reflexionsverhältnisse von Berghängen, lokale Eigenheiten in Art und Verteilung der Bewölkung und andere Faktoren nicht genügend genau berücksichtigt werden können. In den meisten Fällen genügt es aber, auf einige Prozente genau bestimmte Werte angeben zu können. Die Berechnung der Globalstrahlungssummen für Orte mit überhöhtem Horizont ergab z. B. für Admont nur um 3 bis 5% höhere Summen als die Registrierung, in Lunz beträgt der Unterschied mehr als 10%. Dies ist auf die infolge dichterer Bewölkung geringere Himmelsstrahlung in Lunz zurückzuführen. Im Durchschnitt gelten auch die Berechnungen für überhöhten Horizont für Orte mit günstigen Strahlungsbedingungen. Für durchschnittliche Verhältnisse sind die berechneten Werte um etwa 5% zu erniedrigen.

d) Schwankungen und Extremwerte

Wie schon erwähnt wurde, kommen die höchsten Tagessummen der Globalstrahlung gelegentlich an Tagen mit geringer Bewölkung und mit, durch die Eigenarten der Bewölkung bedingter, relativ großer Sonnenscheindauer an dem betreffenden Tag vor. Außerdem können bei wolkenlosem Himmel und extrem geringer Trübung Tagessummen vorkommen, welche merklich über dem Durchschnitt liegen. Aus den Registrierungen des Stern-Pyranographen auf der Hohen Warte in den Jahren 1948 bis 1952 ergaben sich z. B. folgende, gelegentlich übernormale Werte (in Prozenten der Durchschnittssumme bei wolkenlosem Himmel):

Tage mit geringer Bewölkung 115
wolkenlose Tage 110

Kurzzeitig kommen viel höhere Werte vor. So wurden in Wien im Sommer oft Intensitäten von mehr als $1·8\ cal/cm^2\ min$ gemessen. Bei Obergurgl (1940 m, Tirol) wurden mehrmals über $2·0\ cal/cm^2\ min$ registriert (6).

Die kleinsten Tagessummen der Globalstrahlung kommen in der Niederung am häufigsten im Winter bei dichten Nebellagen vor. Tagessummen mit nur 20% des Durchschnittswertes sonnenloser Tage sind z. B. in Wien nicht selten. Auch die niedrigsten Augenblickswerte werden in geringeren Seehöhen im Winterhalbjahr bei dichtem Nebel beobachtet. Im Sommer werden gelegentlich bei dichter Schauerbewölkung relativ noch kleinere Augenblicksintensitäten registriert. So kommen in Wien immer wieder Fälle vor, wo die Registrierungen der Globalstrahlung bis auf 1% des Durchschnittswertes für den betreffenden Zeitpunkt zurückgeht. Dies ergibt z. B. im Sommer um die Mittagszeit Intensitäten von rund $0·01\ cal/cm^2\ min$.

Die Schwankungen der Monatssummen der Globalstrahlung gehen parallel zu jenen der Sonnenscheindauer. Sie sind daher in größeren Seehöhen geringer als in der Niederung. Ebenso sind die Unterschiede in den Jahressummen der Globalstrahlung von den Jahressummen der Sonnenscheindauer abhängig. Einige Beispiele für Schwankungen der Globalstrahlungssummen für einzelne Monate und Jahre bringt die Tabelle 42 (siehe auch den Abschnitt „Sonnenscheindauer").

Tabelle 42: *Aus Registrierungen bestimmte Mittelwerte, Maxima und Minima der Monats- und Jahressummen der Globalstrahlung*

(Werte in cal/cm^2)

	Jän.	Febr.	März	April	Mai	Juni	Juli	Aug.	Sept.	Okt.	Nov.	Dez.	Jahr
						Wien-Hohe Warte, 203 m; 1938 bis 1956, 19 Jahre							
Mittel	2 002	3 795	6 903	9 998	12 925	13 800	14 192	12 260	8 795	5 052	2 065	1 510	92 695
Maximum	2 639	4 528	9 020	12 800	15 082	15 838	15 889	13 587	10 472	6 120	2 559	2 040	101 187
Minimum	1 512	2 300	4 786	7 149	9 799	11 152	12 269	10 722	6 966	3 575	2 559	995	80 524
						Neusiedl, Bgld., 135 m; 1951 bis 1956, 6 Jahre							
Mittel	2 340	3 843	6 700	10 297	13 400	14 110	14 453	12 456	9 102	5 811	2 664	1 687	96 863
Maximum	2 955	4 655	(9 728)	12 147	(13 816)	14 762	15 986	13 100	10 727	6 496	3 050	2 205	(102 436)
Minimum	2 004	3 300	5 153	8 379	12 408	13 584	12 172	11 993	6 990	4 995	2 050	1 360	93 610
						Petzenkirchen, NÖ., 252 m; 1948 bis 1954, 7 Jahre							
Mittel	2 186	3 948	7 837	10 835	13 742	14 289	14 163	12 466	8 542	5 270	2 289	1 460	97 027
Maximum	2 690	5 050	10 068	12 402	15 577	15 856	16 012	15 275	10 210	6 590	3 008	1 695	104 094
Minimum	(1 550)	2 950	6 639	7 499	12 520	13 031	10 779	10 635	7 070	4 306	2 050	1 130	86 614
						Klagenfurt, Ktn., 453 m; 1931 bis 1946, 16 Jahre							
Mittel	2 868	4 939	8 719	10 920	14 164	15 707	16 071	13 857	9 546	5 918	2 638	1 977	107 420
Maximum	3 999	6 207	10 659	13 445	16 509	18 010	17 600	16 105	10 718	7 504	3 627	3 021	116 919
Minimum	1 910	2 840	7 060	9 070	9 628	11 950	14 050	10 938	7 839	4 227	1 649	821	96 160
						Innsbruck, Tirol, 582 m; 1951 bis 1956, 6 Jahre							
Mittel	2 928	4 927	9 413	11 770	15 006	14 542	14 895	12 890	9 726	6 401	3 483	2 253	108 234
Maximum	3 420	5 762	11 372	13 150	15 900	16 750	16 850	13 690	10 322	7 345	4 049	2 727	113 408
Minimum	2 523	4 479	8 153	10 023	13 020	12 434	12 702	11 955	8 970	5 400	2 694	1 701	99 832
						Lunz, NÖ., 615 m; 1937 bis 1940 und 1947 bis 1956, 14 Jahre							
Mittel	1 873	3 364	6 713	9 187	11 837	11 799	12 082	10 813	8 286	4 984	2 053	1 124	85 808
Maximum	2 851	4 538	9 964	13 330	14 750	14 060	13 750	12 770	10 278	7 223	3 000	2 376	96 292
Minimum	960	2 102	2 930	6 150	8 764	8 341	9 999	8 520	5 864	3 842	1 525	1 150	75 137
						Admont, Stmk., 641 m; 1942 bis 1944 und 1946 bis 1956, 13 Jahre							
Mittel	2 442	4 032	8 464	10 100	12 700	12 762	13 100	12 188	9 902	5 697	2 602	1 599	95 588
Maximum	2 999	4 941	9 589	12 000	15 006	14 990	15 010	14 300	10 450	7 015	3 183	1 883	100 514
Minimum	2 007	3 495	6 069	9 022	10 850	10 580	9 689	8 581	6 950	4 000	2 020	1 323	82 416
						Rinn, Tirol, 920 m; 1943 bis 1956, 14 Jahre							
Mittel	2 796	4 816	9 143	11 733	14 439	14 263	14 603	12 315	9 575	6 403	2 986	1 840	104 950
Maximum	3 492	6 142	11 207	14 002	16 478	16 105	16 795	14 631	11 840	7 751	4 119	2 406	112 418
Minimum	2 238	4 052	7 723	9 435	13 372	11 521	11 798	11 049	8 364	4 640	2 038	1 506	98 181
						Pertisau, Tirol, 950 m; 1953 bis 1956, 4 Jahre							
Mittel	3 399	5 648	9 988	9 732	11 839	10 341	10 985	10 539	8 825	5 865	3 627	2 445	93 233
Maximum	4 147	6 323	11 233	10 786	13 141	11 467	12 275	11 255	9 538	6 077	4 207	2 984	96 388
Minimum	2 923	4 994	8 444	8 482	10 622	8 548	9 635	9 956	8 160	5 592	2 709	1 918	88 134

Tabelle 42 (Fortsetzung)

	Jän.	Febr.	März	April	Mai	Juni	Juli	Aug.	Sept.	Okt.	Nov.	Dez.	Jahr
	Rauris, Sbg., 955 m; 1937 bis 1946, 10 Jahre												
Mittel	2 728	4 469	8 671	11 486	14 374	14 588	14 433	13 185	9 298	6 200	3 296	2 023	104 751
Maximum	3 410	5 201	10 020	12 923	17 300	16 207	16 150	14 700	11 550	7 546	3 925	2 659	110 837
Minimum	2 270	3 190	7 073	9 500	12 111	12 721	12 750	11 100	7 729	4 990	2 549	1 500	98 510
	Semmering, NÖ., 1012 m; 1951 bis 1956, 6 Jahre												
Mittel	2 366	3 955	7 716	9 157	11 770	11 231	12 155	11 842	8 098	5 010	3 036	1 530	87 866
Maximum	3 053	4 574	9 596	11 311	13 776	12 400	14 200	14 964	9 356	5 514	5 655	1 778	102 328
Minimum	1 498	3 048	6 351	7 751	9 760	10 155	9 456	9 057	7 150	4 615	1 764	1 278	80 532
	Zirbitzkogel, Stmk., 2387 m; 1951 bis 1955, 5 Jahre												
Mittel	3 556	5 120	9 987	11 565	13 449	11 655	12 236	12 348	8 231	6 192	3 764	2 380	100 483
Maximum	3 858	6 080	12 496	13 902	15 700	12 980	12 704	13 405	9 115	7 167	5 313	2 854	106 501
Minimum	3 380	3 697	8 210	10 100	12 080	11 023	11 162	10 553	6 400	4 970	2 340	1 805	95 860
	Sonnblick, Sbg., 3106 m; 1937 bis 1946, 10 Jahre												
Mittel	4 706	6 848	11 274	14 503	17 191	17 448	16 733	13 769	11 239	8 540	5 173	3 952	131 376
Maximum	5 350	8 416	13 377	16 125	18 929	18 678	19 436	15 774	12 640	10 029	5 774	4 510	140 327
Minimum	3 986	5 470	8 320	11 210	12 820	16 360	13 996	12 042	9 571	6 937	4 249	3 394	124 477

Die Reflexion der Globalstrahlung an der Erdoberfläche (Albedo)

a) Allgemeines

Bekanntlich ist nur jener Teil der auf eine Oberfläche auftreffenden Sonnen- und Himmelsstrahlung für den Wärmehaushalt der betreffenden Fläche von Bedeutung, der nicht reflektiert, sondern an der Oberfläche, bzw. im Innern des Körpers absorbiert wird. Zur Bestimmung dieses wirksamen Anteiles ist die Kenntnis des Reflexionsvermögens der verschiedenen Oberflächen notwendig. Die Reflexionsvorgänge sind aber teilweise sehr kompliziert, so daß hiezu einige Erklärungen notwendig sind, ehe zahlenmäßige Angaben gebracht werden können.

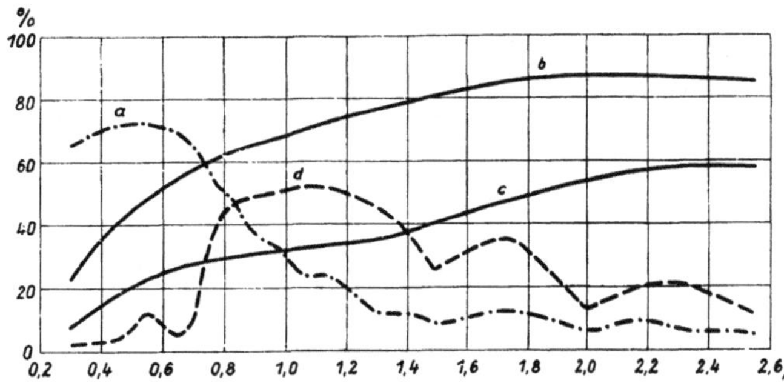

Abb. 16: Spektrale Reflexion. a = Altschnee, b = heller Kalkstein, c = dunkler Gneis, d = grüne Pflanzenblätter

Die meisten Oberflächen, bzw. Stoffe reflektieren Strahlen verschiedener Wellenlänge nicht in gleichem Ausmaß. Die Abb. 16 bringt hiefür einige Beispiele (43 a). Man ersieht aus ihr, daß es z. B. im Falle der grünen Pflanzenblätter nicht gleichgültig ist, ob blaue Lichtstrahlen (zirka 430 $m\mu$) auftreffen oder Infrarotstrahlen von etwa 1 μ Wellenlänge. Im ersteren

Falle werden 2% reflektiert, im zweiten hingegen 47%. Es ist daher eigentlich sinnlos, von einem Reflexionsvermögen irgend einer Oberfläche zu sprechen, ohne anzugeben, für welchen Spektralbereich dieses gelten soll. Bei der Betrachtung der Strahlungsbilanz im Freien beziehen wir die Reflexionsangaben auf die auftreffende Sonnen- und Himmelsstrahlung (Globalstrahlung). Gewöhnlich wird das Reflexionsvermögen einer Oberfläche für die auftreffende Globalstrahlung mit „Albedo" bezeichnet. Im nachfolgenden wird die Albedo in Prozenten der auffallenden Strahlung angegeben. Die spektrale Zusammensetzung der Globalstrahlung ändert sich bei Sonnenschein nur wenig. Es ist demnach gegen die allgemeine Verwendung bestimmter Albedowerte nichts einzuwenden, solange es sich um Messungen oder Berechnungen bei Sonnenschein handelt. Anders liegen die Dinge, wenn es sich um Oberflächen handelt, die nur die Strahlung einer geschlossenen Wolkendecke oder gar jene des blauen Himmels empfangen. In diesen Fällen weicht die spektrale Zusammensetzung der Einstrahlung von jener bei Sonnenschein ziemlich stark ab. Insbesondere bei blauem Himmel, in geringerem Maß auch bei bedecktem Himmel ist der infrarote Anteil sehr stark herabgemindert. Da in diesem Spektralbereich z. B. Pflanzenblätter stark reflektieren, wird beim Fehlen dieser Wellenlängen die Albedo der Pflanzen erheblich verringert, wie folgendes Beispiel zeigt, welches die Albedo einer Wiese bei Sonnenschein, bei bedecktem Himmel und bei blauem Himmel (Sonne abgedeckt) angibt:

im Sonnenschein	bei bedecktem Himmel	Blauhimmel (ohne Sonne)
25%	18%	14%

Die Albedo für die Lichtstrahlung wäre für Pflanzen noch geringer, weil es sich in diesem Falle um nur wenig reflektierte Wellenbereiche handelt (siehe S. 91).

Strenger betrachtet handelt es sich bei der Albedo vielfach nicht ausschließlich um eine richtige Oberflächenreflexion. Vielmehr sind hiebei teilweise erhebliche Strahlungsintensitäten mitbeteiligt, welche aus dem Innern der betreffenden Stoffe oder Medien austreten. Man denke dabei vor allem an Wolken, Schneeflächen, an Wasser und schließlich auch an grüne Pflanzenblätter. Maßgebend für den kurzwelligen Strahlungsumsatz und somit für die ganze Strahlungsbilanz ist die als „Albedo" bezeichnete Zurückwerfung der auftreffenden Strahlung und nicht nur der Anteil der wirklichen Oberflächenreflexion an der Albedo. Es ist lediglich zu bedenken, daß bei Oberflächen mit reiner Oberflächenreflexion der Strahlungsumsatz nur an der Oberfläche erfolgt; sind aus dem Medium austretende Strahlen an der Albedo mitbeteiligt, so spielt sich ein Teil des Strahlungsumsatzes auch im Innern ab.

Die Albedo einer bestimmten Oberfläche ist aber durchaus keine konstante Größe. Vielfach sind erhebliche periodische und aperiodische Schwankungen vorhanden. Periodische Albedoschwankungen treten z. B. im Zusammenhang mit dem Wechsel der Sonnenhöhe bei spiegelnder Reflexion auf, so besonders bei Wasser- und Eisflächen. Eine großzügige jahreszeitliche Schwankung wird durch die winterliche Schneedecke verursacht, weniger markant durch die Belaubung und den Laubfall, durch die Entwicklungsstufen von Getreidefeldern usw. Aperiodische Albedoschwankungen werden durch Niederschläge und die dadurch wechselnde Bodenfeuchte, Tau, Reif usw. hervorgerufen. Auch beim Altern der Schneedecke ändert sich die Albedo stark. Es gibt also Albedoschwankungen aus folgenden Ursachen:

1. Veränderungen der Einstrahlung durch:
   a) verschiedene spektrale Zusammensetzung (wirksam bei selektiv reflektierenden Oberflächen wie Pflanzen),
   b) Änderungen des Einfallswinkels (wirksam bei Wasserflächen, Spiegeleis),
2. Veränderungen der Reflexionseigenschaften der Oberflächen (Schnee usw.).

Außerdem können mehrere der angeführten Ursachen zusammenwirken (Pflanze mit spiegelnder Reflexion usw.).

Im folgenden soll die Albedo der wichtigsten Oberflächenarten kurz behandelt werden.

b) Albedo von Wasserflächen

Wasserflächen reflektieren einen Teil der auffallenden Globalstrahlung spiegelnd, wobei begreiflicherweise bei einer vollkommen glatten Oberfläche die einfachsten, durch die Fresnelschen Formeln bestimmbaren Verhältnisse herrschen. Unter Annahme der durch Welleneinwirkung erfolgten Modifikation kann für die Sonnenstrahlung folgende Oberflächenreflexion bei verschiedenen Sonnenhöhen angenommen werden [siehe bei (44)]:

Sonnenhöhe	2	5	10	15	20	30	40	50	60	70°
Reflexion, %	86	67	40	26	17	8·5	5·0	3·0	2·8	2·7

Die gleichzeitig vorhandene Himmelsstrahlung ist nicht eindeutig gerichtet, so daß für sie keine einheitlichen Einfallswinkel angegeben werden können. Immerhin folgt die Verteilung gewissen, mit der Sonnenhöhe in Zusammenhang stehenden Gesetzmäßigkeiten, so daß es möglich ist, für die Strahlung des blauen Himmels folgende durchschnittliche Reflexionswerte anzugeben:

Sonnenhöhe	5	10	15	20	25	30	35	40	45	50	55	60	65°
Reflexion, %	17·0	15·5	14·0	13·5	12·5	11·2	10·2	9·3	8·5	8·0	7·6	7·4	7·2

Die Reflexion der Himmelsstrahlung bei ganz bedecktem Himmel kann unabhängig von der Sonnenhöhe angegeben werden, weil ihre Verteilung auf die Himmelshalbkugel nicht stark von der Sonnenhöhe abhängig ist. Für frei liegende Wasserflächen kann bei bedecktem Himmel eine durchschnittliche Albedo von 6% angenommen werden.

Die bisherigen Angaben über die Albedo von Wasserflächen sind Momentanwerte. In der Praxis benötigt man aber Durchschnittswerte für ganze Tage, die es erlauben, die Tagessummen der Einstrahlung um den Reflexionsbetrag zu vermindern und so die eindringende Strahlung zu berechnen. Unter Berücksichtigung des Tagesganges der Strahlungsintensität auf die horizontale Fläche und der zu den verschiedenen Tagesstunden vorhandenen mittleren Sonnenhöhe ergeben sich die in der Tabelle 43 verzeichneten mittleren Reflexionswerte für Tagessummen der Sonnenstrahlung und Himmelsstrahlung bei wolkenlosem Himmel:

Tabelle 43: *Albedowerte der freien Wasserfläche für Tagessummen der Sonnen- und Himmelsstrahlung bei wolkenlosem Himmel (in %)*
(anwendbar für alle Seehöhen in Österreich)

Monat	I.	II.	III.	IV.	V.	VI.	VII.	VIII.	IX.	X.	XI.	XII.
Sonnenstrahlung	21	17	13	11	9	9	9	11	12	16	19	22
Himmelsstrahlung	16	14	12	11	10	9	9	10	11	12	14	17

Liegt eine Wasseroberfläche an einer Stelle mit überhöhtem Horizont, so ist dort die sehr schräg einfallende Sonnenstrahlung gar nicht, die Himmelsstrahlung aus geringen Höhen nur in beschränktem Ausmaß vorhanden. Die Verminderung dieser stark reflektierbaren Strahlung bedingt eine Verringerung der Tageswerte der Albedo. Z. B. ist die Tagesalbedo der Sonnenstrahlung beim Lunzer Untersee im Winter um 4 bis 5% geringer als die eines frei liegenden Sees, im Sommer ist der Unterschied nur noch 1 bis 2%. Die Tagesalbedo für die Himmelsstrahlung verringert sich bei wolkenlosem Himmel im Winter um 3 bis 4%, im Sommer um 1 bis 2%, bei bedecktem Himmel kann mit einer Tagesalbedo von 4%, also mit einer Verminderung um 2% gerechnet werden. Allgemein können für die mittlere Albedo bei bedecktem Himmel folgende Werte genommen werden:

Horizontabschirmung unter 5° .... 5 bis 6%
,,   5 bis 25° .... 3 bis 5%
,,   über 25° 3%

Für die Himmelsstrahlung bei verschiedenen Bewölkungsgraden kann man die in der Tabelle 44 enthaltenen mittleren Tageswerte der Albedo von Wasserflächen annehmen.

Tabelle 44: *Tageswerte der Albedo von Wasserflächen für die Himmelsstrahlung bei verschiedenen Bewölkungsgraden (in %)*

Be-wölkung	I.	II.	III.	IV.	V.	VI.	VII.	VIII.	IX.	X.	XI.	XII.
0/10	16	14	12	11	10	9	9	10	11	12	14	17
2/10	14	12	11	10	10	9	9	9	10	11	12	15
4/10	12	11	10	9	9	8	8	8	9	10	11	13
6/10	9	9	8	8	7	7	7	7	8	8	9	10
8/10	7	7	7	7	7	6	6	6	7	7	7	8
10/10	6	6	6	6	6	6	6	6	6	6	6	6

Die von Gewässeroberflächen zurückgeworfenen Anteile der Globalstrahlung enthalten aber neben der an der Oberfläche spiegelnd reflektierten Strahlung auch die kurzwellige Rückstrahlung des im Wasser zerstreuten Lichtes und eventuell die Reflexionswirkungen vom Grunde der Gewässer her. Die Reflexion vom Grund her ist nur bei seichten Gewässern wirksam. Die kurzwellige Rückstrahlung im Ausmaß von 0·5% der Globalstrahlung ist in allen bisher angegebenen Albedowerten für Wasserflächen inbegriffen. Diese Angaben beziehen sich auf genügend tiefe Gewässer mit geringer Lichtzerstreuung (z. B. Lunzer Untersee). Für seichte und für intensiver gefärbte Gewässer müssen alle Albedowerte um folgende Prozentwerte erhöht werden:

Stärker gefärbte Seen wie: Achensee, Attersee, Mondsee, Ossiachersee, Wörthersee, Wolfgangsee usw. .... 1 bis 2%
Sehr stark gefärbte Seen wie: Faakersee, Fuschlsee, Leopoldsteinersee, Neusiedlersee usw. .... 3 bis 5%
Seichte Gewässer mit hellem Untergrund .... 1 bis 6%

c) Albedo von Eis und Schnee

Klares, blasenfreies Eis reflektiert ähnlich wie reines Wasser. Durch Lufteinschluß getrübtes Eis zeigt wohl ähnliche Oberflächenreflexionen, die Gesamtwirkung von Oberflächenreflexion und austretender Streustrahlung ergibt aber höhere Albedowerte. Bei gefrorenen Firn- und Schneeflächen liegen die Dinge ähnlich. Wie die Abb. 16 zeigt, reflektiert Schnee im sichtbaren Bereich der Globalstrahlung ziemlich gleichmäßig. Im Infrarot ist aber eine ausgeprägte Reflexionsverminderung vorhanden. Dies hat einen gewissen Einfluß der Zusammensetzung der Globalstrahlung auf die Albedo zur Folge. Bei Änderungen der Albedo von Schnee und Firn ist aber auch zu beachten, daß der Schnee einer ständigen Metamorphose unterworfen ist, so daß sich z. B. die äußerst hohe Albedo frisch gefallenen Schnees ohne besondere äußere Ursachen innerhalb einiger Tage um 5 bis 10% verringert. Bei Lufttemperaturen über 0° ist die Schneealbedo im allgemeinen niedriger als bei Frost. Vielfach, besonders im sommerlichen Hochgebirge, ist ein ausgesprochener Tagesgang der Albedo feststellbar, nämlich ein Ansteigen (durch Gefrieren, Reifbildung) in der Nacht, dann ein allmählicher Abfall bis in den Nachmittag hinein und von da an wieder ein Anstieg. Dieser Anstieg setzt oft noch bei vollem Sonnenschein ein, es muß hiezu aber der Gehalt der Schneedecke an Schmelzwasser schon wieder zurückgehen, was z. B. an leicht geneigten Gletscherflächen in etwa 3000 m Seehöhe im Sommer um etwa 15 bis 16 Uhr der Fall ist. Diese Gänge treten nur an Schönwettertagen in Erscheinung. Ähnliche Tagesgänge kommen im Winter auch in niedrigen Lagen vor, besonders aber dann, wenn tagsüber Tauwetter, nachts hingegen Frost herrscht.

Durchschnittliche Albedowerte (%):

		Mittel
Neuschnee	70 bis 90	80
Altschnee	40 „ 70	65
Firn, rein	50 „ 65	54
Firn, unrein	18 „ 50	33
Gletschereis, rein	30 „ 46	37
Gletschereis, unrein	15 „ 30	26

Eis- und Schneeflächen verschmutzen in manchen Gebieten relativ schnell, so besonders in Städten und im Bereich von Industrieanlagen. Dadurch sinken die Albedowerte teilweise noch erheblich unter die angegebenen Mindestwerte ab, so z. B. bei verschmutztem Altschnee gelegentlich bis auf 30 bis 40%, bei Firn auf 18 bis 20% und bei Gletschereis auf 9 bis 20%. Die niedrigsten Albedowerte von einzelnen schon ganz schwarz erscheinenden Stellen von Schnee- und Eisdecken sinken auf 4 bis 5% ab.

d) Albedo grüner Pflanzenbestände

Die in der Abb. 16 dargestellte selektive Reflexion grüner Pflanzenblätter hat, wie schon angedeutet wurde, eine Abhängigkeit der Albedo von der Einstrahlung zur Folge. Es muß daher die Albedo der Pflanzenbestände getrennt für Globalstrahlung bei Sonnenschein, bei ganz bedecktem Himmel und für die Strahlung des blauen Himmels allein angegeben werden. Es gelten folgende Mittelwerte:

	Sonne	Globalstrahlung bei bedecktem Himmel	blauem Himmel (ohne Sonne)
Wiesen, grüne Felder usw.	15 bis 30%	12 bis 25%	6 bis 16%
Wälder	8 „ 30%	6 „ 20%	5 „ 15%

Die Unterschiede sind teils auf die verschiedene spektrale Zusammensetzung der Einstrahlung zurückzuführen, teils aber auch auf den Deckungsgrad der Pflanzen, auf den Chlorophyllgehalt und vor allem auch auf den Feuchtezustand der Pflanzenoberflächen. Feuchte Pflanzen reflektieren im allgemeinen um 5 bis 10% weniger als trockene. Die Albedo der Laubwälder ist im unbelaubten Zustand um 5 bis 15% niedriger als im belaubten. Die mitunter spiegelnde Reflexion an der Oberfläche der Blätter kann hier nicht eingehender beachtet werden. Nadelwälder haben eine niedrigere Albedo als Laubwälder, nämlich 6 bis 12% bei Sonnenschein.

e) Albedo von Erde, Sand, Gestein

Ackererde, Sand, Wege und sonstige kahle Bodenflächen können je nach Farbe und Helligkeitsgrad mannigfache Albedowerte besitzen. Einige Anhaltspunkte für trockene Oberflächen sind:

Gestein, dunkel	7 bis 15%
Gestein, hell	15 „ 60%
Sandboden	15 „ 40%
Ackerboden, dunkel	7 „ 10%
Ackerboden, hell	10 „ 16%
Lehmboden	12 „ 25%

Im feuchten, bzw. nassen Zustand geht die Albedo im Durchschnitt auf 60 bis 75% des trockenen Wertes zurück. Im wesentlichen können die geringen Variationen der Albedo, welche durch verschiedene spektrale Zusammensetzung der Einstrahlung und vorübergehende Änderungen der Oberflächenbeschaffenheit hervorgerufen werden, vernachlässigt werden.

Die Albedo geschlossen verbauter Siedlungen dürfte im Mittel um 20% liegen.

Die kurzwellige Strahlungsbilanz

Die Globalstrahlung, vermindert um die kurzwellige Rückstrahlung, ergibt die kurzwellige Strahlungsbilanz. In ihr kommt der Einfluß der Oberflächenart schon deutlich zum Ausdruck. Ein kurzer Überblick über die kurzwelligen Bilanzverhältnisse zeigt, wie wichtig es ist, nicht wie bisher fast nur die Einstrahlung zu beachten, sondern den tatsächlichen Strahlungshaushalt.

An dieser Stelle sollen nur einige Beispiele für die Bestimmung der kurzwelligen Bilanz gebracht werden.

Zunächst wird ein Beispiel für die Jahresgänge der kurzwelligen Bilanz zweier den gleichen Einstrahlungsbedingungen ausgesetzter Oberflächentypen dargestellt. Die Berechnungen erfolgen für den Donaustrom in Wien und eine benachbarte Wiese. Die Ergebnisse sind in der Abb. 17 dargestellt. Es wurde folgender Gang eingeschlagen:

1. Der Jahresgang der Tagessummen der Globalstrahlung wurde graphisch dargestellt, wobei die für den 15. jedes Monats angegebenen Tagessummen bei den tatsächlichen Bewölkungsverhältnissen die Grundlagen lieferten.
2. Die Jahresgänge der Albedo wurden ermittelt.
3. Aus 1. und 2. wurden die Jahresgänge der kurzwelligen Bilanz bestimmt.

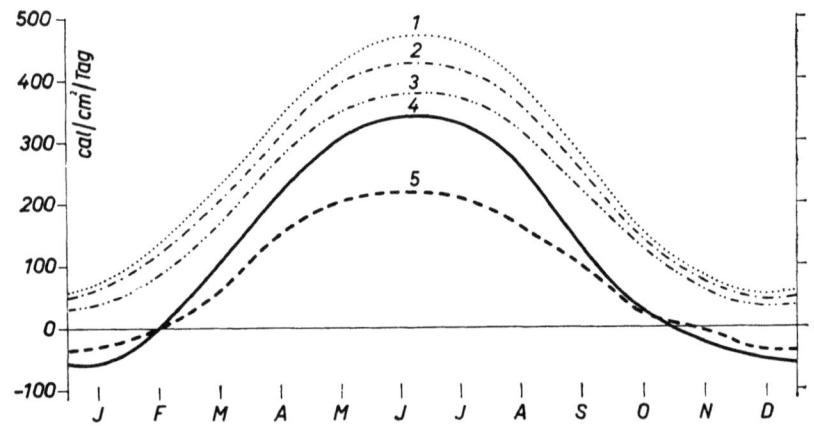

Abb. 17: Jahresgang der Globalstrahlung (1), der kurzwelligen Strahlungsbilanz der Donau (2) und einer Wiese (3), der Gesamt-Strahlungsbilanz der Donau (4) und einer Wiese (5) in Wien

In der Tabelle 43 findet man Tagesmittel der Albedo von Wasserflächen für Sonnenstrahlung und für Himmelsstrahlung bei wolkenlosem Himmel. Der prozentuale Anteil der Sonnenstrahlung und der Himmelsstrahlung an der Globalstrahlung in Wien kann aus der Tabelle 39 bestimmt werden. Die Albedo der Himmelsstrahlung muß aus den Anteilen der Strahlung des blauen Himmels und des bewölkten Himmels unter Berücksichtigung der kurzwelligen Rückstrahlung aus dem Wasser berechnet werden. Die tatsächliche Albedo für die Himmelsstrahlung wird dann monatsweise aus linearen Interpolationen zwischen den Werten für Blauhimmel und für Bewölkung unter Berücksichtigung der mittleren Bewölkung (bzw. Sonnenscheindauer) bestimmt (Tabelle 44). Erstere ist z. B. im Dezember 17%, letztere 7%. Die mittlere Sonnenscheindauer beträgt in diesem Monat 18%. Somit können wir (linear interpoliert) die Albedo für die Himmelsstrahlung mit 9% ansetzen. Die Albedo für die Sonnenstrahlung stellt sich nach Tabelle 43 auf 22%. Entsprechend der Zusammensetzung der Globalstrahlung im Dezember aus 78% Himmelsstrahlung und 22% Sonnenstrahlung berechnet man die mittlere Wasseralbedo zu:

$$0.22 \times 22 = 4.84$$
$$0.78 \times 9 = 7.02$$
$$\overline{11.86\%}$$

Die Monatsmittel der Albedo der Donau sind daher:

I.	II.	III.	IV.	V.	VI.	VII.	VIII.	IX.	X.	XI.	XII.
12·2	11·4	10·7	10·0	9·0	8·6	8·6	9·7	9·5	11·7	11·8	11·9%

Für die Bestimmung der Albedo von Wiesen wurden entsprechend dem Jahresgang der Vegetationsentwicklung folgende Albedowerte bei den tatsächlichen Bewölkungsverhältnissen angenommen:

I.	II.	III.	IV.	V.	VI.	VII.	VIII.	IX.	X.	XI.	XII.
13	13	16	20	20	20	20	20	19	18	15	13%

Die Wirkung der winterlichen Schneedecke wurde aus der Wahrscheinlichkeit einer Schneelage in den verschiedenen Monaten und einer mittleren Schneealbedo von 60% bestimmt. Die Wahrscheinlichkeit des Vorhandenseins einer Schneedecke ist:

November... 13%
Dezember 50%
Jänner.. 65%
Februar... 55%
März 25%

Somit ergeben sich folgende Mittelwerte für die Albedo der Wiese:

I.	II.	III.	IV.	V.	VI.	VII.	VIII.	IX.	X.	XI.	XII.
44	39	27	20	20	20	20	20	19	18	21	36%

In Abb. 17 sind die auf Grund der Werte der Globalstrahlung sowie der Albedo ermittelten Jahresgänge der kurzwelligen Strahlungsbilanz der Wasserfläche und der Wiese dargestellt. Sie zeigen deutlich, daß die Albedo die Strahlungsumsätze weitgehend beeinflußt. Die Unterschiede zwischen den kurzwelligen Bilanzen der beiden Oberflächen werden besonders im Winter relativ groß. Noch größer als diese Durchschnittsbilanzen sind die zeitweiligen Unterschiede, welche eintreten, wenn die Wiese tatsächlich mit Schnee bedeckt ist.

Wie groß die Unterschiede zwischen den kurzwelligen Bilanzen von Oberflächen mit verschiedener Albedo bei gleicher Globalstrahlung werden können, zeigen nachfolgende Beispiele aus dem Hochgebirge (9):

Kurzwellige Strahlungsbilanz, Tagessummen an wolkenlosen Junitagen in 3000 m Seehöhe (cal/cm^2)

Neuschneefelder 114
Altschneefelder 227
Gletschereis, rein 340
Verschmutztes Eis 454

Die langwelligen Strahlungsströme
Vorbemerkungen

Im Gegensatz zu den nur tagsüber in praktisch bedeutsamem Ausmaße vorhandenen kurzwelligen Strahlungskomponenten sind die langwelligen Strahlungskomponenten, nämlich die Ausstrahlung der Erdoberfläche und die Gegenstrahlung der Atmosphäre, bei Tag und bei Nacht wirksam. Entsprechend der im Vergleich zur Sonnenoberfläche niedrigen

Temperatur der Erdoberfläche und der Atmosphäre, spielen sich die Vorgänge der Ausstrahlung und der Gegenstrahlung in bedeutend längeren Wellenbereichen ab, nämlich zwischen 3 und 100 μ, wobei der Bereich von 4 bis 35 μ, auf den bei normalen Temperaturen mehr als 95% der emittierten Strahlungsenergie fallen, am wichtigsten ist. Die gasförmige Atmosphäre strahlt nicht wie ein fester Körper kontinuierlich, sondern in Banden. So ist z. B. die Gegenstrahlung des wolkenlosen Himmels zwischen 8 und 12 μ wenig wirksam. Dies ist eine Folge der spektralen Emissionseigenschaften des Wasserdampfes und des Kohlendioxyds, Beimengungen der Luft, auf welche die Gegenstrahlung zum großen Teil zurückzuführen ist. Im Bereich dieses „Strahlungsfensters" strahlt die Erdoberfläche, von der Atmosphäre nur ganz wenig behindert, in den Weltraum aus.

Die langwelligen Strahlungsumsätze wurden theoretisch schon ausführlich und oftmals behandelt. Leider liegen aber über sie noch wenig Meßergebnisse vor, so daß trotz aller hiefür entwickelten Formeln die Erfassung der langwelligen Strahlung noch nicht mit großer Genauigkeit erfolgen kann. Wir wollen hier, wie bei der kurzwelligen Strahlung, zuerst die Einstrahlung behandeln, also die Gegenstrahlung der Atmosphäre, hierauf die Reflexion der Gegenstrahlung an den verschiedenen Oberflächen, dann die Ausstrahlung der Oberflächen und zum Schluß die eigentliche langwellige Bilanz. Hiebei wollen wir es vermeiden, von einer „effektiven Ausstrahlung" zu sprechen, wenn es sich nicht um die mit einem Ångströmschen Pyrgeometer gemessene Strahlungsdifferenz zwischen den annähernd auf Lufttemperatur befindlichen schwarzen Streifen des Apparates und der Atmosphäre handelt. Nur in diesem Fall ist diese Bezeichnung richtig, eine Übertragung auf die langwellige Strahlungsbilanz der Erdoberfläche ist irreführend und daher zu vermeiden.

Die Gegenstrahlung

Die Intensität der Gegenstrahlung ist hauptsächlich von der Lufttemperatur und vom Dampfdruck abhängig. Entsprechend dem Verhalten dieser Elemente im Verlauf des Tages und des Jahres zeigt daher auch die Gegenstrahlung einen Tagesgang und einen Jahresgang ihrer Intensität. Gestützt auf die Ergebnisse zahlreicher Messungen der „effektiven Ausstrahlung" mit seinem Pyrgeometer leitete Ångström folgende Formel für die Gegenstrahlung bei wolkenlosem Himmel (G) ab:

$$G = \sigma T^4 (a - b \cdot 10^{-ce}) \qquad (A)$$

$\sigma = 0{\cdot}826 \cdot 10^{-10}\ cal/cm^2\ min\ grad^4$, T = absolute Temperatur in ° K (= 273 + t° C),
a = 0·806, b = 0·236, c = 0·069, e = Dampfdruck in mm Hg.

Im Jahre 1948 bestimmten Falckenberg und Bolz (46) die Konstanten der Formel neu, wie folgt:

$$a = 0{\cdot}820,\ b = 0{\cdot}250,\ c = 0{\cdot}126.$$

Hiebei wurde ausdrücklich betont, daß diese Werte an der Ostseeküste bestimmt wurden und ihre Anwendbarkeit an anderen Stellen erst bewiesen werden müsse. Die Konstanten a, b und c seien klimatische Größen, deren Gültigkeit wahrscheinlich auf bestimmte Gebiete beschränkt ist. Im Verlauf der letzten Jahre wurden in Wien und Niederösterreich und auf dem Sonnblick Messungen und Registrierungen der Ausstrahlung und der Gegenstrahlung vorgenommen, und festgestellt, daß die gemessene Gegenstrahlung am besten dem Mittelwert aus den mit beiden Formeln berechneten Werten entspricht. Auf Grund dieser Feststellung werden auch hier alle Angaben über die Gegenstrahlung auf diese Weise berechnet, denn die tatsächlichen Messungen sind viel zu wenig zahlreich, um aus ihnen klimatologische Aufschlüsse geben zu können.

Der nach obiger Formel berechnete Tagesgang der Gegenstrahlung in Wien ist aus Tabelle 45 an zwei Beispielen ersichtlich. Es handelt sich um Mittelwerte für die Monate Jänner und Juli, welche aus den Tagesgängen der Temperatur und des Dampfdruckes im

Zeitabschnitt 1931 bis 1940 berechnet wurden. Im Winter ist der durchschnittliche Tagesgang ganz geringfügig, im Sommer aber etwas deutlicher ausgeprägt. Das Maximum wird um die Zeit des Temperaturmaximums erreicht. Die Tagesschwankungen der Gegenstrahlung an wolkenlosen Tagen sind begreiflicherweise größer als die angegebenen Mittelwerte, sie erreichen z. B. im Sommer Amplituden von mehr als $0·060\ cal/cm^2\ min$. Bei bedecktem Himmel sind sie aber sehr klein.

Tabelle 45: *Mittlere Tagesgänge der Gegenstrahlung in Wien-Hohe Warte im Jänner und Juli*
(Mittelwerte, berechnet für den Zeitabschnitt 1931 bis 1940 in $mcal/cm^2\ min$)

Zeit	2	4	6	8	10	12	14	16	18	20	22	24^h
Jänner	311	311	310	310	312	318	321	319	317	315	314	312
Juli	460	457	460	474	486	494	498	499	496	485	473	466

Mit zunehmender Seehöhe nehmen die Amplituden des Tagesganges der Gegenstrahlung ab. Auf dem Sonnblick betragen z. B. die Mittelwerte der täglichen Schwankung im Jänner nur mehr $0·005\ cal/cm^2\ min$, im Juli $0·015\ cal/cm^2\ min$.

Aus den Mittelwerten von Temperatur und Dampfdruck können monatsweise die Tagessummen der Gegenstrahlung für wolkenlose Tage in verschiedenen Seehöhen berechnet werden (Tabelle 48, Bewölkung 0/10).

Alle aus den Temperatur- und Feuchtewerten am Beobachtungspunkt berechneten Werte der Gegenstrahlung müssen in einem gewissen Ausmaß unsicher sein, weil die Schichtung der Atmosphäre sehr veränderlich ist. Aus diesem Grunde wurden graphische Verfahren entwickelt, welche es erlauben, die tatsächliche Temperatur- und Feuchteschichtung in der Atmosphäre zur Berechnung der Gegenstrahlung heranzuziehen. Eine klimatologische Verwendbarkeit solcher Verfahren wird erst gegeben sein, sobald mittlere Zustände der Atmosphäre für verschiedene Gebiete ermittelt sein werden. Bisherige Vergleiche der aus Bodenwerten und aus der atmosphärischen Schichtung berechneten Gegenstrahlungen ergaben, daß die Ångströmsche Formel für die Gegenstrahlung zu niedrige Werte liefert. Dieser Erkenntnis wurde auch bei der hier angewandten Art der Berechnung der Gegenstrahlung Rechnung getragen.

Die Strahlung, welche von Wolken ausgesandt wird, ist intensiver als jene des wolkenlosen Himmels. Daher nimmt die Intensität der Gegenstrahlung mit dem Bewölkungsgrad zu. Hiebei spielt die Wolkendichte eine große Rolle. Dichtere Bewölkung strahlt intensiver als dünnere. Die Wolkenhöhe ist ebenfalls von Bedeutung: je geringer sie ist, desto intensiver ist die Gegenstrahlung der Bewölkung.

Die Zusammenhänge zwischen Gegenstrahlung und Bewölkung wurden schon wiederholt formelmäßig zu erfassen versucht. Da die mit diesen Formeln berechneten Werte den bei Beobachtungen in Österreich bestimmten Intensitäten der Gegenstrahlung nicht genügend genau entsprechen (47), (48), wurden auf Grund der Beobachtungswerte Nomogramme zur Bestimmung der Werte der Gegenstrahlung bei Bewölkung entworfen. Damit können aber nur Durchschnittswerte der Gegenstrahlung angegeben werden, weil eine Berücksichtigung der Wirkung verschiedener Wolkenformen noch nicht möglich ist. Die für bedeckten Himmel bestimmten Verhältniswerte der Gegenstrahlung zur Gegenstrahlung bei wolkenlosem Himmel G_{10}/G_0 bringt, ausgedrückt in Prozenten, die Tabelle 46 für verschiedene Seehöhen.

Die in Tabelle 46 enthaltenen Verhältniszahlen G_{10}/G_0 gelten für durchschnittliche Bewölkung und können daher schon aus diesem Grunde nicht das ganze Jahr hindurch und in allen Seehöhen gleich sein.

Tabelle 46: *Verhältnis G_{10}/G_0 der Intensität der Gegenstrahlung bei bedecktem Himmel zur Gegenstrahlung bei wolkenlosem Himmel in Prozenten für verschiedene Höhenlagen*
(Die Werte gelten für dichte, niedrigere Bewölkung)

Seehöhe m	I.	II.	III.	IV.	V.	VI.	VII.	VIII.	IX.	X.	XI.	XII.
200	134	133	130	126	123	121	121	122	123	127	131	134
500	135	134	132	128	126	123	122	123	124	128	132	135
1000	137	136	134	132	128	126	125	125	127	130	134	137
1500	140	140	138	134	131	130	129	129	131	133	137	140
2000	141	141	139	136	134	132	130	130	132	134	138	141
3000	145	145	144	141	138	134	132	132	136	141	143	145

In Tabelle 46 fällt vor allem auf, daß G_{10}/G_0 mit der Seehöhe zunimmt und im Sommer in allen Höhen geringer ist als im Winter. Zur Erklärung dieses Verhaltens sei folgendes angeführt:

1. Die Wirkung der Gegenstrahlung der Bewölkung nimmt mit Zunahme der Höhe der Bewölkung über dem Beobachtungsort ab. Aus diesem Grunde muß G_{10}/G_0 mit zunehmender Seehöhe zunehmen, da der Meßpunkt im Mittel näher an der Wolkenuntergrenze zu liegen kommt.

2. Temperatur und Wasserdampfgehalt der Luft sind bei bewölktem Himmel anders als bei wolkenlosem Himmel. Besonders für geringere Seehöhen bedeutet in der Regel bewölkter Himmel im Winter höhere Temperaturen, im Sommer niedrigere als wolkenloser Himmel. Deshalb muß G_{10}/G_0 im Sommer kleiner sein.

3. Einen weiteren Einfluß auf G_{10}/G_0 hat die Art der Bewölkung, der in diesem Zusammenhang bisher nicht näher untersucht werden konnte.

Bei nicht bedecktem Himmel werden die Verhältniszahlen der Intensität der Gegenstrahlung bei Bewölkung zur Gegenstrahlung bei wolkenlosem Himmel G_w/G_0 kleiner als G_{10}/G_0. Die Abnahme der Größe dieser Verhältniszahlen mit abnehmendem Bewölkungsgrad hängt aber vom Betrag des Wertes G_{10}/G_0 selbst ab. Es gelten für Österreich die in Tabelle 47 angeführten Verhältniszahlen.

Tabelle 47: *Werte des Verhältnisses der Intensität der Gegenstrahlung bei verschiedenen Bewölkungsgraden zur Gegenstrahlung bei wolkenlosem Himmel in Abhängigkeit vom Betrag G_{10}/G_0 in Prozenten*
(Die Werte G_{10}/G_0 sind in Tabelle 46 enthalten)

G_{10}/G_0	Bewölkung (Zehntel)					
	0	2	4	6	8	10
120	100	102	106	110	114	120
125	100	103	107	112	117	125
130	100	104	108	114	121	130
135	100	105	110	115	124	135
140	100	105	111	118	127	140
145	100	106	113	121	130	145

Nach den bisher behandelten Gesichtspunkten wurde die Tabelle 48 gebildet, in der Tagessummen der Gegenstrahlung bei verschiedenem Bewölkungsgrad in verschiedenen Seehöhen zu finden sind. Die in der Tabelle 48 enthaltenen Werte gelten für niedrige,

Tabelle 48: *Tagessummen der Gegenstrahlung bei verschiedenen Bewölkungsgraden in Abhängigkeit von der Seehöhe (für dichtere, niedrige Bewölkung)*
(Werte in cal/cm^2)

Höhe, m	I.	II.	III.	IV.	V.	VI.	VII.	VIII.	IX.	X.	XI.	XII.
Bewölkung 0/10												
200	450	464	508	567	627	667	689	677	631	572	511	468
500	434	454	495	550	605	648	668	660	619	560	493	452
1000	420	435	466	514	571	609	631	627	590	539	473	432
1500	410	413	440	479	532	571	698	589	560	515	450	418
2000	395	396	413	451	501	538	570	557	530	487	430	406
3000	349	349	360	390	435	471	495	490	466	430	385	363
Bewölkung 2/10												
200	466	483	526	581	647	677	699	699	648	590	531	486
500	455	471	516	565	625	666	684	678	641	577	511	474
1000	441	460	490	534	588	622	649	643	609	574	491	454
1500	432	438	461	497	554	593	621	605	581	537	475	439
2000	414	415	436	475	521	561	589	571	550	508	452	427
3000	367	369	384	410	457	488	517	511	490	446	408	383
Bewölkung 4/10												
200	490	507	551	605	664	698	720	712	670	608	558	511
500	475	493	539	589	650	684	706	699	656	598	536	495
1000	463	485	512	561	611	650	678	670	631	580	517	475
1500	456	465	485	519	580	618	643	637	610	561	497	464
2000	436	442	455	482	548	590	617	601	577	530	474	450
3000	391	395	409	440	478	511	540	535	512	475	432	410
Bewölkung 6/10												
200	520	535	576	633	691	728	750	740	693	630	583	542
500	504	526	568	625	678	711	735	710	683	631	562	524
1000	491	516	548	590	649	678	706	700	667	612	548	507
1500	485	495	513	554	605	651	680	668	639	592	522	493
2000	464	466	485	521	577	616	640	627	605	561	504	479
3000	420	420	435	464	521	544	571	565	547	507	461	440
Bewölkung 8/10												
200	557	571	613	668	729	762	790	779	731	662	625	580
500	539	561	609	653	715	750	769	761	718	662	605	560
1000	511	548	582	629	681	719	741	730	700	651	587	540
1500	511	526	554	592	649	691	720	706	668	622	564	532
2000	500	504	521	561	618	659	684	666	646	595	538	516
3000	452	452	466	497	548	583	610	605	583	540	497	471
Bewölkung 10/10												
200	600	620	662	712	771	805	830	819	776	725	670	627
500	588	611	655	702	763	798	813	810	763	715	649	609
1000	577	592	633	678	732	763	792	781	750	699	633	593
1500	569	579	598	640	699	741	775	760	720	671	620	585
2000	550	552	573	619	668	706	738	728	691	648	592	568
3000	504	504	520	552	600	623	655	647	633	598	550	525

dichte Bewölkung. Im Durchschnitt dürften die Tagessummen für mittlere Bewölkungsgrade um 2 bis 4%, für stärkere Bedeckung um 4 bis 6% niedriger liegen.

Alle Angaben und Ausführungen über die Gegenstrahlung beziehen sich auf Plätze mit freiem Horizont. Bei Horizontüberhöhungen tritt eine Vergrößerung der Gegenstrahlung ein, weil hiebei gewisse Teile der Himmelshalbkugel durch wärmere und daher intensiver strahlende Flächen (Berge, Bäume, Gebäude usw.) ersetzt werden. Da aber bereits aus den untersten Atmosphärenschichten ein beträchtlicher Teil der Gegenstrahlung kommt, verringert sich die Wirkung der Horizontüberhöhungen mit der Zunahme der Entfernung der den Horizont überhöhenden Flächen vom Beobachtungspunkt sehr stark. Es rühren z. B. schon 57% der Gegenstrahlung aus den an den Beobachtungspunkt anschließenden ersten 87 m her (51). Demnach müßte also die Wirkung der Horizontüberhöhungen in der Mitte eines etwa 150 m breiten Tales schon auf den halben Betrag jener bei ganz nahen Abschirmungen zurückgehen. Die Abschätzung der Wirkung einer Horizontüberhöhung auf die Gegenstrahlung kann unter der Annahme, die abschirmenden Flächen hätten die Temperatur der am Untersuchungsort lagernden Luft, erfolgen.

Über Großstädten und Industriegebieten kann die Gegenstrahlung infolge stärkerer Dunstansammlungen etwas höher sein. Für Wien-Hohe Warte kann bei den durchschnittlichen Bewölkungsverhältnissen 1901 bis 1950 mit folgenden Tagessummen der Gegenstrahlung gerechnet werden:

I.	II.	III.	IV.	V.	VI.	VII.	VIII.	IX.	X.	XI.	XII.
550	555	590	640	690	728	744	730	687	638	620	582

(cal/cm²)

Die Reflexion der Gegenstrahlung an verschiedenen Oberflächen

Nach dem Kirchhoffschen Gesetz stehen Emissions- und Absorptionsverhältnis in einer festen Beziehung zueinander. Ist das Emissionsvermögen z. B. 0·95 eines schwarzen Strahlers, so werden in diesen Wellenbereichen an der Oberfläche 5% der auffallenden Strahlung reflektiert. Langwellige Strahlung, wie die Gegenstrahlung der Atmosphäre und die Ausstrahlung, wird von den meisten natürlichen Oberflächen nur ganz wenig reflektiert. Für die Gegenstrahlung gelten folgende durchschnittliche Reflexionswerte (50):

	Reflexionsvermögen	Ausstrahlungsvermögen
Heller Sandboden	10%	0·90
Kalkstein, hellgrau	8	0·92
Kies, grob	8	0·92
Wasser	5	0·95
Grüne Pflanzen (Wiesen)	2	0·98
Schnee	0·5	0·995

Es kann demnach angenommen werden, daß verschiedene vegetationslose Bodenoberflächen für die langwellige Strahlung ein Reflexionsvermögen von nur 6 bis 8% besitzen.

Die Ausstrahlung der Erdoberfläche

Die Ausstrahlung A beliebiger Teile der Erdoberfläche ist gemäß der Beziehung

$$A = \varepsilon \sigma \cdot T^4$$

von der absoluten Temperatur T und dem Ausstrahlungsvermögen ε der betreffenden Oberflächenart abhängig. Werte des Ausstrahlungsvermögens einiger wichtiger Oberflächenarten sind in obiger Zusammenstellung angegeben.

Als Hilfsmittel für die Berechnung der Temperaturabhängigkeit der Ausstrahlung dient Tabelle 49, welche die Ausstrahlung einer schwarzen Fläche gemäß $E = \sigma T^4$ angibt.

Tabelle 49: *Ausstrahlung einer schwarzen Fläche*
$E = \sigma T^4$ (für $\sigma = 0{,}826 \cdot 10^{-10}$) in $mcal/cm^2\ min$

Tempera-tur °C Zehner	Einer									
	0	1	2	3	4	5	6	7	8	9
—30	288	283	279	274	270	265	261	256	252	248
—20	339	333	328	323	318	312	308	303	298	293
—10	395	389	384	378	372	366	360	355	349	344
— 0	459	452	446	439	432	426	420	414	407	401
+ 0	459	466	472	479	486	493	500	508	515	522
+10	530	537	545	553	560	568	576	584	592	601
+20	609	617	626	634	643	651	660	669	678	687
+30	696	706	715	724	734	743	753	762	772	782

Über die Temperatur der ausstrahlenden Oberflächen weiß man bisher leider noch sehr wenig. Am besten sind wir hier noch über die Oberflächentemperaturen fließender Gewässer informiert, welche schon bei mäßiger Fließgeschwindigkeit im Tagesmittel nicht viel von den normalerweise in Tiefen von einigen Zentimetern gemessenen Wassertemperaturen abweichen. Etwas unsicherer ist es, bei ruhigem Wetter die wahren Oberflächentemperaturen der Seen den auf gleiche Weise gemessenen Temperaturen der obersten Wasserschichten gleichzusetzen.

Auf Grund der heutigen Kenntnisse der Oberflächentemperaturen der Gewässer Österreichs wurden die in Tabelle 50 angegebenen Beispiele für durchschnittliche Ausstrahlungsintensitäten in den einzelnen Monaten berechnet.

Tabelle 50: *Mittlere Intensitäten der Ausstrahlung von Gewässeroberflächen bei den jeweiligen örtlichen durchschnittlichen Bewölkungsverhältnissen (1901 bis 1950)*
($mcal/cm^2\ min$, berechnet aus Temperatur und Emissionsvermögen)

	I.	II.	III.	IV.	V.	VI.	VII.	VIII.	IX.	X.	XI.	XII.
Salzach bei Mittersill	425	445	454	467	480	487	493	496	490	474	456	445
Donau bei Wien	446	450	469	496	520	540	554	554	538	500	474	453
Kärntner Seen	446	445	454	487	531	568	587	589	567	530	493	462

Entsprechend den geringen Tagesschwankungen der Oberflächentemperatur der Gewässer sind auch die Tagesschwankungen der Ausstrahlung nur sehr klein. Tagesschwankungen von $0{\cdot}04\ cal/cm^2\ min$ stellen schon Ausnahmen dar, soweit es sich nicht etwa um seichte Tümpel handelt, deren Temperatur an Schönwettertagen um mehr als 10° C schwanken kann.

In der Praxis benötigt man Tagessummen der Ausstrahlung von Wasserflächen. In der Tabelle 51 sind solche für verschiedene Gewässertypen Österreichs zusammengestellt, u. zw. für die Donau bei Wien, die Salzach bei Mittersill und außerdem für verschiedene Seen.

Tabelle 51: *Tagessummen der Ausstrahlung von Gewässern bei den jeweiligen örtlichen durchschnittlichen Bewölkungsverhältnissen 1901 bis 1950*

(cal/cm^2)

	I.	II.	III.	IV.	V.	VI.	VII.	VIII.	IX.	X.	XI.	XII.
Donau bei Wien	644	649	677	699	749	777	798	798	775	720	682	652
Salzach bei Mittersill	612	641	654	671	691	700	710	715	705	683	656	640
Seen der Südalpen [1]	641	640	652	700	768	818	841	848	815	762	710	665
Seen der Nordalpen [2]	651	645	660	689	733	791	812	819	793	752	706	672
Seen der Nordalpen [3]	659	651	662	682	720	756	781	789	770	734	699	675

[1] Wörther-, Ossiacher-, Faaker-, Pressegger-, Klopeiner-, Millstätter-, Weißen-See.
[2] Boden-, Zeller-, Atter-, Mond-, Wolfgang-, Fuschl-, Waller-, Mattsee.
[3] Traun-, Hallstätter-, Altausseer-, Grundl-, Achen-, Lunzer Untersee.

Die Seen sind nach ihren typischen Oberflächentemperaturen in drei Gruppen zusammengefaßt. Die Differenzen der Ausstrahlung der verschiedenen Gewässertypen sind im Winter gering, sie erreichen im Sommer aber 133 cal/cm^2 pro Tag, um die im Mittel kalte Fließgewässer weniger ausstrahlen als warme Seen. Bei Gletscherbächen würden die Unterschiede bis auf etwa 200 cal/cm^2 anwachsen. Die Oberflächentemperaturen der Gewässer sind wohl einigermaßen von der täglichen Sonnenscheindauer abhängig; die Unterschiede zwischen heiteren und bedeckten Tagen sind aber gering. Eher machen sich mehrtägige Perioden heiteren, bzw. bedeckten Himmels bemerkbar. Sie können aber meist nur Unterschiede bis etwa 0·03 cal/cm^2 min oder rund 50 cal/cm^2 pro Tag hervorrufen.

Die Ausstrahlung von Gewässern, die in den Tabellen nicht erwähnt sind, müssen, entsprechend ihren Strahlungseigenschaften eingeordnet oder besser nach den Oberflächentemperaturen berechnet werden. Hiezu kann unter Zugrundelegung eines Emissionsvermögens von 95% die Tabelle 49 benützt werden.

Alle bisher angegebenen Ausstrahlungswerte von Wasseroberflächen in den Wintermonaten beziehen sich auf eisfreie Gewässer. Vereiste Wasserflächen strahlen infolge ihrer niedrigen Temperaturen weniger aus, dies gilt auch für schneebedeckte Eisflächen. Im letzteren Fall handelt es sich im wesentlichen um die Ausstrahlung von Schneedecken.

Das Ausstrahlungsvermögen klarer Eisdecken dürfte von dem des Wassers nicht viel abweichen. Schnee strahlt hingegen praktisch wie ein schwarzer Strahler. Die Ausstrahlung der Schneeflächen ist aber trotzdem nicht, wie früher immer angenommen wurde, besonders intensiv, weil die niedrigen Temperaturen des Schnees die Ausstrahlung stark herabsetzen. Soweit es die bisher vorliegenden Temperatur-Meßergebnisse erlauben, konnten die in der Tabelle 52 angegebenen, mittleren Tagessummen der Ausstrahlung von Schnee- und Firnflächen berechnet werden. Während bei der Berechnung der Ausstrahlung von Wasseroberflächen bei Binnengewässern beachtet werden muß, daß die Temperaturen nicht unter 0° C gehen können, ist bei Schneeflächen im allgemeinen [1] diese Temperatur die maximal mögliche. Sie ist aber in mittleren Seehöhen oft längere Zeit hindurch vorhanden.

---

[1] Bei intensiver Schneeschmelze bilden sich auf der Schneedecke kleinere Wasseransammlungen aus, deren Temperaturen etwas höher liegen können. Dies hat aber wenig Bedeutung, zumal auch infolge des geringeren Emissionsvermögens des Wassers von den Pfützen kaum mehr ausgestrahlt wird als von der Schneedecke. Beispielsweise ist die Intensität der Ausstrahlung einer Schneedecke von 0° C ebenso groß wie die einer Wasserfläche von etwa 3·5° C.

Tabelle 52: *Tagessummen der Ausstrahlung von Schnee- und Firnflächen bei den durchschnittlichen Bewölkungsverhältnissen 1901 bis 1950*

(cal/cm²)

Seehöhe m	I.	II.	III.	IV.	V.	VI.	VII.	VIII.	IX.	X.	XI.	XII.
200....	606	614	660	—	—	—	—	—	—	—	660	621
500....	590	602	650	660	—	—	—	—	—	—	652	609
1000....	580	590	630	660	660	—	—	—	—	—	625	592
1500....	575	576	608	640	660	660	—	—	—	660	610	585
2000....	558	552	580	610	654	660	660	—	660	642	592	565
3000....	518	506	525	552	594	622	642	640	620	587	550	525

Die Abhängigkeit der Ausstrahlung der Schneeflächen vom Bewölkungsgrad kann infolge Mangels an Temperaturangaben nicht näher behandelt werden. Im allgemeinen liegen die Tagessummen an Schönwettertagen im Sommer etwas über den Mittelwerten der Tabelle 52, an bedeckten Tagen darunter. Im Winter dürfte kaum ein Unterschied bestehen, weil zu dieser Jahreszeit bei bedecktem Himmel oft eine höhere Temperatur vorhanden ist und somit auch eine größere Ausstrahlung.

Naturgemäß sind überhaupt alle Berechnungen der Ausstrahlung von Schneeflächen schon aus dem Grund mit Unsicherheiten behaftet, weil man die wirklichen Oberflächentemperaturen noch zu wenig genau kennt. Ähnlich liegen die Verhältnisse für unbewachsenen, schneefreien Boden, da die meisten in der Literatur als Oberflächenwerte angegebenen Temperaturen für Tiefen von einigen Millimetern bis 2 cm gelten. Aus Messungen und Registrierungen der Oberflächentemperaturen können für Wien die in der Tabelle 53 angegebenen Tagesgänge der Ausstrahlung bei bedecktem und bei wolkenlosem Himmel berechnet werden.

Tabelle 53: *Tagesgang der Ausstrahlung einer unbewachsenen Bodenfläche in Wien im Juli bei wolkenlosem und bei bedecktem Himmel*

(mcal/cm² min)

Stunden	2	4	6	8	10	12	14	16	18	20	22	24ʰ
wolkenlos	495	485	517	584	709	805	814	741	648	564	536	508
bedeckt	479	479	489	509	526	533	535	524	508	499	482	480

Verursacht durch den Tagesgang der Temperatur zeigt sich bei wolkenlosem Himmel auch ein sehr ausgeprägter Tagesgang der Ausstrahlung, der an sonnenlosen Tagen nur mehr schwach angedeutet ist. In beiden Fällen ist eine starke Asymmetrie vorhanden, da die Ausstrahlung in der zweiten Tageshälfte erheblich größer ist als in der ersten.

Im Durchschnitt aller Tage findet man die in Tabelle 54 angegebenen Mittelwerte der Ausstrahlung. (Alle Werte für unbewachsenen Boden wurden unter Annahme eines Ausstrahlungsvermögens von 90% berechnet.)

Für praktische Zwecke sind Tagessummen von größerer Bedeutung als Augenblickswerte. Tabelle 55 enthält die Tagessummen für vegetationsfreien Boden im Durchschnitt aller Tage.

Tabelle 54: *Mittelwerte der Ausstrahlung bei den durchschnittlichen Bewölkungsverhältnissen 1901 bis 1950*

(Werte für unbewachsenen Boden in $mcal/cm^2\ min$)

Seehöhe, m	I.	II.	III.	IV.	V.	VI.	VII.	VIII.	IX.	X.	XI.	XII.
200....	393	406	442	486	535	561	575	565	521	473	430	404
500....	385	399	432	473	522	548	562	553	510	465	421	394
1000....	380	390	418	455	502	525	540	535	496	454	410	386
2000....	363	366	384	416	458	480	498	492	458	425	388	368
3000....	335	336	349	377	417	436	451	448	422	400	361	343

Tabelle 55: *Tagessummen der durchschnittlichen Ausstrahlung*

(Werte für unbewachsenen Boden in cal/cm^2)

Seehöhe, m	I.	II.	III.	IV.	V.	VI.	VII.	VIII.	IX.	X.	XI.	XII.
200....	566	584	637	700	770	809	829	814	750	681	619	596
500....	554	575	622	681	751	790	809	796	734	670	606	567
1000....	547	561	602	655	723	756	778	770	715	640	590	556
2000....	523	527	554	600	660	691	718	709	660	612	559	530
3000....	482	484	503	543	600	628	650	646	608	576	520	494

Da nicht anzunehmen ist, daß sämtliche vegetationsfreie Bodensorten nur ein Ausstrahlungsvermögen von 90% aufweisen, kann in vielen Fällen mit einer um einige Prozente größeren Ausstrahlung gerechnet werden.

Die noch mangelhaften Kenntnisse über die Unterschiede der Temperaturen der Bodenoberflächen bei verschiedenen Bedeckungsgraden des Himmels erlauben es noch nicht, nähere Einzelheiten über die Unterschiede der Ausstrahlung bei verschiedenen Bewölkungsgraden zu berechnen. Es kann angenommen werden, daß die Tagessummen der Ausstrahlung bei wolkenlosem und bei bedecktem Himmel gegenüber den in Tabelle 55 angegebenen Mittelwerten in der Niederung folgende Abweichung zeigen (cal/cm^2):

	Frühling	Sommer	Herbst	Winter
wolkenlos	+40	+60	+25	—40
bedeckt	—30	—50	—20	+10

Im Winter ist somit die Ausstrahlung an wolkenlosen Tagen kleiner, in den übrigen Jahreszeiten größer als der Mittelwert. Bei bedecktem Himmel sind die entgegengesetzten Verhältnisse vorhanden. Dies ist eine Wirkung der Temperatur der Bodenoberfläche.

Wohl die größten Schwierigkeiten ergeben sich bei Berechnungen der Ausstrahlung vegetationsbedeckter Flächen. Die wirklichen, strahlungswirksamen Oberflächentemperaturen von Pflanzenbeständen können mit hinlänglicher Genauigkeit nur aus den Strahlungswerten bestimmt werden. Solchen Messungen stellen sich aber, insbesondere wenn es sich um Wälder handelt, große Schwierigkeiten entgegen. In den Zeiten der überwiegenden Ausstrahlung kühlen sich die ausstrahlenden Oberflächen der Pflanzen stärker ab als der kompakte Boden, bei überwiegender Einstrahlung erwärmen sie sich aber kaum mehr als dieser, weil die Transpiration der Pflanzen zumindestens zeitweise derart wirksam ist, daß sie ein Überschreiten gewisser Maximaltemperaturen nicht zuläßt. Allerdings spielt hiebei der Vegetationszustand eine wichtige Rolle. Soweit Abschätzungen möglich sind, muß daher bei Pflanzenbeständen mit einer um einige Grade niedrigeren Mitteltemperatur gerechnet werden als bei kompaktem Boden, somit auch mit einer geringeren Ausstrahlung. Hingegen ist aber das Ausstrahlungsvermögen der grünen Pflanzen größer, wodurch dieses Übergewicht der Strahlung des kahlen Bodens in der Regel fast aufgehoben wird, und im Durchschnitt die Ausstrahlungswerte vegetationslosen und pflanzenbestandenen Bodens voneinander nicht viel abweichen dürften. In einzelnen Fällen können aber oft merkliche Differenzen auftreten.

Die langwellige Strahlungsbilanz

Unter Berücksichtigung des Reflexionsvermögens und des Emissionsvermögens der verschiedenen Bodenoberflächentypen ergibt sich aus der Gegenstrahlung und der Ausstrahlung die langwellige Strahlungsbilanz der betreffenden Oberfläche. Wie schon erwähnt wurde, ist diese langwellige Strahlungsbilanz mit der bisher meist für Wärmeumsatzberechnungen herangezogenen sogenannten „effektiven Ausstrahlung" nicht identisch (siehe S. 68). Dies geht am besten daraus hervor, daß die aus Lufttemperatur und Dampfdruck berechnete effektive Ausstrahlung z. B. für zwei benachbarte Oberflächenarten vollkommen gleich sein kann, während die tatsächliche langwellige Bilanz erhebliche Unterschiede zeigt. So ergaben bei gleicher „effektiver Ausstrahlung" unmittelbare Messungen mit einem Strahlungsbilanzmesser über knapp nebeneinanderliegenden verschiedenen Oberflächen in einer wolkenlosen Septembernacht 1935 gleichzeitig folgende langwellige Bilanzwerte (52):

Oberfläche	Lunzer Untersee	Wiese	Seebach
$cal/cm^2\ min$	—0·092	—0·076	—0·045

Die langwellige Strahlungsbilanz ist wie die Gegenstrahlung und in geringem Ausmaß auch die Ausstrahlung stark von der Menge und der Dichte der Bewölkung abhängig, nebenbei aber auch von der Horizontüberhöhung. Der Tagesgang ist deutlich ausgeprägt, wenn die betreffende Oberfläche eine größere Tagesschwankung der Oberflächentemperatur aufweist, wie dies z. B. besonders bei unbewachsenem Boden der Fall ist. Tabelle 56 zeigt hiefür ein Beispiel für Seehöhen von 200 m bei wolkenlosem und bei bedecktem Himmel (siehe auch die Kurve 2 in der Abb. 19). Über Gewässern ist die Tagesschwankung nur unbedeutend, insbesondere wenn es sich um Fließgewässer oder um Seen bei windigem Wetter handelt. Die Tagesschwankungen der langwelligen Bilanz betragen hier an wolkenlosen Sommertagen meist nur 0·005 bis 0·010 $cal/cm^2\ min$. Ein nennenswerter Einfluß der Seehöhe auf den Tagesgang der langwelligen Strahlungsbilanz ist nicht zu erwarten. Der Jahresgang der langwelligen Strahlungsbilanz bei gleichen Bewölkungsverhältnissen ist nicht sehr ausgeprägt, weil Gegenstrahlung und Ausstrahlung Jahresgänge aufweisen, die sich in ihren Wirkungen weitgehend kompensieren.

Tabelle 56: *Tagesgang der langwelligen Strahlungsbilanz über vegetationslosem Boden in 200 m Seehöhe (Raum von Wien) im Juli bei wolkenlosem und bei bedecktem Himmel*
($mcal/cm^2\ min$)

Zeit	2	4	6	8	10	12	14	16	18	20	22	24^h
wolkenlos	— 80	— 80	—107	—154	—259	—344	—344	—269	—183	—114	—101	— 84
bedeckt	— 23	— 25	— 33	— 41	— 66	— 71	— 71	— 62	— 46	— 39	— 26	— 24

Bei ganz bedecktem Himmel wird die langwellige negative Strahlungsbilanz oft sehr klein. Handelt es sich um Boden mit im Vergleich zur Lufttemperatur niedrigen Temperaturen und um dichte Bewölkung, so kann die langwellige Bilanz sogar positive Werte annehmen, d. h. es ist kein Ausstrahlungsverlust mehr vorhanden, sondern im Gegenteil eine Einstrahlung. Dies tritt z. B. über Schneeflächen oft ein, wenn diese in nicht allzugroßen Seehöhen bis in den Frühsommer hinein liegen bleiben.

Messungen der langwelligen Strahlungsbilanz liegen nur für die Nachtstunden vor, wo mit dem Strahlungsbilanzmesser ausschließlich die langwellige Bilanz erfaßt wird. Hiebei zeigt es sich, daß neben wärmeren Wasserflächen fester kahler Boden die höchsten negativen Bilanzwerte ergibt. Geringer sind die Werte über lockerem Boden und über vegetationsbedeckten Flächen. In letzterem Falle treten je nach Art der Vegetation größere Unterschiede auf. Hier können nur Tagessummen der langwelligen Strahlungsbilanz angegeben werden.

Im Durchschnitt aller Tage ergeben sich für Wien und Umgebung für die Bodenarten: Wasser (Donaustrom), fester Boden (vegetationslos) und Schnee die in Tabelle 57 enthaltenen Tagessummen der langwelligen Strahlungsbilanz.

Tabelle 57: *Tagessummen der langwelligen Strahlungsbilanz bei den durchschnittlichen Bewölkungsverhältnissen im Raume von Wien über Schnee, festem Boden und dem Donaustrom*

(cal/cm^2)

	I.	II.	III.	IV.	V.	VI.	VII.	VIII.	IX.	X.	XI.	XII.
Schnee	−56	−59	−71	—	—	—	—	—	—	—	−41	−39
Fester Boden	−71	−84	−107	−122	−150	−154	−158	−154	−130	−109	−61	−71
Donau	−122	−123	−117	−90	−94	−86	−90	−105	−123	−114	−93	−97

Aus der Tabelle ist zu entnehmen, daß die Schneeflächen die niedrigsten Tagessummen der langwelligen Strahlungsbilanz, welche meist negativ sind, aufweisen, somit auch die geringste Ausstrahlung. Der Ausstrahlungsverlust des festen Bodens ist im Winter geringer, im Sommer hingegen größer als bei Wasser.

Der Einfluß der Seehöhe auf die Tagessummen der langwelligen Strahlungsbilanz ist gering. Bei einer einheitlich mit 5/10 angenommenen Bewölkung ergibt sich für vegetationslosen festen Boden die langwellige Bilanz wie folgt:

Seehöhe	200 m	1000 m	2000 m	3000 m	
Jänner	−120	−119	−118	−117	$cal/cm^2\ Tag$
Juli	−168	−153	−153	−154	$cal/cm^2\ Tag$

Örtliche oder regionale Werte der langwelligen Strahlungsbilanz können nur gebildet werden, wenn man die für diese Stellen, bzw. Gebiete festgestellten Bewölkungs-, bzw. Sonnenscheinverhältnisse berücksichtigt.

Der Einfluß der Horizontüberhöhung auf die langwellige Strahlungsbilanz kann auf Grund vorliegender Berechnungsmethoden abgeschätzt werden (53). Tabelle 58 bringt Richtwerte hiefür.

Tabelle 58: *Langwellige Strahlungsbilanz an Stellen mit überhöhtem Horizont in Prozenten des Wertes von Punkten mit freiem Horizont* (53)

Horizontüberhöhung	5°	10°	15°	20°	30°	45°
Mulden	100	98	96	92	79	55
Täler	100	98	97	95	90	75

Diese Werte gelten unter der Annahme, die den Horizont überhöhenden Berghänge oder sonstigen Flächen hätten die gleiche Temperatur wie der Boden, für den die Strahlung berechnet wird. Bei größeren Entfernungen der Horizontüberhöhungen vom Meßort macht sich die Strahlung der dazwischen liegenden Luft bemerkbar, so daß die Wirkungen der Horizontüberhöhung für Talbreiten von 50 m um etwa 25%, für solche von 100 m um 40% und über 200 m um etwa 60% zu vermindern sind. Sind die überhöhenden Hänge mehr als 1000 m vom Beobachtungspunkt entfernt, so ist die Verminderung der negativen Bilanz praktisch schon ganz zu vernachlässigen. Die Berechnung der Wirkung überhöhter Horizonte erfolgte unter Annahme eines mittleren Dampfdruckes von 5·4 mm. Bei höherem Dampfdruck (Sommer) wird die Wirkung der Abschirmung kleiner, bei niedrigerem Dampfdruck (Winter) größer. Diese Abweichungen kann man im allgemeinen vernachlässigen, weil die Berechnungen der Gegenstrahlung und daher auch die der langwelligen Bilanz in Tälern und Mulden schon wegen der dort häufig abnormalen Temperaturschichtung nur überschlagsweise erfolgen können.

Die langwellige Bilanz geneigter Hänge kann wie folgt in Prozenten jener einer horizontalen Fläche abgeschätzt werden (53):

Neigung	10°	20°	30°	40°
	99%	95%	90%	83%

Die Gesamtstrahlungsbilanz

Die Summe der positiven kurzwelligen und der meist negativen langwelligen Strahlungsbilanz ergibt die Gesamt-Strahlungsbilanz (kurz: „Strahlungsbilanz"). Die Strahlungsbilanz einer Oberfläche ist abhängig:

1. von der Globalstrahlung und der Gegenstrahlung (Trübungsgrad der Atmosphäre, Bewölkung, Seehöhe, Lufttemperatur, Dampfdruck, Sonnenhöhe),
2. von der orographischen Lage (Horizontüberhöhung, Neigung der Fläche),
3. von der Art und Beschaffenheit der Oberfläche (Albedo, Ausstrahlungsvermögen, Oberflächentemperatur).

Die Intensitäten der an der Strahlungsbilanz beteiligten Komponenten werden vielfach nicht richtig eingeschätzt. Die Summen der langwelligen Gegenstrahlung und Ausstrahlung erreichen meist höhere Werte als die Globalstrahlung (siehe Abb. 18). Da diese beiden langwelligen Strahlungen aber mit Temperaturänderungen annähernd in gleichem Ausmaß schwanken und gegeneinander gerichtet sind, ist die langwellige Strahlungsbilanz dem Betrag nach nicht sehr hoch und hält sich innerhalb gewisser Grenzen.

Der Einfluß der Globalstrahlung und der Gegenstrahlung auf die Strahlungsbilanz kann am einfachsten vor Augen geführt werden, wenn man die Strahlungsbilanz einer bestimmten Oberfläche in Abhängigkeit vom Bewölkungsgrad betrachtet. In Abb. 18 sind die Verhältnisse für festen Boden in 200 m Seehöhe für den Monat Juli dargestellt. Der Bewölkungseinfluß auf die Globalstrahlung ist größer als jener auf die Gegenstrahlung, der im entgegengesetzten Sinne verläuft. Aus diesem Grunde nimmt die Strahlungsbilanz mit zunehmender Bewölkung ab, d. h. daß tagsüber die positive, nach Sonnenuntergang die negative Bilanz bei zunehmender Bewölkung geringere Werte annimmt.

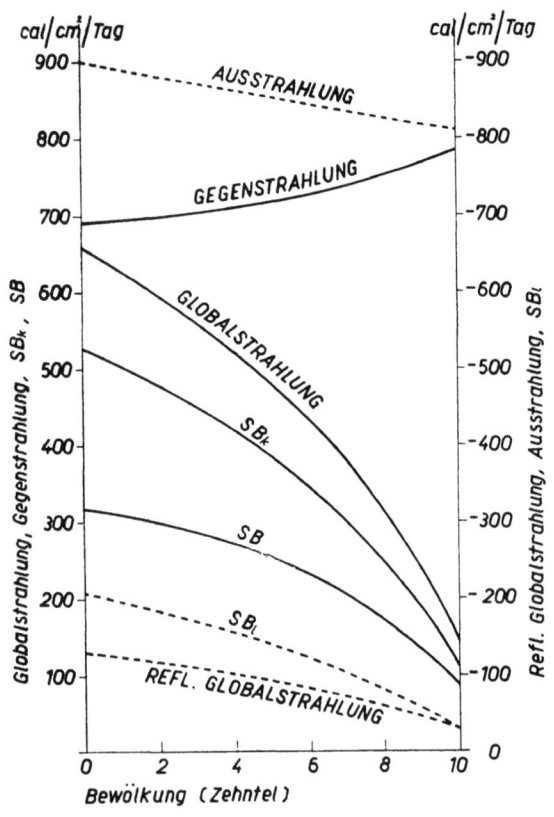

Abb. 18: Die Komponenten der Strahlungsbilanz einer kahlen Bodenfläche in 200 m Seehöhe im Juli bei verschiedenen Bewölkungsgraden. Schematisierte Darstellung der Ausstrahlung, der Gegenstrahlung, der Globalstrahlung, der kurzwelligen Strahlungsbilanz (SB_k), der Strahlungsbilanz (SB), der langwelligen Strahlungsbilanz (SB_l) und der reflektierten Globalstrahlung

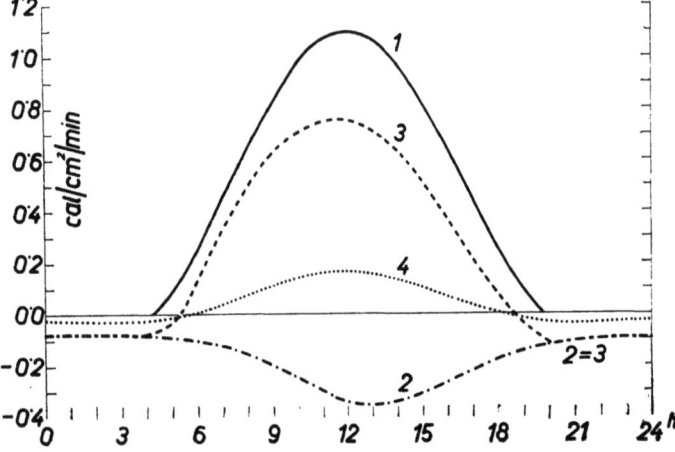

Abb. 19: Tagesgang der kurzwelligen Strahlungsbilanz (1), der langwelligen Strahlungsbilanz (2) und der Gesamt-Strahlungsbilanz bei wolkenlosem (3) und bei bedecktem Himmel (4) im Juli. Schematisierte Kurven für 200 m Seehöhe

Der vorherrschende Einfluß der Globalstrahlung bringt auch eine Zunahme der Strahlungsbilanz mit der Seehöhe. Dies ist schon daraus zu verstehen, daß die Globalstrahlung und somit auch die kurzwellige Bilanz mit der Seehöhe zunimmt, die langwellige Bilanz aber kaum eine nennenswerte Abnahme zeigt.

Tages- und Jahresgang der Globalstrahlung bewirken auch entsprechende Gänge der Strahlungsbilanz. In der Abb. 19 sind für festen Boden (Juli) die Tagesgänge der kurzwelligen und der langwelligen Bilanz an wolkenlosen Tagen dargestellt, ebenso der sich daraus ergebende Tagesgang der Gesamt-Strahlungsbilanz. In diesem Falle kann man eine deutliche Asymmetrie des Tagesganges feststellen, welche auf die mit der Oberflächentemperatur parallelgehende Ausstrahlung zurückzuführen ist. Vergleichsweise ist in der Abbildung auch der Tagesgang der Bilanz an sonnenlosen Tagen eingezeichnet. Zahlenmäßige Angaben über die Bilanzen an wolkenlosen und bedeckten Julitagen über festem Boden sind in der Tabelle 59 enthalten.

Tabelle 59: *Tagesgang der kurzwelligen, langwelligen und Gesamt-Strahlungsbilanz über festem Boden im Juli in 200 m Seehöhe*

(Werte in $mcal/cm^2\ min$)

Bewölkung	Bilanz	2	4	6	8	10	12	14	16	18	20	22	24^h
wolkenlos	SB$_k$	—	—	232	640	960	1098	960	640	232	—	—	—
	SB$_l$	−80	−80	−107	−154	−259	−344	−344	−269	−183	−114	−101	−84
	SB	−80	−80	125	486	701	754	616	371	49	−114	−101	−84
bedeckt	SB$_k$	—	—	51	127	202	237	202	127	51	—	—	—
	SB$_l$	−23	−25	−33	−41	−66	−71	−71	−62	−46	−39	−26	−24
	SB	−23	−25	18	86	136	166	131	65	5	−39	−26	−24

Der asymmetrische Tagesgang ist für die Bilanz über Bodenarten mit einem starken Temperaturgang charakteristisch. Oberflächen mit geringen Temperaturschwankungen, wie vor allem Seen und Fließgewässer zeigen einen fast symmetrischen Tagesgang der Strahlungsbilanz. Je nach Beschaffenheit der Oberfläche und Witterung wird die Strahlungsbilanz an Orten mit freiem Horizont erst 15 bis 60 Minuten nach der Zeit des astronomisch möglichen Sonnenaufganges positiv und schon 20 bis 80 Minuten vor dem Sonnenuntergang negativ (54). An Plätzen mit überhöhtem Horizont wird die Bilanz gleich bei Sonnenaufgang positiv, wenn die Horizontüberhöhung mehr als etwa 15° beträgt; ähnlich liegen die Verhältnisse bei verfrühtem Sonnenuntergang, wobei sofort höhere Beträge einer negativen Bilanz eintreten. Bei bewölktem, bzw. bedecktem Himmel sind meist ähnliche Übergangszeiten der Bilanz zu finden (55).

In den Zeiten der negativen Strahlungsbilanz erfolgt bei gleichbleibenden Bewölkungsverhältnissen im Laufe der Nacht meist ein Abfall der negativen Strahlungsbilanz um 10 bis 15% des Wertes nach Sonnenuntergang.

Was den Einfluß der orographischen Lage eines untersuchten Platzes betrifft, sei vor allem auf die eben erwähnte Verlängerung der Zeiten der negativen Strahlungsbilanz bei Horizontüberhöhung hingewiesen. Die Verringerung der negativen langwelligen Bilanz durch eine Horizontüberhöhung wirkt diesem Effekt aber entgegen, so daß die Verschlechterung der Bilanz nicht so groß ausfällt. An geneigten Hängen ist die Bilanz günstiger, bzw. ungünstiger als über horizontalen Stellen, wenn eine Neigung gegen südliche, bzw. gegen nördliche Richtung vorhanden ist.

Oberflächen mit niedrigen Temperaturen haben eine geringe Ausstrahlung und daher eine günstige Strahlungsbilanz. Eine gewisse Rolle spielt das Emissions-, bzw. Reflexionsvermögen für die langwellige Strahlung. Von größter Bedeutung ist aber die Albedo. So wurden z. B. auf dem Sonnblick an nebeneinander liegenden Stellen mit verschiedener Albedo folgende sehr unterschiedliche Tagesbilanzen gemessen:

Sonnblick, zweite Augusthälfte, heitere Tage

Neuschnee	Altschnee	unreiner Firn	Eis	sehr unreines Eis		
35	197	237	327	481	cal/cm^2	(45)

Die Strahlungsbilanz erreicht höhere positive Werte:

1. bei intensiver Globalstrahlung und Gegenstrahlung (geringere Trübung, größere Seehöhe, höhere Temperatur, geringere Wolkenmenge, bzw. wolkenloser Himmel),

2. bei geringerer Horizontüberhöhung, bzw. freier Lage und gegen Süden gerichteter Neigung der Fläche,

3. bei geringer Albedo, niedrigerer Temperatur und geringerem Emissionsvermögen der Oberfläche.

Es ist aber durchaus nicht einfach, die Eigenarten verschiedener Bodenflächen richtig einzuschätzen. Insbesondere können die wirksame Oberflächentemperatur und das Emissionsvermögen oft sehr schwer abgeschätzt werden, so daß besonders vegetationsbedeckte Flächen schwer berechenbare, sehr unterschiedliche Strahlungs-Bilanzen aufweisen können.

Dies zeigt folgendes Beispiel:

Gleichzeitige Werte der positiven Strahlungsbilanz an heiteren Septembertagen in Lunz am See, Niederösterreich (Werte in Prozenten der Bilanz über dem Bach) (54)

Kaltes Bachwasser	100%
Lunzer Untersee	95
Gras (Dactylis), 40 cm hoch, frisch	83
Ackerboden	82
Krautköpfe (30 cm Durchmesser)	79
Alpensauerampfer (Rumex alp.) 40 cm	75
Kurzes Gras ohne Moos	72
Moosunterwucherte Wiese	67
Kiesweg, hell	62
Fester Weg, hell	60

Die durchschnittlichen Maxima der positiven Strahlungsbilanz bei heiterem Wetter betrugen über festem Boden in Lunz folgende Prozentwerte der Bilanz von Wasserflächen:

Frühling	Sommer	Herbst	Winter, schneefrei	Winter, Schneedecke
76	75	82	95	37%

Bei geschlossener Wolkendecke betrugen in Lunz die durchschnittlichen Maxima der positiven Strahlungsbilanz

über Wasser	über festem Boden	über Schnee
22·6%	20·4%	20·0%

der Strahlungsbilanz bei heiterem Wetter.

Die hier angedeuteten Einflüsse der Bodenbeschaffenheit auf die Strahlungsbilanz machen eine regionale Aufnahme der Strahlungsbilanz in Österreich äußerst schwierig. Für solche Zwecke muß zunächst der Bodeneinfluß ausgeschaltet werden, so daß dann nur die Einflüsse von Sonnenscheindauer, bzw. Bewölkung, Seehöhe, Horizontüberhöhung und Hangrichtung und -neigung maßgebend sind. Die Hangeinflüsse können derart mannigfaltig sein, daß sie nicht berücksichtigt werden können und man allgemeine Übersichten auf horizontale Flächen beziehen muß. In Tabelle 60 ist eine allgemeingehaltene Übersicht über die kurzwellige, die langwellige und die Gesamt-Strahlungsbilanz in 400 und 1200 m Seehöhe für die Monate März, Juni und Dezember enthalten. Die Angaben für den Monat März sollen die Auswirkung der mit der Seehöhe zu diesem Zeitpunkt sehr variierenden Schneebedeckung des Bodens aufzeigen. Die Strahlungsverhältnisse in 400 m Seehöhe sind nur für freien Horizont dargestellt, für 1200 m sind außerdem auch Angaben für eine Horizontabschirmung (Mulden) von 10 und 30° angeführt, weil in diesen Seehöhen Lagen mit freiem Horizont selten vorkommen. Für jede Spalte sind zwei Werte angegeben, welche den in den betreffenden Höhenlagen im Mittel vorkommenden Höchst- und Mindestwerten der Sonnenscheindauer (siehe Kapitel „Sonnenschein") Rechnung tragen. Als Unterlage für diese Berechnungen wurde einheitlich fester, grasbewachsener Boden mit einer Albedo von 20% bei Berücksichtigung der durchschnittlichen Schneedeckenverhältnisse angenommen. Hiebei liegen die Verhältnisse im Juni am einfachsten, weil in diesem Monat mit keiner

Schneelage zu rechnen ist. Im Dezember wurde, entsprechend der Häufigkeit einer Schneedecke, für 200 m eine Albedo von 35% und für 1200 m eine solche von 65% angenommen, im März hingegen Werte von 28 und 58%.

Tabelle 60: *Kurzwellige* (SB_k), *langwellige* (SB_l) *und Gesamt-Strahlungsbilanz* (SB) *über kahlem Boden, bzw. über Schnee in 400 und in 1200 m Seehöhe; jeweils ein Wert für Höchstwert und Mindestwert der Sonnenscheindauer*

(Werte in cal/cm^2 pro Tag)

Seehöhe	400 m		1200 m					
Horizontabschirmung	0°		0°		10°		30°	
März								
SB_k	181	191	101	137	99	135	74	100
SB_l	−85	−93	−84	−106	−82	−104	−67	−87
SB	96	98	17	31	17	31	7	13
Juni								
SB_k	398	450	405	485	392	470	340	407
SB_l	−123	−133	−100	−138	−98	−135	−80	−110
SB	275	317	305	347	294	335	260	297
Dezember								
SB_k	45	55	34	40	31	36	16	19
SB_l	−39	−64	−69	−92	−67	−90	−54	−74
SB	6	−9	−34	−52	−36	−54	−38	−55

Einer anderen Art der Bestimmung entspricht Tabelle 61. Hier wurden für 43 verschiedene, mit einem Sonnenscheinschreiber ausgestattete, in Tälern oder Talbecken liegende Stationen zwischen 400 und 1900 m Seehöhe, wieder für die Monate März, Juni und Dezember, folgende Werte bestimmt: Auf- und Untergang der Sonne, mittlere Sonnenscheindauer (in Prozenten der effektiv möglichen), sodann unter Heranziehung der hiefür vorgesehenen Tabelle die Globalstrahlung, die Ausstrahlung und die Gegenstrahlung sowie schließlich auch die Gesamt-Strahlungsbilanz. Die aus den möglichen Auf- und Untergangszeiten der Sonne festgestellten Horizontüberhöhungen wurden dabei berücksichtigt.

Die in Tabelle 61 angegebenen Werte weichen von jenen in der Tabelle 60 im allgemeinen nicht viel ab. Bei den derzeitigen Kenntnissen können solche Angaben begreiflicherweise nur als Schätzung bewertet werden.

Tabelle 61: *Mittlere Strahlungsbilanz für verschiedene Seehöhen in Österreich*
(Angaben für März, Juni und Dezember, abgeleitet nach Berechnungen für 43 verschiedene Stationen. Werte in cal/cm^2 pro Tag)

Seehöhe, m	400	500	750	1000	1250	1500
März	90	66	50	50	51	52
Juni	290	292	300	313	326	340
Dezember	−9	−14	−25	−31	−32	−31

Das Lichtklima

1. Vorbemerkungen

Neben dem im kalorischen Maß ausgedrückten Strahlungsklima ist das Lichtklima von großer Bedeutung. Unter „Licht" im eigentlichen Sinne versteht man jenen Teil des Spektrums, der dem menschlichen Auge unmittelbar wahrnehmbar ist, also den Bereich von etwa 400 bis 760 $m\mu$. Hiebei ist aber zu bedenken, daß dieser Wellenlängenbereich durchaus nicht gleichmäßig wahrnehmbar ist. In der Abb. 1 ist die spektrale Augenempfindlichkeit des Menschen dargestellt. Dieser Kurve ist zu entnehmen, daß das Maximum der Empfindlichkeit bei 555 $m\mu$, also im Grün liegt, und daß die Empfindlichkeit bis zu Wellenlängen von 430 (blau) und 685 $m\mu$ (rot) schon auf 1% abgesunken ist. Demnach muß die objektive Feststellung von Lichtintensitäten in einem den spektralen Eigenarten der Augenempfindlichkeit entsprechenden Maß gemessen werden. Die gebräuchlichste Lichteinheit ist die Hefnerkerze (HK), welche durch eine mit Amylacetat gespeiste „Normallampe" definiert ist. Seit dem 1. Jänner 1941 ist die „Neue Kerze" als Lichtmaß eingeführt. Sie ist durch die Leuchtdichte des schwarzen Körpers bei der Erstarrungstemperatur des Platins (2047° K) definiert, welche 60 „Neue Kerzen" (NK) pro cm^2 beträgt. Die Umrechnungszahl von HK in NK ist etwas von der Temperatur des Strahlers abhängig. Der Mittelwert ist 1 NK = 1·1 HK. Im nachfolgenden wird einheitlich die ältere Einheit der Hefnerkerze verwendet. Klimatologisch interessieren die Beleuchtungsstärken von Flächen, auf deren Behandlung wir uns hier beschränken müssen. Die Einheit der Beleuchtungsstärke ist, im hier verwendeten Maß betrachtet, das „Hefnerlux" (lx), d. i. jene Beleuchtungsstärke, welche durch eine in einem Abstand von 1 m aufgestellte Lichtquelle von 1 HK bei senkrechtem Strahleneinfall hervorgerufen wird.

In Analogie zur Globalstrahlung kann man die Beleuchtungsstärke einer horizontalen Fläche durch Sonnen- und Himmelslicht auch als Globalbeleuchtungsstärke bezeichnen. Da eine Trennung in die Wirkung von Sonnen- und Himmelslicht aus Mangel an Meßergebnissen ohnehin nur vereinzelt möglich ist, muß hier fast ausschließlich die Globalbeleuchtungsstärke behandelt werden.

Infolge des Umstandes, daß die Definition der Lichteinheit auf einen physiologischen Strahlungsempfänger, das menschliche Auge, bezogen wird, ist bei der Lichtmessung im vorhinein mit einer erheblich geringeren Genauigkeit zu rechnen als bei der streng physikalischen Strahlungsmessung. Auf Grund theoretischer Überlegungen und nach kritischer Sichtung der vorhandenen Meßresultate wird an der Grenze der Erdatmosphäre ein wahrscheinlichster Wert für die Beleuchtungsstärke von 140.000 lx angenommen (57). Es handelt sich dabei ausschließlich um die Wirkung der direkten Sonnenstrahlung, der primären Quelle aller natürlicher Lichtstrahlung von praktischer Bedeutung. Durch die in der Erdatmosphäre hauptsächlich auf Zerstreuung zurückzuführende Schwächung des Sonnenlichtes geht die Globalbeleuchtungsstärke am Grund der Atmosphäre auf etwa 88.000 lx bei 45° Sonnenhöhe zurück (bei wolkenlosem Himmel).

Abgesehen von gewissen, aus der geographischen Längenerstreckung resultierenden Zeitunterschieden, können die Lichtverhältnisse für Österreich großräumig als einheitlich gegeben betrachtet werden. Variationen in der Globalbeleuchtungsstärke sind demnach nur regionaler oder örtlicher Natur. Solche Unterschiede in der Globalbeleuchtungsstärke sind im wesentlichen auf folgende Ursachen zurückzuführen:

1. Unterschiede in der Seehöhe,
2. Bewölkungsverhältnisse,
3. Horizontüberhöhung (Reflexionswirkung),
4. regionale und örtliche Trübung der Atmosphäre.

Ausgehend von diesen Beeinflussungen soll nun das Lichtklima Österreichs behandelt werden.

Leider sind die vielen in Österreich früher angestellten Lichtmessungen quantitativ hier nicht verwendbar, weil sie mit heute als unzulänglich angesehenen Meßmethoden ausgeführt wurden. Sie können bestenfalls teilweise für relative Vergleiche herangezogen werden. Für die unmittelbare Verarbeitung stehen lediglich die auf dem Turm der Zentralanstalt für Meteorologie und Geodynamik in Wien-Hohe Warte seit 1937 laufenden Registrierungen der Globalbeleuchtungsstärke mit Photoelementen zur Verfügung, wobei aber auch nur die nach 1945 erfolgten streng kontrolliert und an ein Weber-Photometer angeschlossen sind. Diese (58), (59) bestätigen die theoretisch gefundenen Werte (57), die für ungestörtes Gelände gelten sollen und daher etwas über den in Wien-Hohe Warte gewonnenen liegen. Es sollen zunächst die Verhältnisse in niedrigen Lagen dargestellt werden, hierauf die Einflüsse der Seehöhe und schließlich die Verhältnisse an Orten mit überhöhtem Horizont. Dabei wird noch nach den verschiedenen Bewölkungsgraden unterschieden.

2. Die Lichtverhältnisse

a) Wolkenloser Himmel

Für Plätze mit geringen Seehöhen, an denen keine nennenswerten Luftverunreinigungen auftreten, kann bei wolkenlosem Himmel mit den auf Grund der theoretischen Angaben berechneten Tagesgängen der Globalbeleuchtungsstärke gerechnet werden, die in Tabelle 62 enthalten sind.

Tabelle 62: *Tagesgänge der Globalbeleuchtungsstärke in geringen Seehöhen bei wolkenlosem Himmel*

(Werte in Kilolux nach MOZ)

Stunde	4 20	5 19	6 18	7 17	8 16	9 15	10 14	11 13	12^h
Jänner	—	—	—	—	3·0	14·2	26·6	34·8	37·0
Februar	—	—	—	1·3	13·3	28·9	42·2	53·2	55·2
März	—	—	0·1	11·9	30·6	49·8	65·0	75·1	78·0
April	—	0·2	10·0	29·5	51·8	71·5	86·6	96·1	99·3
Mai	—	5·2	22·4	43·6	65·5	85·0	99·6	109·9	112·6
Juni	0·1	10·6	29·0	51·8	72·8	90·6	105·0	113·3	116·5
Juli	—	8·8	26·9	48·9	69·9	88·6	103·3	112·2	114·0
August	—	0·9	15·2	35·8	58·3	76·5	93·0	102·0	105·0
September	—	—	2·5	18·2	39·3	58·7	74·6	83·7	87·5
Oktober	—	—	—	4·4	19·7	37·6	52·2	61·5	64·5
November	—	—	—	0·1	6·5	18·9	30·9	40·2	43·0
Dezember	—	—	—	—	0·8	10·2	21·2	30·1	32·4

In Tabelle 63 sind Tagessummen der Globalbeleuchtungsstärke in Kiloluxstunden angegeben, die für wolkenlosen Himmel aus den Registrierungen von Wien-Hohe Warte erhalten wurden.

Tabelle 63: *Tagessummen der Globalbeleuchtungsstärke an wolkenlosen Tagen für Wien-Hohe Warte (1946 bis 1956)*

(Werte für den 15. jeden Monats in Kiloluxstunden)

Jän.	Feb.	März	April	Mai	Juni	Juli	Aug.	Sept.	Okt.	Nov.	Dez.
179	285	504	680	803	896	858	706	531	357	175	137

Es sei betont, daß es sich bei den Werten von Wien-Hohe Warte um Mittelwerte handelt, und daß zeitweise der Großstadteinfluß fast ganz verschwindet, zeitweise aber wieder sehr stark anwachsen kann. Hiebei spielt die Windrichtung eine große Rolle. Bei schwachem Südostwind geht die Globalbeleuchtungsstärke auf der Hohen Warte oft stark zurück, so daß bei einem Windsprung auf West eine Zunahme um 15 bis 20% eintreten kann. Über den Innenbezirken der Stadt lagert oft, besonders im Winter, ein bräunlicher Dunst, der das Himmelslicht kaum erhöht, hingegen aber das Sonnenlicht sehr stark schwächt. In solchen Fällen geht die Globalbeleuchtungsstärke über Wien erheblich stärker zurück, als die Mittelwerte in der Tabelle 63 angeben, nämlich auf 50 bis 70%.

Der durchschnittliche Anteil des Himmelslichtes an der Globalbeleuchtungsstärke beträgt für wolkenlosen Himmel bei verschiedenen Sonnenhöhen nach (57):

Sonnenhöhe	5°	10°	15°	20°	30°	40°	50°	60°	70°
Anteil des Himmelslichtes, %	83	53	38	31	23	19	17	16	15

Demnach ist das Himmelslicht an den Tagessummen der Globalbeleuchtungsstärke wolkenloser Tage im Winter mit 30 bis 40%, im Sommer mit 20 bis 25% beteiligt. Dies ist bei der Abschätzung des Lichtgenusses beschatteter Stellen zu beachten. Hiebei treten allerdings je nach dem Trübungsgrad der Atmosphäre große Unterschiede auf. An Tagen mit sehr reiner Luft beträgt der Anteil des Himmelslichtes am Globallicht in Wien-Hohe Warte im Winter oft nur die Hälfte des an Tagen mit starkem Dunst festzustellenden Betrages.

Das Licht des wolkenlosen Himmels ist reich an blauen und arm an roten Strahlen (siehe Abb. 1).

b) Bewölkter Himmel

Die Globalbeleuchtungsstärke wird wie die Globalstrahlung durch Bewölkung in zweifacher Weise beeinflußt. Das Sonnenlicht wird teilweise oder ganz abgehalten und das Licht der Himmelsfläche zum Teil oder zur Gänze durch Wolkenlicht ersetzt. Dieses kann nun intensiver oder schwächer sein als das des unbewölkten Himmels, je nachdem es sich um helle oder dunkle Wolken handelt. Meist bedeutet Bewölkung, die nicht ganz geschlossen und dicht ist, einen Lichtgewinn. In geringen Seehöhen ist das Himmelslicht der geschlossenen Wolkendecke, das in diesem Fall der Globalbeleuchtungsstärke entspricht, meist etwas intensiver als jenes des wolkenlosen Himmels. Dies wurde schon bei der Himmelsstrahlung festgestellt, aber da die Lichtstrahlung die Bewölkung besser durchdringt als die Totalstrahlung, ist die in Prozenten der Globalbeleuchtungsstärke bei wolkenlosem Himmel ausgedrückte Globalbeleuchtungsstärke des ganz bedeckten Himmels etwas höher als die Himmelsstrahlung bei solchen Verhältnissen. Die Registrierungen in Wien-Hohe Warte ergaben folgende Prozentwerte für das Verhältnis der Beleuchtungsstärke bei bedecktem Himmel zur Beleuchtungsstärke bei wolkenlosem Himmel:

Monat	I.	II.	III.	IV.	V.	VI.	VII.	VIII.	IX.	X.	XI.	XII.
%	30·8	30·0	28·2	26·3	24·8	25·2	25·2	25·7	26·8	28·8	30·1	30·8

Aus den Ergebnissen der Wiener Registrierungen wurden die in der Tabelle 66 enthaltenen Tagesgänge der Globalbeleuchtungsstärke bei ganz bedecktem Himmel ermittelt.

Die Tabelle 64 bringt Werte der Globalbeleuchtungsstärke bei bedecktem Himmel an Orten ohne lokalen Einfluß von Stadt- oder Industrietrübung. Hiezu ist aber zu bemerken, daß in diesem Falle die Wolkendichte sehr ins Gewicht fällt, und daß daher die Globalbeleuchtungsstärke in Gegenden mit durch Stauerscheinungen verdichteter Bewölkung, wie z. B. am Alpennordrand, im Durchschnitt etwas geringer sein dürfte. Anderseits können Leewirkungen höhere Werte verursachen.

Tabelle 64: *Tagesgänge der Globalbeleuchtungsstärke in geringen Seehöhen bei geschlossener Wolkendecke*

(Werte für den 15. jedes Monats in Kilolux)

Stunde	5 19	6 18	7 17	8 16	9 15	10 14	11 13	12^h
Jänner	—	—	—	0·8	4·1	7·8	10·2	10·8
Februar	—	—	0·4	3·8	8·4	12·4	15·4	16·2
März	—	0·3	3·3	8·3	12·7	17·9	20·7	21·5
April	0·5	2·6	7·7	13·6	18·8	23·0	25·4	26·2
Mai	1·3	5·7	11·3	16·9	22·0	25·8	28·5	29·1
Juni	2·7	7·5	13·3	18·8	23·5	27·1	29·2	30·0
Juli	2·1	6·8	12·2	17·9	22·2	25·9	28·2	27·9
August	0·2	3·8	9·0	14·6	19·1	23·2	25·2	26·3
September	—	0·7	4·9	10·6	15·8	20·0	22·5	23·5
Oktober	—	—	1·4	5·5	10·4	14·6	17·1	18·0
November	—	—	—	1·8	5·6	9·1	11·9	12·8
Dezember	—	—	—	0·2	2·9	6·1	8·7	9·4

Tagessummen der Globalbeleuchtungsstärke bei bedecktem Himmel sind in Tabelle 65 zusammengestellt, in der auch die Werte der Globalbeleuchtungsstärke für die durchschnittlichen Bewölkungsverhältnisse in Wien-Hohe Warte zu finden sind.

Tabelle 65: *Tagessummen der Globalbeleuchtung bei bedecktem Himmel im ungestörten Gelände und in Wien-Hohe Warte, sowie im Mittel aller Tage in Wien (1946 bis 1956)*

(Angaben in Kiloluxstunden, bzw. Prozenten)

	I.	II.	III.	IV.	V.	VI.	VII.	VIII.	IX.	X.	XI.	XII.
Ungestört, bedeckt	57	97	153	210	250	275	260	225	174	118	70	76
Wien-Hohe Warte, bedeckt	46	80	138	173	204	240	235	179	137	94	48	30
Wien-Hohe Warte, % von ungestört	81	83	90	83	82	87	90	80	79	80	68	76
Wien-Hohe Warte, Mittel aller Tage	88	161	295	397	615	635	634	540	416	229	103	63

Ähnlich wie die Himmelsstrahlung zeigt auch der vom Himmel kommende Anteil der Globalbeleuchtungsstärke einen Anstieg mit zunehmender Wolkenbedeckung des Himmels bis zu einem in der Niederung bei 7/10 bis 8/10 liegenden Maximum, von dort weiter gegen 10/10 wieder einen schnellen Abfall.

Die spektrale Zusammensetzung des Himmelslichtes ändert sich mit zunehmender Wolkenbedeckung insofern, als hiebei die Blaustrahlung zurückgeht und die gelben und roten Strahlungsanteile zunehmen. Die Abb. 1 zeigt schematisch die Unterschiede in der Spektralverteilung der Himmelsstrahlung bei wolkenlosem und bei ganz bedecktem Himmel.

Aus dem Zusammenwirken der Einflüsse der Bewölkung auf das Sonnenlicht und auf das Himmelslicht ergibt sich eine Abhängigkeit der Tagessummen der Globalbeleuchtungsstärke von der Bewölkung, die in der Abb. 20 dargestellt ist [vgl. auch (59)]. Es ist daraus zu ersehen, daß im Winter bei mittleren Bewölkungsstufen eine relativ größere Tagessumme erreicht wird als im Sommer.

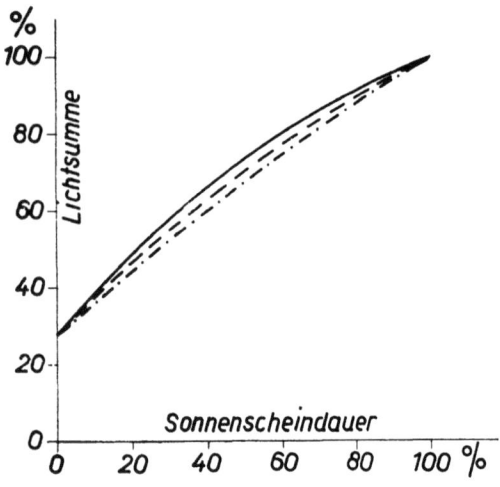

Abb. 20: Abhängigkeit der täglichen Summen der Beleuchtungsstärke von der Sonnenscheindauer in Wien im Winter (———), im Frühling und Herbst (· · · · ·) und im Sommer (········)

Tabelle 66: *Durchschnittliche Tagesgänge der Globalbeleuchtungsstärke 1946 bis 1956 in Wien-Hohe Warte*

(Werte in Kilolux für den 15. jedes Monats, MOZ)

Stunde	5	6	7	8	9	10	11	12	13	14	15	16	17	18	19ʰ
Mittel aller Tage															
Jänner	—	—	—	1·4	5·3	10·3	15·2	17·5	16·5	12·7	6·6	2·2	—	—	—
Februar	—	—	0·3	4·5	11·7	19·7	25·8	28·2	27·4	22·5	14·4	6·3	1·3	—	—
März	—	0·7	5·5	13·4	24·8	34·6	41·1	43·9	42·6	37·0	27·4	16·8	6·9	0·1	—
April	—	6·3	16·6	30·1	43·3	52·0	58·0	59·1	54·6	47·7	38·7	27·1	14·0	4·5	—
Mai	3·6	13·6	27·0	41·1	57·7	66·1	73·0	74·6	72·4	63·5	50·5	36·7	23·0	11·0	3·6
Juni	5·9	15·5	28·8	43·8	57·3	68·8	75·3	76·8	73·6	65·9	55·2	43·7	28·7	14·7	4·7
Juli	3·4	12·9	25·9	41·2	55·1	67·7	73·3	75·3	72·9	65·4	55·0	41·4	27·9	14·1	4·3
August	0·6	8·1	20·7	34·2	48·1	59·2	67·5	68·7	66·1	58·7	46·9	33·6	19·6	7·0	—
September	—	2·8	11·9	25·0	38·7	49·6	57·3	59·2	55·5	46·9	35·2	21·4	9·5	1·0	—
Oktober	—	—	3·9	12·0	22·1	30·7	35·9	37·2	34·2	27·0	17·5	8·0	0·8	—	—
November	—	—	—	3·9	9·2	14·7	18·7	20·0	17·4	15·1	5·8	1·4	—	—	—
Dezember	—	—	—	0·8	4·6	8·9	12·1	13·1	11·5	8·0	3·6	0·4	—	—	—
bei wolkenlosem Himmel															
März	—	1·2	9·8	24·9	44·0	59·6	70·9	75·1	71·2	62·2	46·3	27·8	11·8	1·3	—
Juni	8·5	23·0	42·6	61·1	77·9	92·3	101·9	103·2	100·2	90·7	75·0	57·1	37·3	19·8	6·3
September	—	3·5	13·9	30·8	49·0	63·1	72·7	75·8	72·1	62·0	46·9	28·4	11·7	2·4	—
Dezember	—	—	—	2·1	10·0	18·7	26·2	29·7	26·1	17·6	7·0	0·8	—	—	—
bei bedecktem Himmel															
März	—	—	3·1	7·5	11·4	15·6	19·0	20·0	19·5	17·0	13·0	8·4	4·8	0·2	—
Juni	2·2	6·0	10·6	15·5	19·4	23·2	26·5	28·5	26·4	24·2	21·2	16·2	11·4	7·6	2·8
September	—	1·4	4·0	7·9	13·5	17·0	20·0	20·5	18·4	15·2	11·8	7·0	2·4	0·3	—
Dezember	—	—	—	0·9	2·5	4·8	6·5	7·5	6·6	5·0	2·2	0·6	—	—	—

Zur Ableitung von Durchschnittswerten der Globalbeleuchtungsstärke für verschiedene Orte in niedrigen Seehöhen benötigt man demnach die in der Tabelle 62 enthaltenen Grundwerte für wolkenlosen Himmel, die relative Sonnenscheindauer für die betreffenden Zeitabschnitte und die Kurven der Abb. 20. Die in Wien (Hohe Warte) in den Jahren 1946 bis 1956 registrierten Beleuchtungsstärken (Mittel aller Tage) ergaben die in der Tabelle 66 angegebenen Tagesgänge [vgl. auch die Darstellung in Abb. 21 (60)].

Naturgemäß liefert die Tabelle 66 auch Richtwerte für andere in der Niederung gelegene Gebiete mit ähnlichen Trübungs- und Sonnenscheinverhältnissen wie in Wien.

Die in Tabelle 66 enthaltenen Beleuchtungsstärken stellen Mittelwerte dar, um die die Beleuchtungsstärken an den einzelnen Tagen in sehr weitem Bereich schwanken. Eine Vorstellung von der Veränderlichkeit der Beleuchtungsstärke vermittelt die folgende Zusammenstellung der Schwankungsweiten der Mittagswerte in Wien (60):

März	Juni	September	Dezember
4·2 bis 99·5	4·6 bis 123·2	5·0 bis 105·6	1·6 bis 36·4 Kilolux

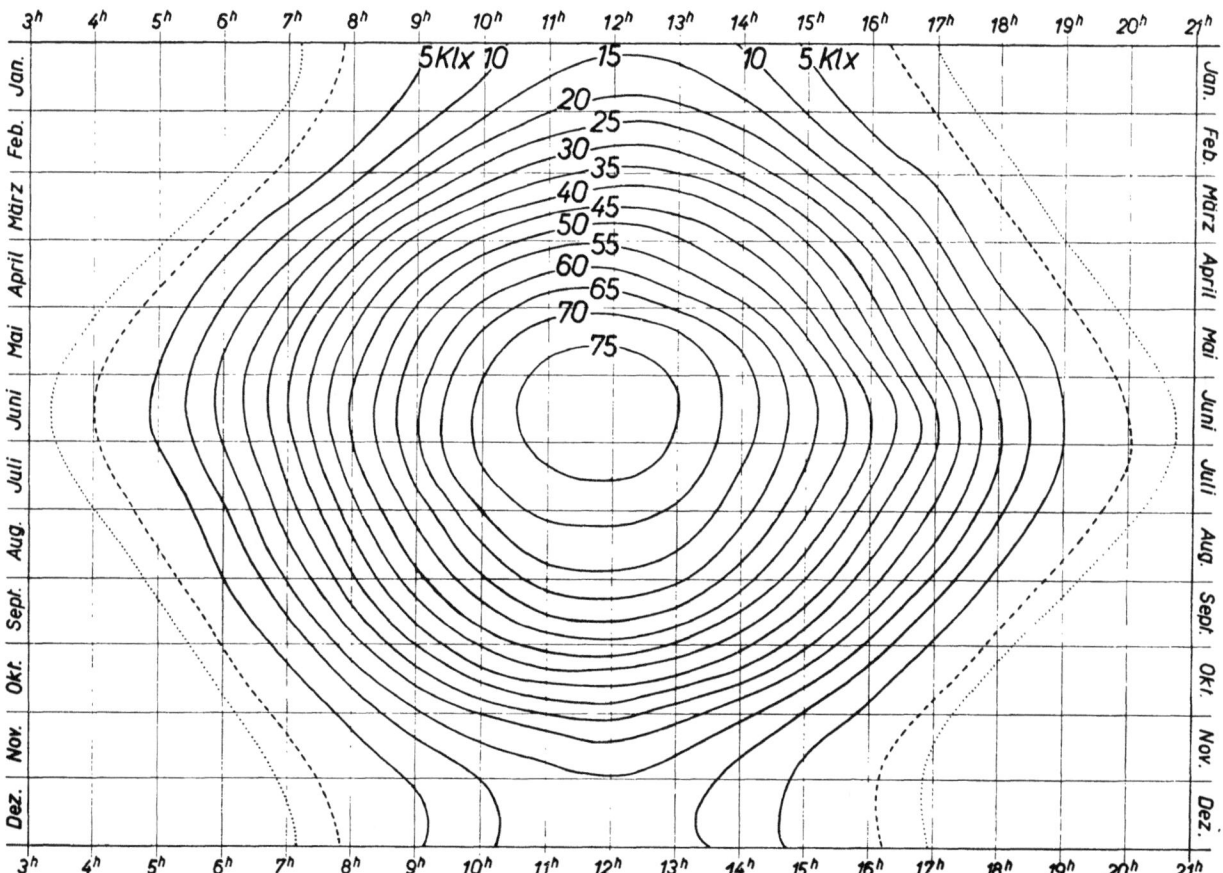

Abb. 21: Isoplethen der Globalbeleuchtungsstärke in Wien-Hohe Warte (1946 bis 1953), Kilolux. Isoplethen in Stufen von je 5 Kilolux. - - - - - = Astronomischer Sonnenauf- und -untergang, ... = Beginn und Ende der bürgerlichen Dämmerung (60)

c) Die Lichtverhältnisse in größeren Seehöhen

Die Einflüsse der Seehöhe auf die Globalbeleuchtungsstärke sind praktisch die gleichen wie auf die Globalstrahlung. Bei wolkenlosem Himmel nimmt mit zunehmender Höhe das Himmelslicht ab, die Wirkung der Sonne aber in stärkerem Maße zu, so daß eine Zunahme der Globalbeleuchtungsstärke eintritt. Bei geschlossener Wolkendecke nimmt die Globalbeleuchtungsstärke mit der Höhe, analog der Himmelsstrahlung bei solchen Verhältnissen, noch stärker zu als bei wolkenlosem Himmel. Die hohen Lichtwerte, welche im Hochgebirge meist auch im Nebel vorhanden sind, sind von großer physiologischer Bedeutung. Dabei ist im Nebel auch eine im Durchschnitt sehr gleichmäßige Richtungsverteilung feststellbar, so daß dort von allen Seiten her fast die gleichen Intensitäten einfallen.

Leider liegen bisher nur wenige brauchbare Beobachtungsergebnisse über die Änderung der Globalbeleuchtungsstärke mit der Seehöhe vor. Aus den Angaben von Siedentopf und Reeger (57) kann man berechnen, daß z. B. im März vom Grund der Atmosphäre bis zu deren Obergrenze eine Zunahme der Globalbeleuchtungsstärke um 18% zu erwarten ist, im Juni eine solche von 13% und im Dezember von 30%. Es sind auch noch die Ergebnisse einiger Lichtmessungen vom Flugzeug und vom Ballon aus vorhanden, sowie vereinzelte Messungen an verschiedenen Orten außerhalb Österreichs. Auf Grund dieser Unterlagen wurden die in der Tabelle 67 verzeichneten Tagessummen der Globalbeleuchtungsstärke für Seehöhen von 1000, 2000 und 3000 m berechnet, u. zw. für wolkenlosen und für ganz bedeckten Himmel. Für dazwischen liegende Bewölkungsstufen kann ohne große Fehler linear interpoliert werden.

Tabelle 67: *Tagessummen der Globalbeleuchtungsstärke in verschiedenen Seehöhen für den 15. jeden Monats*

(Werte in Kiloluxstunden für wolkenlosen und ganz bedeckten Himmel)

Monat	I.	II.	III.	IV.	V.	VI.	VII.	VIII.	IX.	X.	XI.	XII.
Seehöhe m	wolkenlos											
1000	226	370	585	844	1034	1110	1080	934	714	461	272	185
2000	238	383	609	875	1070	1150	1122	966	742	487	285	198
3000	244	392	619	895	1095	1171	1142	992	752	495	294	204
	geschlossene Wolkendecke											
1000	73	124	195	268	320	350	332	288	223	151	90	59
2000	97	165	260	367	425	467	442	382	295	200	119	78
3000	120	202	320	440	523	576	545	471	365	248	147	97

Überschlagsmäßig können Tagesgänge der Globalbeleuchtungsstärke in verschiedenen Seehöhen in einfacher Weise berechnet werden, wenn man die in Tabelle 62 enthaltenen Stundenwerte mit den in Tabelle 68 wiedergegebenen Verhältniszahlen multipliziert.

Tabelle 68: *Verhältniszahlen der Globalbeleuchtungsstärke bei wolkenlosem Himmel in verschiedenen Seehöhen zur Globalbeleuchtungsstärke in der Niederung (200 m)*

Seehöhe m	I.	II.	III.	IV.	V.	VI.	VII.	VIII.	IX.	X.	XI.	XII.
1000	1·15	1·12	1·09	1·07	1·06	1·05	1·06	1·07	1·09	1·11	1·14	1·16
2000	1·21	1·16	1·13	1·11	1·10	1·09	1·10	1·11	1·13	1·16	1·19	1·24
3000	1·24	1·19	1·15	1·13	1·12	1·11	1·12	1·14	1·15	1·18	1·23	1·27

Die Tagesgänge der Globalbeleuchtungsstärke bei ganz bedecktem Himmel in verschiedenen Seehöhen erhält man durch Multiplikation der in Tabelle 64 angegebenen Werte mit folgenden, einheitlich für alle Monate geltenden Verhältniszahlen:

Seehöhe, m	1000	2000	3000
Faktor	1·28	1·70	2·10

Für dazwischen liegende Seehöhen kann linear interpoliert werden.

d) Einfluß der Reflexion von verschiedenen Oberflächen

Alle bisherigen Ausführungen über das Lichtklima bezogen sich auf ungestörte Einstrahlung ohne Berücksichtigung der Lichtreflexion von Oberflächen. Diese hat aber oft einen nicht unbedeutenden Einfluß. Das Reflexionsvermögen für Tageslicht beträgt für verschiedene Oberflächen in Prozent des auffallenden Lichtes:

Erde .... 6—16%	Gesteine .... 15—45%	Firn .... 25—50%
Wiesen .... 5—15%	Mauerwerk......... 10—65%	Gletschereis .... 10—35%
Sand .... 10—25%	Altschnee .... 40—75%	Wasser (bei diffuser
Wälder .... 4—15%	Neuschnee .... 75—90%	Einstrahlung) .... 4— 7%

Wasser bei Sonnenstrahlung: siehe Albedowerte Seite 63.

Die Reflexion an horizontalen Oberflächen kann sich auf die Globalbeleuchtungsstärke auswirken, wenn es sich um stark reflektierende Oberflächen, so besonders um Schnee handelt, weil die Lichtzerstreuung in der bodennahen Luft, die als Folge der stärkeren Bodenreflexion auftritt, eine gewisse Erhöhung der Globalbeleuchtungsstärke verursacht. Bei wolkenlosem Himmel kann eine Erhöhung um einige Prozente der ursprünglichen Globalbeleuchtungsstärke eintreten. Bei Vorhandensein von Wolkendecken entsteht eine mehrfache Reflexion zwischen Oberfläche und Wolkendecke, welche besonders bei Neuschnee und im Gebirge ein Anwachsen der Globalbeleuchtungsstärke um 10 bis 20% verursachen kann. Diese Erscheinung wirkt bei der Entstehung der hohen Einstrahlungswerte bei bedecktem Himmel in größeren Höhen mit.

Die Lichtreflexion am Boden macht sich in zwei Fällen besonders bemerkbar, nämlich bei der auf geneigte Flächen auffallenden Lichtstrahlung und bei einer Horizontüberhöhung.

Die Beleuchtungsstärke an vertikalstehenden Flächen („Vorderlicht") ist bei ganz bedecktem Himmel ohne Sonnenschein im Durchschnitt nach allen Richtungen ziemlich gleich und beträgt rund 40% der Globalbeleuchtungsstärke. Bei wolkenlosem Himmel und Sonnenschein können ähnliche Verhältnisse angenommen werden wie bei der Globalstrahlung (siehe Abb. 16).

Hiebei handelt es sich um Flächen, die keinen nennenswerten Einflüssen der Bodenreflexion unterworfen sind. Sind reflektierende Flächen vorhanden, so können bedeutende Erhöhungen festgestellt werden, so insbesondere am Ufer von Gewässern mit glatten Oberflächen. Die größte Verstärkung tritt dann bei geringen Sonnenhöhen an gegen Süd gerichteten vertikalen Flächen auf.

e) Der Einfluß von Horizontüberhöhungen

Horizontüberhöhungen bedingen wie bei der Globalstrahlung im allgemeinen auch eine Verminderung der Beleuchtungsstärke. Zunächst ist in den Zeiten, in denen die Sonne schon über dem astronomischen Horizont steht, vom Beobachtungsort aber noch oder schon wieder durch die Horizontüberhöhungen abgehalten wird, nur das Himmelslicht vorhanden. Anderseits wird das Himmelslicht insofern verändert, als von allen Partien mit Horizontüberhöhung an Stelle des abgehaltenen Himmelslichtes die Reflexstrahlung von den überhöhenden Objekten wirksam ist. Diese kann bei stark reflektierenden Oberflächen größer sein als das abgehaltene Himmelslicht. In den meisten Fällen, insbesondere dann, wenn die den Horizont erhöhenden Flächen mit Pflanzen bedeckt sind, bedeutet aber die Überhöhung des Horizontes eine Verminderung des Himmelslichtes. Demnach verursachen Horizontüberhöhungen nicht zu großen Ausmaßes im Winter, besonders in größeren Seehöhen, örtlich zeitweise eine Erhöhung der Globalbeleuchtungsstärke, sonst aber in niedrigen Lagen meist eine Verminderung.

Die derzeit vorliegenden Untersuchungen erlauben es noch nicht, zahlenmäßig exakte Angaben über das Ausmaß der Beeinflussung der lichtklimatischen Verhältnisse durch

Horizontüberhöhungen zu machen. Einige Anhaltspunkte kann man aber gewinnen, wenn man Sonnen- und Himmelslicht getrennt betrachtet. Den Verlust des Sonnenanteiles an der Globalbeleuchtungsstärke kann man hinlänglich genau abschätzen, wenn man die Auf- und Untergangszeiten der Sonne kennt. In diesem Fall kann mit der Tabelle 16 reduziert werden. Über die Schwächung des Himmelslichtes in Abhängigkeit von der Horizontüberhöhung und vom Bewölkungsgrad unterrichtet Tabelle 69. Bei der Berechnung der Tabelle 69 wurde für den Winter angenommen, die Hänge seien schneebedeckt.

Tabelle 69: *Himmelslicht an Punkten mit überhöhtem Horizont in Prozenten des Himmelslichtes in freien Lagen gleicher Seehöhe*

Abschirmungswinkel	5	10	15	20	25	30	35	40	45	50°
	wolkenlos									
Winter	99	98	95	91	87	82	79	75	72	69
Frühling, Herbst	99	97	92	86	79	70	58	49	42	34
ommer	99	97	93	90	85	79	73	66	58	51
	halb bedeckt									
Winter	99	98	96	94	91	87	84	79	77	74
Frühling, Herbst	99	98	94	90	84	77	68	61	54	46
Sommer	99	98	95	92	87	82	76	69	61	54
	bedeckt									
Winter	100	99	98	97	95	93	89	86	83	79
Sommer, Frühling, Herbst	100	99	97	94	90	85	79	73	65	58

3. Die Beleuchtungsverhältnisse während der Dämmerung

Von großer praktischer Bedeutung sind mitunter die in den Zeiten der Dämmerung herrschenden Beleuchtungsverhältnisse. Bekanntlich wird die Dämmerung (bei wolkenlosem Himmel) wie folgt definiert:

Ende der „bürgerlichen Dämmerung" bei Sonnenhöhen von —6 bis —7°, d. i. etwa 40 bis 50 Minuten nach Sonnenuntergang. Bis dahin kann man im Freien normale Druckschrift noch lesen.

Ende der „astronomischen Dämmerung" bei Sonnenhöhen von —16 bis —18°, d. i. 1 Stunde 40 Minuten bis 2 Stunden nach Sonnenuntergang. Dann sind die letzten Spuren des Tageslichtes vom Himmel verschwunden.

Bei wolkigem oder gar bei bedecktem Himmel werden diese Grenzen früher erreicht, ebenso an Stellen mit durch Berge, Bäume, Gebäude usw. überhöhtem Horizont. Als Richtwerte für die Wirkung der Bewölkung können wir bei freiem Horizont folgende Veränderungen des Eintrittes der bürgerlichen Dämmerung annehmen (61):

Ende der bürgerlichen Dämmerung bei $^1/_4$ Bedeckung . . . . 4 Minuten früher
,, $^1/_2$,, ... 8 ,, ,,
,, $^3/_4$,, ... 13 ,, ,,
,, $^4/_4$,, ... 20 ,, ,,

Für die Morgendämmerung gelten analoge Zeiten in umgekehrter Folge. Über die Verminderung der Beleuchtungsstärke durch Horizontüberhöhungen bei wolkenlosem oder leicht bewölktem Himmel gibt Tabelle 70 Aufschluß.

Tabelle 70: *Beleuchtungsstärken an Stellen mit verschiedener Horizontüberhöhung zur Zeit der Dämmerung in relativem Maße*

Horizontüberhöhung	0°	10°	20°	30°	40°	50°
Muldenlage	100	93	75	55	38	28
N—S-Tal	100	95	86	73	61	51
W—E-Tal	100	97	92	81	68	57
NW—SE-Tal	100	96	89	76	64	52

In dieser Tabelle ist eine für vegetationsbedeckte Flächen angenommene Reflexionswirkung der Hänge berücksichtigt. Sind letztere mit Schnee bedeckt, so können sich die durch sie bewirkten Verluste vermindern oder ganz aufheben. Eine besonders große Verkürzung der bürgerlichen Dämmerung tritt begreiflicherweise unter belaubten Bäumen und vor allem in Pflanzenbeständen auf. In solchen Fällen kann man aber nicht mehr von den Verhältnissen im Freien sprechen.

Für niedrige Lagen können die in der Tabelle 71 zusammengestellten Globalbeleuchtungsstärken in den Zeiten der Dämmerung angenommen werden (62).

Tabelle 71: *Globalbeleuchtungsstärke in Lux während der Dämmerung bei verschiedenen Bewölkungsgraden*

[Mittelwerte für geringe Seehöhen (62)]

Sonnenhöhe	4°	2°	0°	—2°	—4°	—6°	—8°	—10°	—12°	—14°	—16°
Bewölkung											
0— 2/10	3600	1600	550	120	15	1·6	0·19	0·029	0·0047	0·0005	0·0000
3— 8/10	3000	1200	420	100	13	1·5	0·18	0·027	0·0048	0·0007	0·0000
9—10/10	900	300	75	11	1·4	0·17	0·026	0·005	0·0010	0·0001	0·0000

Die Zunahme der Dämmerungsbeleuchtungsstärke mit der Seehöhe kann aus Tabelle 71 mit folgenden Faktoren berechnet werden:

Seehöhe in *m*	bis 500	500 bis 1500	1500 bis 2500	2500 bis 3500
Faktor	1·00	1·20	1·40	1·70

Für Tal-, bzw. Kessellagen sind die Werte sinngemäß nach den Angaben der Tabelle 70 zu reduzieren. Zu diesen von der Sonne herrührenden Dämmerungsbeleuchtungsstärken sind in allen Fällen die vom Nachthimmel und vom Mond herrührenden Intensitäten hinzuzurechnen, die im folgenden Abschnitt angegeben werden.

4. Die nächtliche Globalbeleuchtungsstärke

Die nächtliche Globalbeleuchtungsstärke setzt sich zusammen aus

1. der vom mondlosen Nachthimmel herrührenden Beleuchtung,
2. der Wirkung des Mondes.

Das Licht des Nachthimmels dürfte nur zu etwa $1/8$ von den Sternen herrühren. Das übrige Licht wird auf ein Selbstleuchten der hohen Atmosphärenschichten zurückgeführt.

Als Mittelwerte für das Licht des mondlosen Nachthimmels können folgende Beleuchtungsstärken angenommen werden:

Bewölkung	0 bis 2/10	3 bis 8/10	9 bis 10/10
Lux	0·0005	0·0018	0·0009

Bei Schneedecke erhöhen sich diese Werte mitunter beträchtlich.

Bei Mondschein ist nicht nur mit dem unmittelbaren Mondlicht zu rechnen, sondern auch mit der durch den Mond bewirkten Aufhellung des Himmels. Man kann die in der Tabelle 72 enthaltenen vom Mond verursachten Globalbeleuchtungsstärken annehmen (62). Sie gelten für frei liegende Stellen in niedrigen Lagen.

Tabelle 72: *Globalbeleuchtungsstärken des nächtlichen Mondhimmels*
[in Lux (62)]

Bewölkung	0—2/10		3—8/10		9—10/10	
Mondhöhe Grad	Vollmond	Viertelmond	Vollmond	Viertelmond	Vollmond	Viertelmond
60	0·68	0·063	0·31	0·029	0·101	0·0097
50	0·54	0·050	0·29	0·027	0·096	0·0089
40	0·39	0·036	0·25	0·023	0·083	0·0077
30	0·26	0·024	0·18	0·016	0·062	0·0067
20	0·15	0·014	0·10	0·0093	0·038	0·0035
10	0·051	0·0047	0·04	0·0037	0·014	0·0013
0	0·0015	0·0001	0·0011	0·0001	0·0007	0·0001

Zu diesen Werten sind noch die entsprechenden Beleuchtungsstärken des mondlosen Nachthimmels hinzuzuzählen.

An Stellen mit eingeengtem Horizont erfolgt insofern auch bei Mondschein eine Verringerung der Globalbeleuchtungsstärke, als das Licht des mondlosen Himmels und das Mond-Himmelslicht in ähnlicher Weise geschwächt werden, wie dies aus Tabelle 70 ersichtlich ist. Selbstverständlich kann auch die vom Mond verursachte nächtliche Beleuchtung durch eine Schneedecke erheblich vergrößert werden. Für Reduktionen der nächtlichen Beleuchtungsstärken auf größere Seehöhen fehlen wohl die nötigen Unterlagen.

5. Die Lichtverhältnisse in Gewässern

Die in den Gewässern herrschenden Lichtverhältnisse sind in erster Linie von der Globalbeleuchtungsstärke der Wasseroberflächen abhängig. Hiebei ist der Betrag der Reflexion an der Oberfläche zu berücksichtigen. Bei Durchdringen der Wasseroberfläche ändert sich der Einfallswinkel der Lichtstrahlung insofern, als die Strahlen in das Wasser bei schrägem Einfall steiler eindringen als sie an die Wasseroberfläche auftreffen.

Die Wassermassen wirken für die eindringende Strahlung wie farbige Lichtfilter. Im Wasser erfolgt mit zunehmender Tiefe eine fortschreitende Schwächung des Lichtes, die aber in den verschiedenen Spektralbereichen nicht gleich groß ist. Das Maximum der Lichtdurchlässigkeit liegt in den Gewässern Österreichs meist zwischen Blaugrün und Gelb, auf jeden Fall werden die längeren (roten) Wellen weniger gut durchgelassen, in den meisten Fällen auch die kürzeren (blauen). Die optischen Eigenschaften der einzelnen Gewässer sind in gewissen Grenzen gleichbleibend. Besondere Ereignisse, wie vor allem Hochwasser und Massenentwicklung von organischen Schwebestoffen, können aber kurzzeitig erhebliche Veränderungen verursachen.

Neben den qualitativen und quantitativen Eigenarten der Lichtdurchlässigkeit und den dadurch bedingten Variationen der Globalbeleuchtungsstärke im Wasser interessiert noch das aus dem Wasser austretende Licht, welches die wahre Farbe und, gemeinsam mit den Reflexionserscheinungen, die scheinbare Farbe der Gewässer ergibt. Die Zusammensetzung dieses austretenden Lichtes gleicht in der Regel jener des durchdringenden. Es ist bis zu gewissen Grenzen intensiver, wenn im Wasser an belebten und unbelebten Schwebeteilchen eine stärkere Lichtzerstreuung stattfindet. Zu einem gewissen Teil wirkt auch in seichten Gewässern die Reflexion am Boden mit.

Im Prinzip besteht zwischen den Lichtverhältnissen der fließenden und stehenden Gewässer Österreichs kein Unterschied. Die Fließgewässer enthalten aber in der Regel mehr Schwebestoffe und sind daher intensiver gefärbt. Bei der Schilderung der Farbe der Gewässer wird meist die Oberflächenreflexion des blauen Himmels nicht berücksichtigt, so daß es zu Bezeichnungen wie „blaue Donau" kommen kann, obwohl die wahre Farbe der Donau niemals Blau ist, sondern, insofern sie bei niedrigem Wasserstand überhaupt von Graubraun oder Graugelb abweicht, bestenfalls als Graugrün oder im Oberlauf als Grün angegeben werden kann.

Die Farbe des reinen Wassers wäre Blau. Der Farbton wird, vorwiegend durch den Gehalt an sogenannten „Humusstoffen" über Grün gegen Gelb bis Braun verschoben, je nachdem wenig oder mehr dieser Beimischungen enthalten sind.

Anderseits vermag der Kalkgehalt der Gewässer diese Humusstoffe zu einem gewissen Teil auszuflocken, so daß die Gewässer der Kalkgebiete im allgemeinen eine mehr gegen Blau gehende Färbung zeigen und analog dazu eine größere Blaudurchlässigkeit aufweisen als die Urgesteinsgewässer.

Die intensivste Färbung haben in Österreich der Leopoldsteinersee und der Faakersee, welche 6 bis 8% der auffallenden Lichtintensitäten zurückwerfen und leuchtend grün, bzw. grünblau gefärbt sind. Viele Gewässer senden nur 1% oder noch weniger zurück und erscheinen daher farblosdunkel, wie z. B. der Lunzer Obersee oder der Forstsee in Kärnten. Blaugrüne, bzw. grünblaue Seen sind u. a. der Klopeinersee, Wörthersee, Attersee, Achensee. Gelbbraun sind der Lunzer Obersee, der Forstsee, der Turracher Schwarzsee usw., während die Mehrzahl der Seen grüne Farbtöne zeigt, so z. B. der Lunzer Untersee, der Hallstättersee, der Traunsee, der Ossiachersee, der Erlaufsee und der Zellersee. Schwebestoffarme Seen der hohen Regionen der Alpen lassen weniger als 0·5% des auffallenden Lichtes austreten und scheinen daher fast schwarz. Die Fließgewässer der Kalkgebiete zeigen an tieferen Stellen ein schönes Blaugrün, während jene der Urgesteinszonen farblos erscheinen.

Einige Beispiele für die Lichtdurchlässigkeit einer 1 m dicken Schicht verschiedener österreichischer Seen bringt die Tabelle 73. Hier sind bei einzelnen Seen zwei Meßreihen angegeben, welche erkennen lassen, welche Unterschiede auftreten können.

Wie in der Tabelle 73 auffällt, nimmt der sehr seichte Neusiedlersee eine Sonderstellung ein. Der die meiste Zeit hindurch im Wasser enthaltene aufgewühlte Schlamm setzt die Durchlässigkeit derart herab, daß z. B. die Blaustrahlung schon in Tiefen von wenigen Zentimetern praktisch ausgelöscht ist und auch von den anderen Spektralbereichen in 1 m Tiefe nur mehr einige Prozente übrigbleiben. Bei starkem Wind ist die Durchlässigkeit noch viel geringer, so daß in 1 m an einem sonnigen Sommermittag nicht mehr die Helligkeit einer Vollmondnacht im Freien erreicht wird, was aber im Lunzer Untersee unter ungünstigsten Verhältnissen in 30 m, in den klaren blaugrünen Seen sogar noch unter 60 m der Fall ist.

Die Durchlässigkeit von Urgesteinsflüssen liegt meist zwischen jener des Keutschacher- und Forstsees, in Kalkalpenflüssen findet man Verhältnisse ähnlich wie im Lunzer Untersee oder im Wörthersee, wenn nicht gerade Hochwassertrübung vorhanden ist. Die Durchlässigkeit der Donau geht bei Hochwasser auf ähnliche Werte zurück, wie sie im Durchschnitt im Neusiedlersee (Tabelle 73) gefunden werden.

Tabelle 73: *Spektrale Lichtdurchlässigkeit österreichischer Seen in Prozenten pro Meter*

Wellenlänge, mµ	Zeit	377	435	525	590	660
Farbe		violett	blau	grün	gelborange	rot
Lunzer Untersee	1938	16	44	69	65	49
„ „	1950	44	72	87	81	64
Achensee	1938	50	75	86	75	50
Magdalenensee	Juni 1941	44	61	72	65	49
„	September 1941	62	77	85	78	60
Faakersee	Mai 1941	28	53	65	62	45
„	Juli 1941	60	78	85	76	55
Wörthersee	1941	49	69	80	76	58
Ossiachersee	1941	22	47	70	68	54
Keutschachersee	1941	15	45	67	67	52
Forstsee	1941	4·0	33	63	65	53
Lunzer Obersee	1937/38	2·0	18	43	47	41
„ „	1950	11	48	75	76	56
Neusiedlersee	1951	0·00000	0·8	5	7	7

Mit zunehmender Tiefe werden in den Gewässern die weniger eindringenden Wellenbereiche immer mehr weggefiltert, so daß schließlich nur Licht aus dem Bereich der optimalen Durchlässigkeit — ungefähr der Wasserfarbe entsprechend — zurückbleibt. Die Intensität in diesem Bereich nimmt in den blaugrünen Seen in Tiefen von 25 bis 30 m, in den grünen meist in Tiefen von 12 bis 18 m und in den gelben in 6 bis 10 m Tiefe auf 1% des Wertes an der Oberfläche ab [vgl. (44)].

Das Ultraviolett-Klima

Die mit dem menschlichen Auge nicht mehr, bzw. nur mehr ganz schwach wahrnehmbaren kurzwelligsten Bereiche der Sonnen- und Himmelsstrahlung bezeichnet man bekanntlich als Ultraviolettstrahlung. Diese ist physiologisch sehr bedeutungsvoll, wenngleich ihre Intensität im absoluten Maß nach Kalorien pro cm^2 und Zeiteinheit nur sehr klein ist. Hauptsächlich infolge meßtechnischer Schwierigkeiten kann heute das Ultraviolettklima noch nicht in gleicher Ausführlichkeit wie das Strahlungsklima der anderen Wellenbereiche behandelt werden. Die Schwierigkeiten bei der Behandlung der Ultraviolett-(UV)-Strahlung werden noch dadurch vergrößert, daß man bisher noch keine eindeutig gültige Grenze zwischen UV und sichtbarer Strahlung festgelegt hat. Diese Grenze wird vielfach mit 400 $m\mu$ angegeben, teilweise aber mit 360 oder gar mit 320 $m\mu$. Es sind folgende Arten von UV-Strahlung zu unterscheiden:

UV—A 315 bis 360 (bzw. 320 oder 400) $m\mu$
UV—B 280 bis 315 $m\mu$
UV—C unterhalb 280 $m\mu$

Die UV—C-Strahlung kommt praktisch nur bei künstlichen Strahlern vor. Die Grenzen der natürlichen UV-Strahlung, soweit es sich um praktisch wirksame Intensitäten handelt, liegen im Gebirge bei 290, in der Niederung bei 300 $m\mu$. Je nach dem Trübungsgrad der Atmosphäre rücken die Grenzen aber gegen längere Wellen hin.

Begreiflicherweise rückt das Ende auch mit abnehmender Sonnenhöhe immer weiter zu längeren Wellen hin. Es können in der Niederung folgende Grenzwellenlängen bei mittleren Trübungsgraden angenommen werden:

Sonnenhöhe	60°	40°	30°	20°	15°	10°
Ende des UV-Spektrums	300	302	305	310	315	318 $m\mu$

Aus diesen Zahlen sieht man, daß in den Morgen- und Abendstunden und besonders im Winter die kürzeren Wellenbereiche stark unterdrückt werden. Um die Wintersonnenwende ist in der Niederung, mit Ausnahme der Zeit um Mittag, praktisch kein UV—B mehr vorhanden.

Die natürliche UV-Strahlung ist fast ausschließlich direkte Sonnenstrahlung oder UV-Himmelsstrahlung. Gelegentliche UV-Wirkungen von Blitzen sind bedeutungslos.

Tabelle 74: *Tagesgänge der UV—B-Strahlung auf die horizontale Fläche in der Niederung bei wolkenlosem Himmel*

[Werte in „Davoser Einheiten" nach (66), MOZ]

Stunde	5 19	6 18	7 17	8 16	9 15	10 14	11 13	12^h
UV-Sonnenstrahlung								
Jänner	—	—	—	3	9	11	15	18
Februar	—	—	4	7	13	27	34	37
März	—	—	7	13	30	58	82	90
April	—	5	11	33	73	115	147	163
Mai	3	9	24	57	109	162	200	210
Juni	4	10	32	71	130	186	224	240
Juli	4	10	29	67	123	178	215	237
August	—	8	17	41	87	138	172	185
September	—	2	8	19	45	78	109	128
Oktober	—	—	2	8	17	35	47	56
November	—	—	—	3	9	14	20	23
Dezember	—	—	—	1	7	9	12	14
UV-Himmelsstrahlung								
Jänner	—	—	—	5	24	45	66	72
Februar	—	—	2	20	52	83	106	118
März	—	—	18	55	100	147	173	185
April	—	15	50	105	165	210	243	257
Mai	9	36	88	147	204	258	298	310
Juni	15	50	103	164	220	279	316	330
Juli	14	45	99	163	217	270	313	323
August	2	23	68	124	183	232	268	280
September	—	—	30	76	125	172	211	228
Oktober	—	4	7	32	71	108	134	147
November	—	—	—	11	31	57	79	89
Dezember	—	—	—	4	18	37	53	60
UV-Globalstrahlung								
Jänner	—	—	—	8	33	56	81	90
Februar	—	—	6	27	65	110	140	155
März	—	—	25	68	130	205	255	275
April	—	20	61	138	238	325	390	420
Mai	12	45	112	204	313	420	498	520
Juni	19	60	135	235	350	465	540	570
Juli	18	55	128	230	340	448	528	560
August	2	31	85	165	270	370	440	465
September	—	6	38	95	170	250	320	356
Oktober	—	—	9	40	88	143	181	203
November	—	—	—	14	40	71	99	112
Dezember	—	—	—	5	25	46	65	74

Der UV-Anteil der Sonnenstrahlung ist sehr stark von der Sonnenhöhe und von der Seehöhe abhängig. Diese Abhängigkeit wird umso größer, je kürzer die Wellenlänge der UV-Strahlung ist. Demnach zeigt die UV—B-Strahlung eine stärkere Abhängigkeit von Tagesstunde, Jahreszeit und Seehöhe als die UV—A-Strahlung.

Nach den vorliegenden Meßergebnissen gibt Tabelle 74 für die Niederung die Abhängigkeit der UV—B-Strahlung der Sonne und des Himmels sowie der Summe von Sonnen- und Himmelsstrahlung im UV (Global-UV) von der Sonnenhöhe bei wolkenlosem Himmel wieder (66). Es handelt sich hier um Mittelwerte in sogenannten Davoser Einheiten (eine auf das Davoser Normalinstrument bezogene Einheit). Man ersieht daraus, daß in der Niederung die UV-Himmelsstrahlung, bezogen auf die horizontale Fläche, immer intensiver ist als die UV-Sonnenstrahlung.

Aus Tabelle 74 ist auch ersichtlich, daß um die Mittagszeit die Sommerwerte folgende Prozente der Winterwerte erreichen:

bei	Sonnenstrahlung	Himmelsstrahlung	Globalstrahlung
%	1720	550	770

Die Tagessummen sind in der Tabelle 75 enthalten.

Tabelle 75: *Tagessummen der UV—B-Strahlung bei wolkenlosem Himmel in der Niederung*
(Relativwerte)

	I.	II.	III.	IV.	V.	VI.	VII.	VIII.	IX.	X.	XI.	XII.	Jahr
Sonne	1.022	2.306	4.592	9.524	13.713	15.454	15.006	11.288	7.336	2.912	1.274	662	85.189
Himmel ..	3.536	6.310	11.798	17.946	23.782	26.196	25.434	20.582	14.184	8.298	4.384	2.824	165.274
Global....	4.558	8.616	16.390	27.570	37.495	41.650	40.440	31.870	21.520	11.210	5.658	3.486	250.463

Die Tagessummen im Juni betragen in Prozenten der Tagessummen im Dezember:

	UV-Sonne	UV-Himmel	UV-Global
%	2350	930	1200

Aus diesen Zahlen kann man die enormen Unterschiede zwischen Sommer und Winter deutlich entnehmen.

Die Tageshöchstwerte der Intensität der auf die Horizontalfläche auffallenden UV—B-Himmelsstrahlung schwanken unter dem Bewölkungseinfluß auf der Kanzelhöhe (1474 m) im Dezember im Verhältnis 4·2 : 1, im Juni im Verhältnis 4·1 : 1 (67). Sehr aufschlußreich ist eine Gegenüberstellung der Intensitäten dieser Strahlungskomponente bei gleichen Sonnenhöhen im Frühling und im Herbst nach Beobachtungen auf der Kanzelhöhe in Tabelle 76.

Tabelle 76: *Relative Intensitäten der UV—B-Himmelsstrahlung auf die Horizontalfläche im April und im Oktober auf der Kanzelhöhe bei gleichen Sonnenhöhen* (45)

Sonnenhöhe	5°	10°	20°	30°	40°
April	1·43	4·45	21·2	49·0	85·7
Oktober	2·68	8·83	33·4	75·8	124·0

Daraus ist ersichtlich, daß bei gleicher Sonnenhöhe die UV-Strahlung im Herbst bedeutend stärker ist als im Frühling. Hierin wirken sich die jahreszeitlichen Unterschiede der die UV-Strahlung absorbierenden hohen Ozonschicht neben der atmosphärischen Trübung sehr deutlich aus, u. zw. besonders bei geringen Sonnenhöhen.

Die bisherigen Angaben beziehen sich, wie erwähnt, auf die horizontale Fläche. Der aufrecht stehende Mensch ist aber anderen Bestrahlungsverhältnissen ausgesetzt, bei denen die Unterschiede zwischen Sommer und Winter erheblich geringer sind. Die Tabelle 77 bringt hierüber einige Angaben.

Tabelle 77: *Relative Intensitäten der UV-Bestrahlung einer horizontalen Fläche und eines aufrecht stehenden Menschen zu verschiedenen Jahreszeiten*

[Relativwerte für Sonnen-, Himmels- und Global-UV, bezogen auf die gleiche Flächeneinheit (29)]
(So = Sonne, Hi = Himmel, Gl = Global)

	März			Juli			Oktober			Dezember		
	So	Hi	Gl	So	Hi	Gl	So	Hi	Gl	So	Hi	Gl
horizontale Fläche	26	50	75	133	132	265	43	89	132	2	14	15
stehender Mensch	36	84	119	96	199	295	62	151	213	5	23	28

Über die Zunahme der UV-Strahlung der Sonne mit der Seehöhe liegen einige Meßergebnisse vor, welche aber zum Teil voneinander merklich abweichen [siehe (66), (67), (69) und (70)]. Es kann aus ihnen die in Tabelle 78 angegebene Abhängigkeit der UV—B-Sonnenstrahlung von der Seehöhe abgeleitet werden.

Tabelle 78: *UV—B-Sonnenstrahlung in verschiedenen Seehöhen, ausgedrückt in Prozenten der Intensität in 200 m Höhe*

Höhe, m	200	500	1000	1500	2000	2500	3000	3500
Sommer %	100	125	145	170	182	190	195	200
Winter %	100	150	220	280	330	390	440	480

Für die Übergangsmonate müssen entsprechende Mittelwerte interpoliert werden.

Die UV-Strahlung des unbewölkten Himmels zeigt keine nennenswerte Abhängigkeit der Intensität von der Seehöhe. Wohl nimmt mit der Seehöhe die Gesamtintensität der Himmelsstrahlung stark ab, der relative Anteil der UV-Strahlung wird aber größer, so daß sich schließlich für letztere einheitliche Werte für alle Höhenstufen ergeben, wenn nicht gerade ausgeprägte Dunstansammlungen oder sonstige Trübungen in gewissen Höhenlagen vorhanden sind.

Da im UV—B die Intensität der Sonnenstrahlung mit der Höhe zunimmt, jene der Himmelsstrahlung aber gleich bleibt, nimmt der Anteil der Sonnenstrahlung an der Globalstrahlung mit der Höhe zu. Beträgt z. B. der Anteil der auf die Horizontalfläche auffallenden Sonnenstrahlung an der Globalstrahlung im UV—B in der Niederung im Winter kaum 20%, so steigt er mit der Zunahme der Seehöhe auf 3000 m auf ungefähr 55% an. Im Sommer beträgt der Prozentanteil der UV-Sonnenstrahlung in der Niederung rund 35%, in 3000 m Höhe wieder 55%.

Infolge der Höhenunabhängigkeit der UV-Himmelsstrahlung nimmt die Global-UV—B-Strahlung mit der Seehöhe nicht so stark zu wie die UV-Sonnenstrahlung allein. Es können die in Tabelle 79 angeführten Durchschnittswerte angenommen werden.

Tabelle 79: *UV—B-Globalstrahlung in verschiedenen Seehöhen (ausgedrückt in Prozenten der Intensität in 200 m Seehöhe)*

Höhe, m	200	500	1000	1500	2000	3000
Sommer %	100	110	118	125	130	134
Winter %	100	112	126	140	150	172

Die bisherigen Ausführungen bezogen sich auf die Verhältnisse bei wolkenlosem Himmel. Bei Bewölkung wird die UV-Strahlung der Sonne verringert, die UV-Himmelsstrahlung jedoch verstärkt. Nach den vorliegenden Meßergebnissen kann man für die Globalstrahlung im UV—B bei verschiedenen Bewölkungsstufen folgende Relativwerte, ausgedrückt in Prozenten des Wertes bei wolkenlosem Himmel (Durchschnitt für alle Wolkenarten) annehmen:

Bewölkung	0	2	4	6	8	10/10
%	100	90	80	70	60	50

Diese Verhältnisse gelten für die Niederung. Aus Mangel an entsprechenden Beobachtungsergebnissen müssen sie auch für größere Seehöhen angenommen werden.

Bei Föhn steigt die UV-Strahlung der Sonne und daher auch die Global-UV-Strahlung mitunter um 50 bis 100% über den Durchschnittswert an (70).

In Großstädten und Industriegegenden wird durch Rauch und Dunst die UV—B-Strahlung gegenüber dem freien, ungestörten Gelände um 20 bis 40% geschwächt. Das Ausmaß der begreiflicherweise im Winter größeren Schwächung hängt vom Grad der Luftverunreinigung ab. Besonders bei Ausbildung der so oft anzutreffenden bräunlichen Dunsthaube über Großstädten erfolgt in den Wintermonaten eine derartige Reduktion der UV—B-Strahlung, daß dort längere Zeitabschnitte hindurch ihre Intensität praktisch null betragen kann.

Die Verhältnisse im UV—A sind bedeutend ausgeglichener als die im UV—B. Meßergebnisse liegen hiezu aber kaum vor. Außerdem können eventuell vorliegende Ergebnisse untereinander nicht verglichen werden, weil die obere Grenze dieses Spektralbereiches nicht einheitlich festgelegt ist. In erster Annäherung findet man die Einflüsse von Jahreszeit, Seehöhe, Bewölkung und Lufttrübung auf den Bereich des UV—A, wenn man zwischen den hier für UV—B und für Lichtstrahlung gebrachten Angaben interpoliert.

Literaturverzeichnis

1. Steinhauser F.: Die Zunahme der Intensität der direkten Sonnenstrahlung mit der Höhe im Alpengebiet und die Verteilung der „Trübung" in den unteren Luftschichten. Meteorol. Zs. *56*, 172 (1939).

2. Steinhauser F.: Über die Veränderlichkeit der Sonnenstrahlung. Met. Zs. *55*, 442 (1938).

3. Eckel O.: Sonnenhöhen, Sonnenazimut. Wetter und Leben. *1*, 51 und 275.

4. Schmidt W.: Der Tagbogenmesser, ein Gerät zum Verfolgen der Bahn der Sonne am Himmel. Met. Zs. *50*, 328 (1933).

5. Lauscher F.: Grundlagen des Strahlungsklimas der Lunzer Kleinklimastationen. Beiheft zum Jg. 1931 der Jahrbücher, der Zentralanstalt, Wien 1937.

6. Turner H.: Über das Licht- und Strahlungsklima einer Hanglage der Ötztaler Alpen bei Obergurgl und seine Auswirkung auf das Mikroklima und auf die Vegetation. Arch. Met., Geophys. Biokl., Serie B, *8*, 273 (1958).

7. Lauscher F.: Beziehungen zwischen der Sonnenscheindauer und Sonnenstrahlungssumme für alle Zonen der Erde. Met. Zs. *51*, 437 (1934).

8. Dorfwirth M.: Normalwerte und Registrierungen der Sonnenstrahlung in Potsdam. Met. Zs., *60*, 121, (1943).

9. Sauberer F. und I. Dirmhirn: Der Strahlungshaushalt der Sonnblickgletscher. Geogr. Ann. *34*, 261 (1952).

10. Nicolet M. et R. Dogniaux: Etude de la radiation globale du Soleil. Inst. Roy. Met. de Belgique. Mem. XLVII, 1951.

11. Schedler A.: Der tägliche Gang der Sonnenstrahlung auf verschieden geneigte und gerichtete Flächen. Anh. z. Jahrb. d. Zentralanstalt, Jg. 1950.

12. Steinhauser F.: Der Tages- und Jahresgang der auf die horizontale Ebene und auf verschieden orientierte senkrechte Wände einfallenden Intensität der Sonnenstrahlung in verschiedenen Höhenlagen in Österreich. Österr. Ing. Arch. *10*, 291 (1956).

13. Dirmhirn Inge u. F. Sauberer: Die Bestrahlung von Hauswänden in Wien. In Steinhauser, Eckel u. Sauberer: Klima und Bioklima von Wien, II. Wien 1957.

14. Lauscher F. und F. Steinhauser: Strahlungsuntersuchungen in Wien und Umgebung. Sitzungsber. d. Akad. d. Wiss. Wien, Abt. II a, *141*, 15, (1932). — Weitere Strahlungsuntersuchungen in Wien und Umgebung. Sitzungsber. d. Akad. d. Wiss. Wien, Abt. II a, *143*, 175, (1934).

15. Steinhauser F.: Großstadttrübung und Strahlungsklima. Biokl. Beibl. *1*, 175, (1934).

16. Dirmhirn I.: Der Einfluß der Windrichtung auf die Globalstrahlung auf der Hohen Warte. Wetter und Leben, 3, 109, (1951).

17. Lauscher F.: Die Wiener Sonnenstrahlungsmessungen 1930—1932. Anh. z. Jahrb. 1939 der Zentralanst. f. Met., 1940.

18. Sauberer F.: Neue Messungen der Intensität der Sonnenstrahlung in Wien. Wetter und Leben, 3, 122, (1951).

19. Steinhauser F., O. Eckel u. F. Sauberer: Klima und Bioklima von Wien I. Wien 1955.

20. Steinhauser F.: Entwicklung und Verteilung des Stadtdunstes. In Steinhauser, Eckel u. Sauberer: Klima und Bioklima von Wien II, Wien 1957.

21. Steinhauser F.: Meteorologische Gesichtspunkte zur Planung von Industrie- und Atomkraftanlagen im Raum von Wien. Der Aufbau, S. 457, Wien 1956.

22. Exner F. M.: Messungen der Sonnenstrahlung und der nächtlichen Ausstrahlung auf dem Sonnblick. Met. Z. *20*, 409 (1903).

23. Schneider R.: Messungen der Sonnenstrahlung an der Zentralanstalt. Anhang zu Jahrb. 1906 der Zentralanst. f. Met. Wien.

24. Lauscher F.: Strahlungsmessungen auf dem Sonnblick, 37. Jahresber. d. Sonnbl.-Ver. für 1928, S. 37.

25. Hoelper O.: Strahlungsmessungen im Allgäu. Met. Zs. *41*, 346 (1924).

26. Holzapfel R.: Ergebnisse von Strahlungs- und Polarisationsmessungen auf dem Hochobir im Sommer 1927. Wiener Sitz. Ber. *138*, 1 (1929).

27. Schembor F.: Ergebnisse der Strahlungsmessungen auf der Stolzalpe vom 1. Okt. 1927 bis 1. Nov. 1928. Wiener Sitz. Ber. *138*, 497 (1929).

28. Lipp H.: Beiträge zum Strahlungsklima der Zugspitze. Deutsch. Met. Jahrb., Bayern 1928.

29. Toperczer M.: Strahlungsmessungen am Semmering. Mitt. d. Volksges.-Amtes in Wien 1929, S. 113.

30. Toperczer M.: Strahlungsmessungen in Innsbruck. Met. Zs. *50*, 289 (1933).

31. Händel F.: Strahlungsmessungen in Hochserfaus. Veröff. Preuß. Met. Inst., Abhandl. X, Nr. 3, 1933 und Met. Zs. *50*, 424 (1933).

32. Toperczer M.: Zum täglichen Gang des Trübungsfaktors in Innsbruck. Met. Zs. *52*, 244 (1935).

33. Lauscher F., F. Steinhauser, M. Toperczer: Ein Profil der Sonnenstrahlungsintensität durch die steirisch-niederösterreichischen Kalkalpen. Met. Zs. *49*, 300 (1932).

34. Lauscher F.: Weitere Studien über die Sonnenstrahlungsintensität in den steirisch-niederösterreichischen Kalkalpen. Met. Zs. *51*, 336 (1934).

35. Lauscher F.: Die Zunahme der Intensität der Sonnenstrahlung mit der Höhe. Gerl. Beitr. *50*, 502 (1937).

36. Steinhauser F.: Über die Abhängigkeit der Sonnen- und Himmelsstrahlung von der Höhe in den Ostalpen. Ann. Met. 1951, 109.

37. Dirmhirn I.: Untersuchungen der Himmelsstrahlung in den Ostalpen mit besonderer Berücksichtigung ihrer Höhenabhängigkeit. Archiv Met. Geoph. Biokl. Serie B, *II*, 301, (1951).

38. Sauberer F.: Ergebnisse der Strahlungsregistrierungen mit dem Robitzsch-Aktinographen bis 1947 in Österreich. Anh. 6 z. Jahrb. d. Zentralanst. f. Met. *84* (1947).

39. Dirmhirn I.: Die Himmelsstrahlung an der Biologischen Station Lunz. Wetter und Leben, Sonderheft Mai 1952.

40. Schedler A.: Ein Beitrag zur Kenntnis der Global- und Himmelsstrahlung im Hochgebirge der Alpen. Archiv Met., Geoph., Biokl., B, *4*, 193 (1953).

41. Lauscher F.: Über zweijährige Beobachtungen mit der Linkeschen Blauskala auf dem Sonnblick. Met. Zs. *47*, 312 (1930).

42. Sauberer F.: Zur Abschätzung der Globalstrahlung in verschiedenen Höhenstufen der Ostalpen. Wetter u. Leben 7, 22 (1955).

42 a. Schulz K.: Die Berechnung der Globalstrahlung in Österreich. Diss. Wien 1949.

43. **Sauberer** F.: Der Strahlungshaushalt eines alpinen Sees. Archiv. Met., Geoph. u. Biokl. Ser. B, *4*, 253 (1953).

43a. **Dirmhirn** J.: Zur spektralen Verteilung der Reflexion natürlicher Oberflächen. Wetter u. Leben, *9*, 39 (1957).

44. **Sauberer** F. und F. **Ruttner**: Das Strahlungsverhältnis der Binnengewässer. Akad. Verlagsges. Leipzig 1941. — **Lauscher** F.: Optik der Gewässer. Hl. Geophysik., Bd. VIII, Berlin 1955.

44a. **Sauberer** F.: Beiträge zur Kenntnis der optischen Eigenschaften der Kärntner Seen. Archiv f. Hydrobiologie, *41*, 259—314 (1945).

45. **Sauberer** F.: Strahlungsbilanz und Albedomessungen auf dem Sonnblick. 47. Jahresbericht des Sonnblickvereins Wien 1938.

46. **Bolz** H. M. und G. **Falckenberg**: Neubestimmung der Konstanten der Ångströmschen Strahlungsformel. Zs. f. Met., *3*, 97 (1949).

47. **Lauscher** F.: Berichte über Messungen der nächtlichen Ausstrahlung auf der Stolzalpe. Met. Zs., *45*, 371 (1928).

48. **Sauberer** F.: Registrierungen der nächtlichen Ausstrahlung. Archiv f. Met., Geoph. u. Biokl., Ser. B, *2*, 347 (1951).

49. **Sauberer** F.: Zur Abschätzung der Gegenstrahlung in den Ostalpen. Wetter u. Leben *6*, 53 (1954).

50. **Falckenberg** G.: Absorptionskonstanten einiger meteorologisch wichtiger Körper für infrarote Wärmestrahlung. Met. Zs. *45*, 344 (1928).

51. **Czepa** O. und H. **Reuter**: Über den Betrag der effektiven Ausstrahlung in Bodennähe. Archiv f. Met., Geoph. u. Biokl., Ser. B, *2* (1950.)

52. **Sauberer** F.: Messungen des nächtlichen Strahlungshaushaltes der Erdoberfläche. Met. Zs., *53*, 296 (1936).

53. **Lauscher** F.: Wärmeausstrahlung und Horizonteinengung. Sitzungsber. d. Akad. d. Wiss. Wien, *143*, 503 (1934).

54. **Sauberer** F.: Messungen des Strahlungshaushaltes horizontaler Flächen bei heiterem Wetter. Met. Zs., *54*, 213 (1937).

55. **Sauberer** F.: Messungen des Strahlungshaushaltes horizontaler Flächen bei Bewölkung 4—10/10. Met. Zs., *54*, 273 (1937).

56. **Sauberer** F.: Strahlungsmessungen auf dem Hohen Sonnblick. Met. Zs. *55*, 435 (1938).

57. **Siedentopf** H. und E. **Reeger**: Die Beleuchtung durch die Sonne. Met. Zs., *61*, 114 (1944).

58. **Sauberer** F.: Die Beleuchtungsstärke auf einer horizontalen Fläche bei bewölktem Himmel. Wetter und Leben, *1* (1948).

58a. **Händel** F.: Strahlungsmessungen mit der Kalium-Zelle in Hochserfaus in Tirol (1800 m). Met. Zs. *54*, 317 (1937).

59. **Marinelli** W.: Über das Lichtklima von Wien. Diss. Wien 1951.

60. **Steinhauser** F.: Die Veränderlichkeit der Globalbeleuchtungsstärke in Wien. Arch. Met. Geoph. Biokl. B, *7*, 60 (1955).

61. **Deinhofer** J. und F. **Lauscher**: Dämmerungshelligkeit. Met. Zs., *56*, S. 153, 1939.

62. **Bullrich** K.: Die Leuchtdichte des Himmels und die Globalbeleuchtungsstärke während der Dämmerung in der Nacht. Ber. d. D. W. i. d. US-Zone, Nr. 4, 1948.

63. **Lauscher** F., E. **Friedl**, E. **Niederdorfer**: Beobachtungen über das Eindringen des Lichtes in einen See. Gerl. Beitr. *42*, 423 (1934).

64. **Eckel** O.: Strahlungsuntersuchungen in einigen österreichischen Seen. Sitz. Ber. Akad. Wiss., Math.-naturw. Kl. *144*, 85 (1935).

65. **Sauberer** F.: Beitrag zur Kenntnis des Lichtklimas einiger Alpenseen. Intern. Revue d. gesamt. Hydrobiologie u. Hydrographie, S. 19 (1939).

66. **Büttner** K.: Physikalische Bioklimatologie. Leipzig 1938.

67. **Eckel** O.: Zum Strahlungsklima der Kanzelhöhe. Sitzungsber. d. Akad. d. Wiss. Wien, Abt. II a, *141*, 187 (1932).

68. **Eckel** O.: Die Verteilung der Ultraviolettstrahlung über das Himmelsgewölbe. Met. Zs., *51*, 180 (1934).

69. **Meyer** H. und E. O. **Seitz**: Ultraviolette Strahlen. Berlin 1942.

70. **Eckel** O.: Über einige Eigenschaften der ultravioletten Himmelsstrahlung in verschiedenen Meereshöhen und bei Föhnlage. Met. Zs., *53*, 90 (1936).

71. **Händel** F. u. W. **Schultze**: Vergleichende Strahlungsuntersuchungen zwischen Hochgebirge u. Mittelgebirge. Strahlungstherapie, *31*, 357 (1929) und *39*, 336 (1931).

SONNENSCHEIN[1]

Die Sonnenscheindauer wird bestimmt durch die spezielle Lage des Gebietes im Bereich der allgemeinen Zirkulation der Atmosphäre, durch die geographische Breite und durch die orographischen Verhältnisse im weiteren Sinne, insofern dadurch eine die Bewölkung beeinflussende Stau- oder Leewirkung den vorherrschenden Luftströmungen gegenüber zustande kommt, und im engeren Sinne auch, weil durch die Horizontüberhöhung eine mehr oder minder große Verkürzung des Tagbogens der Sonne verursacht wird.

Man kann die Sonnenscheindauer von dem Gesichtspunkt betrachten, daß man feststellen will, wieviel Sonnenscheinstunden an den verschiedenen Orten vorkommen, was nur zum Teil durch die allgemeinen Witterungsverhältnisse, zum anderen und in einem Gebirgsland wie Österreich nicht unwesentlichen Teil aber durch die Horizontüberhöhung beeinflußt wird. Die wirklich beobachteten Sonnenscheinstunden sind natürlich das für das Strahlungsklima des Ortes Maßgebende, ohne daß daraus allein schon über die Gunst oder Ungunst der Witterungsverhältnisse eine eindeutige Aussage gemacht werden könnte, weil wenig Sonnenscheinstunden entweder durch starke Horizontüberhöhung oder durch starke Bewölkung verursacht sein können. Die Größe der Abschirmung durch die Horizontüberhöhung wirkt sich unmittelbar am Aufstellungsort des Sonnenscheinautographen aus, und es kann dafür auch schon ein Baum- oder Hausschatten von Bedeutung werden. Es läßt sich daher aus der Zahl der registrierten Sonnenscheinstunden allein keine für ein weiteres Gebiet gültige Aussage über die Sonnenscheinverhältnisse machen. Will man diese Beschränkung beseitigen und aus den Sonnenscheinregistrierungen Aufschluß über die allgemeinen Witterungsverhältnisse eines Ortes oder eines Gebietes gewinnen — das ist ein zweiter Gesichtspunkt —, muß man sich von der örtlich bedingten Tagbogenlänge der Sonne unabhängig machen. Dies geschieht in der Klimatologie dadurch, daß man die mit Berücksichtigung des natürlichen Horizonts mögliche Tagbogenlänge ausmißt und die registrierten Sonnenscheinstunden in Prozenten der bei wolkenlosem Himmel möglichen Sonnenscheinstunden als relative Sonnenscheindauer bestimmt (1), (2). Mit diesen Prozenten der effektiv möglichen Sonnenscheindauer kann man für jeden Ort des Gebietes, für das die Registrierstation repräsentativ ist, die wirklichen Sonnenscheinstunden berechnen und damit die registrierten Werte übertragbar machen, wenn die effektiv mögliche Sonnenscheindauer bekannt ist (3).

Die Horizontüberhöhung wirkt sich natürlich am meisten im Gebirge aus und da auch wieder in einem Ost—West gerichteten Tal anders als in einem Nord—Süd führenden Tal. Die Unterschiede gegenüber dem durch Horizontüberhöhungen nur wenig abgeschirmten Flachland sind auch in den verschiedenen Jahreszeiten ungleich. Dies zeigt als Beispiel ein Vergleich der möglichen Sonnenauf- und -untergangszeiten und der effektiv möglichen Sonnenscheinstunden von Wien (Flachland), Hofgastein (Nord—Süd Tal), Innsbruck (Ost—West Tal) und St. Jakob i. Defereggen (Ost—West Tal mit hoher Kammlage im Süden) mit den astronomischen Sonnenauf- und -untergangszeiten und der astronomisch möglichen Sonnenscheindauer am 21. Dezember und 21. Juni:

---

[1] Bearbeitet von Univ.-Prof. Dr. F. Steinhauser.

	21. Dezember:			21. Juni:		
	Aufgang	Untergang	Dauer	Aufgang	Untergang	Dauer
47° N, astronomisch möglich	7·7^h	16·2^h	8·5 Stunden	4·1^h	20·0^h	15·9 Stunden
Wien, 48°15′ N	8·3	15·7	7·4	4·4	19·6	15·2
Hofgastein, 47°10′ N	9·2	14·4	5·2	6·4	18·1	11·7
Innsbruck, 47°16′ N	9·3	15·1	5·8	5·3	18·6	13·3
St. Jakob i. Defereggen, 46°55′ N	9·6	10·1	0·5	5·8	17·7	11·9

Unter sonst gleichen Umständen wird im allgemeinen die mögliche Sonnenscheindauer im Nord—Süd führenden Tal kleiner sein als im Ost—West führenden Tal; wenn allerdings im letzteren der südliche Kamm sehr hoch ist, wird namentlich im Winter das Ost—West Tal nur eine sehr kurze mögliche Sonnenscheindauer haben, während im Sommer die Unterschiede nicht so groß sind.

Die oben angeführten Werte gelten für wolkenlose Tage. Für zeitweise bewölkte Tage sind aus diesen Werten die um den prozentuellen Anteil der Bewölkung verringerten Werte zu berechnen. So hat z. B. ein halbbedeckter Tag 50%, der effektiv möglichen Sonnenscheindauer, ein dreiviertelbedeckter Tag 25%. Wenn an allen oben angeführten Orten das gleiche Wetter herrschte, würden sich wegen der verschiedenartigen Horizontüberhöhung doch die registrierten Sonnenscheinstunden an den einzelnen Orten beträchtlich voneinander unterscheiden. So würde z. B. bei 50% effektiv möglicher Sonnenscheindauer am 21. Dezember die Sonne auf der freien Ebene 4·3 Stunden, in Wien 3·7 Stunden, in Hofgastein 2·6 Stunden, in Innsbruck 2·9 Stunden und in St. Jakob i. Defereggen nur 0·3 Stunden scheinen. Die entsprechenden Werte für den 21. Juni wären 8·0, 7·6, 5·9, 6·7 und 6·0 Stunden. Umgekehrt würde eine gleiche Zahl von Sonnenscheinstunden an allen Orten große Unterschiede in der Witterung und Bewölkung verlangen, die in den Unterschieden der Prozentzahlen der effektiv möglichen Sonnenscheindauer zum Ausdruck kommen. So würden 4 Stunden Sonnenschein am 21. Dezember durch eine Prozentzahl der effektiv möglichen Sonnenscheindauer von 47% auf der freien horizontalen Ebene, von 54% in Wien, 77% in Hofgastein und 69% in Innsbruck zum Ausdruck gebracht, während in St. Jakob i. Defereggen an diesem Tage die Sonne selbst bei wolkenlosem Wetter nur eine halbe Stunde lang scheinen kann. Die entsprechenden Prozentzahlen für 8 Sonnenscheinstunden am 21. Juni wären 50% auf der freien horizontalen Ebene, 53% in Wien, 68% in Hofgastein, 60% in Innsbruck und 67% in St. Jakob i. Defereggen. Diese Beispiele lassen erkennen, in welchem Sinne die Angabe der Prozente der effektiv möglichen Sonnenscheindauer gegenüber den von der mehr oder minder zufälligen Lage des Sonnenscheinautographen stark abhängigen registrierten Sonnenscheinstunden zur Charakterisierung der Witterungsverhältnisse eines Ortes oder eines Gebietes überlegen ist. Deshalb werden in der nachfolgenden Darstellung der Sonnenscheinverhältnisse Österreichs die Werte der relativen Sonnenscheindauer besonders für die Beschreibung der regionalen Unterschiede bevorzugt.

Die Grundlage für die Beurteilung der Sonnenscheinverhältnisse bildet die astronomisch mögliche Sonnenscheindauer. Tabelle 11, S. 21, gibt in den Werten der Aufgangs- und Untergangszeit der Sonne und der Tageslängen am 1. und 15. jeden Monats einen Überblick für unser Gebiet. In 48° Breite schwankt die Sonnenaufgangszeit zwischen 4·0 Uhr am 21. Juni und 7·9 Uhr Ortszeit Ende Dezember, die Sonnenuntergangszeit zwischen 20·1 Uhr und 16·3 Uhr und die Tagessumme der astronomisch möglichen Sonnenscheindauer zwischen 16·1 und 8·4 Stunden. Die in Tabelle 11 angegebenen Zeiten gelten für 15° östlicher Länge. Für weiter östlich gelegene Orte verfrühen sie sich nach mitteleuropäischer Zeit um je 4 Minuten pro 1° Längenunterschied und für weiter westlich gelegene Orte verspäten sie sich um dieselbe Zeit. Demnach geht die Sonne in Bregenz um 26 Minuten später auf und unter als in Wien bei einem Längenunterschied von 6° 36′ zwischen beiden Orten.

Tabelle 80: *Monatssummen der astronomisch möglichen Sonnenscheindauer in Stunden in 48° N*

Jän.	Febr.	März	April	Mai	Juni	Juli	Aug.	Sept.	Okt.	Nov.	Dez.	Jahr
276	288	371	411	472	480	483	442	376	335	278	262	4474

Der Jahresgang der Auf- und Untergangszeiten wirkt sich entsprechend auch in dem Jahresgang der Monatssummen der astronomisch möglichen Sonnenscheindauer aus, die in Tabelle 80 für 48° N Breite wiedergegeben sind. Die Änderung dieser Monatssummen mit der geographischen Breite im Bereiche des heutigen Österreich ist nur gering. Im Sommer nehmen die Monatssummen mit der geographischen Breite etwas zu, im Winter aber ab. Der nördlichste Punkt Österreichs liegt bei 49° 02′ N und der südlichste bei 46° 22′ N. Die Monatssummen der astronomisch möglichen Sonnenscheindauer betragen für diese beiden Punkte:

	März	Juni	September	Dezember	Jahr
nördlichster Punkt	371	485	377	257	4474 Stunden
südlichster Punkt	371	472	375	269	4468 ,,

Für die Beurteilung der Bestrahlungsmöglichkeit eines Ortes zu verschiedenen Tages- und Jahreszeiten ist die Kenntnis der Sonnenhöhen und der zugehörigen Azimute notwendig, die für 48° N in den Tabellen 10, S. 20, und 12, S. 22, für den 1. und 15. jeden Monats für jede Stunde zusammengestellt sind. Man entnimmt daraus, daß z. B. die größte Sonnenhöhe mittags am 1. Jänner 19° beträgt, d. h. daß Orte, denen im Süden eine Erhebung vorgelagert ist, deren obere Begrenzung unter einem Höhenwinkel gesehen wird, der größer als 19° ist, von der Sonne überhaupt nicht beschienen werden können. Am 1. Juli steigt die mittägige Sonnenhöhe allerdings bis 65° an. Die in Tabelle 12 angegebenen Azimutwinkel werden von Nord über Ost, Süd und West fortschreitend gezählt.

Verteilung der Besonnung in Österreich

In einer ersten Bearbeitung der Sonnenscheinverhältnisse Österreichs hat V. Conrad (5) in Karten der Anomalien der Sonnenscheindauer, d. h. in Karten der Verteilung der Abweichungen der Sonnenscheindauer von den für die betreffenden Höhenstufen geltenden Mittelwerten, für die vier Jahreszeiten die relativ begünstigten bzw. benachteiligten Gebiete zeigen können. In den Prozentwerten der effektiv möglichen Sonnenscheindauer haben wir ein Maß, das unabhängig von der Höhenlage der verschiedenen Orte oder Gebiete unmittelbar eine anschauliche Darstellung der regionalen Verteilung des Sonnenscheins ermöglicht (2). Sie eignen sich daher am besten zur kartographischen Darstellung der Sonnenscheinverhältnisse (2) und wurden daher auch den Karten der Besonnung in Österreich zugrunde gelegt (6). Die in den Karten 2 bis 5 für die vier Jahreszeiten wiedergegebene Verteilung der Prozente der effektiv möglichen Sonnenscheindauer ist auf die Periode 1928 bis 1950 reduziert worden (7). Für die einzelnen Stationen werden die Zahlenwerte für alle Monate, Jahreszeiten und für die Jahresmittel an anderer Stelle veröffentlicht werden. Für eine Auswahl von Stationen sind sie in Tabelle 81 enthalten.

Im Winter (Karte 2) findet man, bedingt durch häufige, ausgebreitete Nebel- und Hochnebellagen, die kleinste Sonnenscheindauer in der Niederung. Weniger als ein Viertel der möglichen Zeit scheint die Sonne in der Marchniederung, im Marchfeld bis Wien und im nördlichen Steinfeld und anderseits in der Niederung des Alpenvorlandes südlich der Donau von Tulln bis über Wels hinaus. Aber auch der größte Teil des übrigen nieder- und oberösterreichischen Alpenvorlandes und der nördlich der Donau gelegenen Gebiete Nieder- und Oberösterreichs hat bei einer relativen Sonnenscheindauer von 25 bis 30% keine bessere Lage. Zur gleichen Besonnungsstufe gehören auch die Rheinniederung von Bregenz bis Feldkirch und das Kärntner Becken um Klagenfurt. Diesen sonnenärmsten Gebieten stehen als sonnenscheinreichste Gebiete mit mehr als 50% das obere Inntal mit dem gesamten Bereich der Ötztaler Alpen und der größte Teil Osttirols und des Westrandes von Kärnten gegenüber. Ein weiteres mit mehr als 45% Sonnenscheindauer relativ sehr begünstigtes Gebiet erstreckt sich im Winter von der Silvrettagruppe über das Arlberggebiet, über das obere Lechtal und über die Lechtaler Alpen im Lee der Allgäuer Alpen und des Wettersteingebirges, über Stubaier und Zillertaler Alpen, ferner am Südhang der Hohen Tauern von der italienischen Grenze über West- und Nordwestkärnten und greift über die Schladminger Tauern und die Niederen Tauern bis zum südlichen Dachsteingebiet über. Der Sonnenscheinreichtum der Hochlagen ist ja das Charakteristische des Winterklimas unserer Alpen. Er wird allerdings in den gegen Norden und Nordwesten gerichteten Staulagen schon etwas beeinträchtigt, so daß die Nordtiroler Randgebirge und auch die Kitzbüheler Alpen, die Salzburger Kalkalpen und die Nordabdachung der Hohen Tauern einschließlich ihres Kammes schon etwas weniger Wintersonne aufweisen, aber noch immer die Niederung wesentlich übertreffen. Dagegen sind auch inneralpine Becken und Tallagen, wie das von Zell am See, Teile des inneren Ennstales von Admont bis Liezen, des oberen Murtales von Bruck bis über Zeltweg und das weite Kärntner Becken durch starke Nebel- und Hochnebelbildung in der Sonnenscheindauer schon mehr benachteiligt, aber noch immer nicht schlechter daran als die höchsten Lagen des Wald- und Mühlviertels, die schon öfter über die Nebel- und Hochnebeldecken herausragen. Bemerkenswert ist auch, daß die Niederungen des südlichen Burgenlandes und der Südsteiermark nicht unwesentlich mehr Sonnenschein aufweisen als die March- und Donauniederung.

Im Frühling (Karte 3) sind die Unterschiede bedeutend ausgeglichener, und es macht sich schon ein Übergang zu sommerlichen Verhältnissen bemerkbar, der sich vor allem darin zeigt, daß nun die Benachteiligung der Niederung einerseits und die Begünstigung der Hochlagen anderseits immer mehr schwindet. Mit mehr als 50% effektiv möglicher Sonnenscheindauer sind jetzt die Marchniederung, das Marchfeld, das nördliche Steinfeld und Nordburgenland sowie die Niederungen des südlichsten Burgenlandes und der Südsteiermark am sonnenscheinreichsten. Zur selben begünstigten Stufe gehören auch das obere Inntal und die Täler der Ötztaler Alpen und Osttirols, sowie das Gailtal bis zum Wörthersee hin. Mit mehr als 45% Sonnenscheindauer sind auch das Rheintal, das Illtal mit dem Montafon, das Arlberggebiet östlich der Wasserscheide, die Lechtaler Alpen und das Inntal mit den ganzen Vorbergen der Zillertaler Hochalpen, das innere Salzach- und obere Ennstal, das gesamte Alpenvorland von Ober- und Niederösterreich, die nördlich der Donau gelegenen Gebiete dieser Bundesländer, der Alpenostrand, die Lavanttaler und Gurktaler Alpen und weiter das Gebiet bis Westkärnten und Osttirol noch recht begünstigt; auch das allseits abgeschlossene Gebiet des Lungaues und des oberen Murtales gehört in diese Stufe. Anderseits macht sich im Frühling allmählich die Stauwirkung durch eine Verringerung des Sonnenscheins unter 40% in den Hochlagen der Salzburger Kalkalpen, des Dachsteins, des Toten Gebirges und der Ennstaler Alpen, der Ybbstaler Alpen, des Raxstocks und des Schneebergs, aber auch in den Kammlagen der Hohen Tauern bemerkbar. Dies ist überhaupt das Charakteristische für die Verteilung des Sonnenscheins im Frühling, daß nun die östlichen kontinentalen Lagen einerseits und die durch hohe Randgebirge abgeschlossenen inneralpinen Lagen, wie das obere Inntal, anderseits am meisten Sonnenschein bekommen, während die hohen nördlichen Randgebirge und auch die die nördlichen und südlichen Vorgebirge überragenden höchsten Lagen der Hohen Tauern durch Stauwirkung am sonnenärmsten werden.

Diese Entwicklung setzt sich im Sommer (Karte 4) noch weiter fort und bringt auch wieder eine größere Differenzierung der Verteilung des Sonnenscheins in Österreich. In den kontinentalen Ostlagen steigert sich der Sonnenscheinreichtum auf mehr als 60% in der Marchniederung, im Marchfeld, im nördlichen Steinfeld und im nördlichen Burgenland sowie in der Niederung des südlichen Burgenlandes und der Südsteiermark. Auch der größte Teil der Donauniederung, des nördlichen Niederösterreichs, des Alpenostrandes, Kärntens und

Osttirols, abgesehen von den Gipfellagen, ist mit 55 bis 60% Sonnenscheindauer sehr begünstigt. Zur selben Gruppe gehören auch die Rheintalniederung, das allseits abgeschirmte obere Inntal um Landeck und das Ötztal. Bemerkenswert ist, daß schon die höheren Lagen des Waldviertels und Mühlviertels etwas weniger Sonnenschein bekommen als ihre niedrigere Umgebung. Auch die Hochlagen der Randgebirge ostwärts des Inn und der Hohen Tauern haben infolge stärkerer Einbeziehung in das kontinentale Sommerwetter gegenüber dem Frühling bessere Sonnenscheinverhältnisse, während die Hochlagen der Randgebirge der Allgäuer Alpen, des Wettersteingebirges und des Karwendelgebirges mehr in den Einflußbereich der Stauwirkung maritimer Luftzufuhr kommen und sich dort die Sonnenscheindauer auf unter 40% vermindert. Abgesehen von diesen letztgenannten Gebieten ist gegenüber dem Frühling in ganz Österreich die relative Sonnenscheindauer im Sommer größer.

Ein wesentlich anderes Bild zeigt die Verteilung der Sonnenscheindauer im Herbst (Karte 5). Vor allem fällt auf, daß die Unterschiede stark ausgeglichen sind und daß sich bereits ein Übergang zu den winterlichen Verhältnissen deutlich anbahnt. Dies kommt vor allem darin zum Ausdruck, daß die nördlichen Voralpen und das nördliche Alpenvorland und auch das große Kärntner Becken zufolge zunehmender Nebel- und Hochnebelbildung gegenüber den sommerlichen Verhältnissen am meisten an Sonnenscheindauer verloren haben. In den Niederungen des westlichen Alpenvorlandes und auch im nördlichen Waldviertel ist die relative Sonnenscheindauer bereits unter 40% abgesunken und in den übrigen, eben erwähnten Gebieten auch schon unter 45%. Anderseits zeigt sich aber auch in den Hochlagen der Hohen Tauern noch eine gewisse Stauwirkung, die die Sonnenscheindauer dort unter 45% hält, wozu offenbar auch der Stau gegen die im Herbst häufiger von Süden kommenden Schlechtwettereinbrüche beiträgt. Auch im Herbst ist wieder das obere Inntal und das ganze Gebiet südlich davon vom Wipptal über die Stubaier und Ötztaler Alpen bis zum Rätikon mit mehr als 50% Sonnenscheindauer sehr begünstigt. Das gut abgeschirmte oberste Inntal und das Ötztal haben in dieser Jahreszeit mit mehr als 55% sogar den meisten Sonnenschein von ganz Österreich. Im Süden ist auch das Gailtal mit mehr als 50% noch sehr sonnenscheinreich.

Die Verteilung des Sonnenscheins in Österreich zeigt demnach im Jahresgang einen ausgesprochen entgegengesetzten Verlauf in der Niederung einerseits und in den Hochlagen anderseits. Bei einer Zusammenfassung zum Jahresmittel gleichen sich daher die Gegensätze stark aus und die Verteilung der Jahresmittelwerte weist nur geringe Unterschiede auf (Abb. 22), sie läßt aber doch als bemerkenswert erkennen, daß sich im Jahresdurchschnitt als sonnenreichste Gebiete mit mehr als 50% zwei Bereiche abheben: das obere Inntal mit den

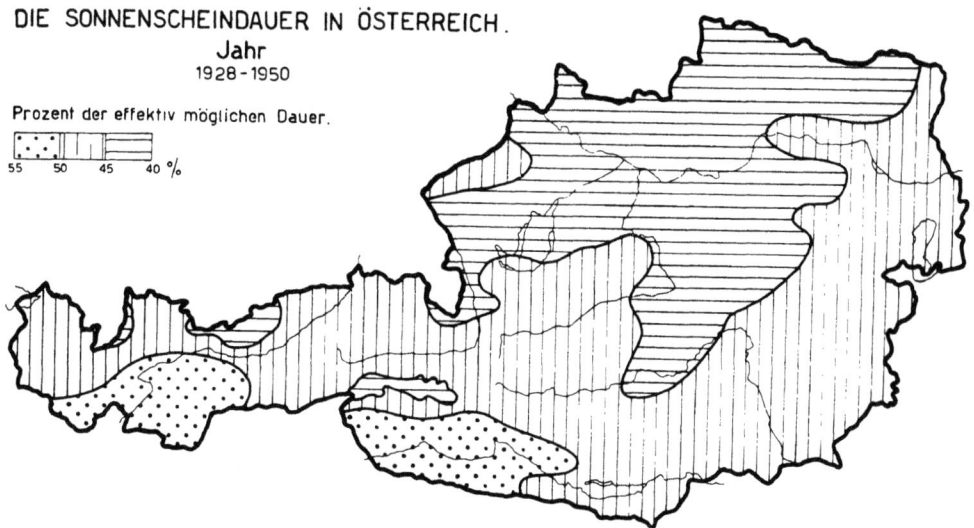

Abb. 22: Verteilung der relativen Sonnenscheindauer in Österreich, Jahresdurchschnitt (1928 bis 1950)

Stubaier Alpen, Ötztaler Alpen und der Silvrettagruppe und im Süden Osttirol und Westkärnten bis zum Ossiacher See. Weniger als 45% der möglichen Sonnenscheindauer erhalten die Kammlagen der Allgäuer Alpen, des Wetterstein- und des Karwendelgebirges, der Hohen Tauern, der Salzburger Kalkalpen und der größte Teil Oberösterreichs, des nördlichen und westlichen Niederösterreichs und das Gebiet über die steirisch-niederösterreichischen Kalkalpen bis ins obere Murtal. Einen richtigen Einblick in die wahren Sonnenscheinverhältnisse bekommt man demnach nur aus der Unterteilung nach Jahreszeiten, wie in den Karten 2 bis 5 gezeigt wird, und noch mehr aus den Jahresgängen.

Tabelle 81: *Jahresgang der relativen Sonnenscheindauer in Prozenten (a) und Monats-, Jahreszeiten- und Jahressummen der effektiv möglichen Sonnenscheindauer in Stunden (b) (1928 bis 1950)*

		Jän.	Feb.	März	April	Mai	Juni	Juli	Aug.	Sept.	Okt.	Nov.	Dez.	Frühl.	Som.	Herbst	Winter	Jahr
I. Einfacher Jahresgang:																		
Bad Gleichenberg, 300 m	a	32	44	48	49	53	61	65	64	58	46	31	27	50	63	47	35	51
	b	229	251	321	363	408	399	412	393	335	292	238	224	1092	1204	865	704	3865
Graz, 369 m	a	26	42	45	46	48	55	59	58	56	43	28	26	47	58	43	32	47
	b	258	268	337	379	437	446	455	417	342	306	259	242	1153	1318	907	768	4146
Andau, 118 m	a	24	32	47	49	55	59	62	62	59	44	25	21	49	61	45	26	48
	b	239	259	325	372	427	444	445	402	342	298	250	229	1124	1291	890	727	4032
Eisenstadt, 196 m	a	24	36	45	49	55	58	61	60	60	43	26	21	50	60	45	27	48
	b	246	262	331	373	431	445	450	414	347	303	256	228	1135	1309	906	736	4086
Wiener Neustadt, 267 m	a	28	34	41	42	47	50	57	57	52	40	29	25	44	55	42	29	44
	b	243	258	327	373	439	451	457	417	345	308	246	236	1139	1325	899	737	4100
Gumpoldskirchen, 232 m	a	25	37	45	47	52	56	60	59	56	43	25	23	48	58	42	28	47
	b	228	233	295	368	419	433	438	402	327	265	235	210	1082	1273	827	671	3853
Wien-Hohe Warte, 203 m	a	22	33	43	47	53	57	60	59	56	40	21	20	49	58	41	26	46
	b	247	266	335	379	444	455	459	423	350	308	257	236	1158	1337	915	749	4159
Retz, 243 m	a	23	34	43	48	54	57	60	58	54	37	20	20	50	59	38	26	46
	b	243	254	329	377	440	448	453	410	338	299	242	224	1146	1311	879	721	4057
Stift Zwettl, 513 m	a	21	33	43	43	47	50	52	57	52	36	20	20	45	53	38	25	42
	b	250	263	328	368	422	437	438	383	336	303	249	230	1118	1258	888	743	4007
Krems, 223 m	a	23	35	46	48	54	57	59	60	55	39	23	20	48	59	41	26	46
	b	234	255	322	374	425	439	439	407	346	303	251	226	1121	1285	900	715	4021
St. Pölten, 263 m	a	16	27	41	45	50	54	55	56	55	40	21	13	46	55	41	19	43
	b	226	253	322	367	425	434	440	405	333	289	247	221	1114	1279	869	700	3962
Amstetten, 277 m	a	15	35	44	46	50	53	53	56	57	36	19	16	47	54	39	22	43
	b	242	249	323	381	442	447	448	407	336	306	258	231	1146	1302	900	722	4070
Lunz am See, 615 m	a	31	38	39	39	44	46	48	49	49	40	29	25	41	48	42	33	43
	b	103	163	301	334	356	364	370	358	313	238	119	91	991	1092	670	357	3110

Tabelle 81 (Fortsetzung)

		Jän.	Feb.	März	April	Mai	Juni	Juli	Aug.	Sept.	Okt.	Nov.	Dez.	Frühl.	Som.	Herbst	Winter	Jahr
Linz-Urfahr, 306 m	a	21	34	45	48	54	55	58	55	56	39	21	18	49	56	41	25	45
	b	243	266	320	361	419	420	428	391	332	292	252	232	1100	1239	876	741	3956
Kirchschlag. OÖ, 894 m	a	25	35	41	45	51	51	53	56	56	32	23	20	46	53	39	27	43
	b	240	275	338	367	414	421	424	389	348	322	231	216	1119	1234	901	731	3985
Kremsmünster, 390 m	a	20	35	42	44	49	51	53	54	52	34	20	18	46	53	37	25	42
	b	251	268	345	389	447	459	459	424	355	312	260	239	1181	1342	927	758	4208
Ried im Innkreis, 452 m	a	25	36	46	48	55	56	60	58	59	39	24	26	50	58	42	29	47
	b	230	258	332	372	430	443	442	409	337	318	262	219	1134	1294	917	707	4052
Salzburg. 434 m	a	26	37	40	40	46	48	48	50	50	40	22	27	42	49	39	30	41
	b	245	257	331	372	432	446	451	411	337	306	254	231	1135	1308	897	733	4073
Feldkirch. 537 m	a	27	37	49	49	52	56	57	64	63	42	31	24	50	59	47	30	49
	b	210	216	295	324	364	367	380	325	270	252	200	177	983	1072	722	603	3380

II. Doppelwelle im Jahresgang:

		Jän.	Feb.	März	April	Mai	Juni	Juli	Aug.	Sept.	Okt.	Nov.	Dez.	Frühl.	Som.	Herbst	Winter	Jahr
St. Jakob i. Defereggen, 1410 m	a	57	53	54	52	47	56	60	58	55	49	39	41	51	58	50	53	53
	b	61	216	317	344	364	356	369	366	331	281	140	22	1025	1091	752	299	3167
Lienz, 680 m	a	48	58	58	50	47	56	59	55	59	54	41	42	51	57	52	50	53
	b	195	222	292	347	408	416	420	386	311	260	211	166	1047	1222	782	583	3634
Laas, 839 m	a	50	57	58	52	48	58	63	59	60	52	42	46	53	60	53	51	55
	b	220	231	293	326	363	359	369	353	300	267	221	205	982	1081	788	656	3507
Mallnitz, 1185 m	a	47	52	54	47	45	58	56	58	58	49	42	42	48	57	51	47	52
	b	149	164	222	250	298	305	308	276	224	296	154	139	770	889	574	452	2685
Flattnitz, 1390 m	a	46	50	49	45	41	49	52	48	52	45	41	38	45	50	47	45	47
	b	211	221	301	334	372	369	383	369	302	264	213	195	1007	1121	779	627	3534
Kanzelhöhe, 1469 m	a	49	51	53	49	46	54	59	58	56	47	43	42	49	57	49	48	51
	b	271	282	342	382	425	417	428	415	352	320	272	257	1149	1260	944	810	4163
Klagenfurt, 446 m	a	26	47	47	50	46	53	57	58	50	37	21	18	48	56	38	29	45
	b	251	261	348	389	450	454	459	422	357	316	257	238	1187	1335	930	750	4202
Obir, 2044 m	a	45	51	47	44	40	48	54	53	55	47	39	39	43	52	48	45	47
	b	250	256	318	349	387	388	398	376	329	297	252	244	1054	1162	878	750	3844
Diex, 1159 m	a	46	52	50	45	45	55	60	58	54	51	38	40	46	58	48	46	50
	b	264	271	338	380	425	426	432	406	343	308	270	261	1143	1264	921	796	4124
Preblau, 828 m	a	38	51	49	50	45	51	56	57	53	43	27	25	48	55	42	39	47
	b	210	225	280	315	364	376	380	343	286	262	218	199	959	1099	766	634	3458
Mariapfarr, 1120 m	a	41	49	50	49	47	51	53	53	51	44	36	32	49	53	44	41	47
	b	250	261	321	360	405	422	421	387	328	297	254	241	1086	1230	879	752	3947

Tabelle 81 (Fortsetzung)

		Jän.	Feb.	März	April	Mai	Juni	Juli	Aug.	Sept.	Okt.	Nov.	Dez.	Frühl.	Som.	Herbst	Winter	Jahr
Oberwölz, 830 m	a	42	51	49	45	43	53	54	51	54	47	37	38	45	53	47	44	48
	b	215	245	315	342	386	380	386	373	306	291	221	198	1043	1139	818	658	3658
Zeltweg, 669 m	a	34	44	48	45	41	49	55	49	48	44	25	27	44	51	40	35	44
	b	246	261	337	379	432	438	438	409	346	303	255	230	1148	1285	904	737	4074
Leoben, 524 m	a	29	42	45	42	45	49	53	51	50	41	29	27	44	51	45	33	45
	b	220	231	293	326	363	359	369	353	300	267	221	205	982	1081	788	656	3507
Schöckl, 1436 m	a	43	48	46	44	42	52	56	55	51	42	40	39	44	54	50	43	47
	b	269	276	340	363	409	407	413	386	336	320	273	262	1112	1206	929	807	4054
Grimmenstein, 780 m	a	36	43	46	44	47	52	56	56	55	44	36	32	46	55	46	37	47
	b	248	255	327	365	417	418	436	395	342	300	252	237	1109	1249	894	740	3992
Semmering, 875 m	a	40	43	47	44	46	47	55	55	55	44	37	33	46	52	46	39	47
	b	194	220	289	302	338	343	348	328	293	263	208	190	929	1019	764	604	3316
Rax-Bergstation, 1546 m	a	38	39	43	38	40	45	52	50	50	42	35	37	40	49	43	38	43
	b	239	251	302	353	424	433	432	392	325	292	244	229	1079	1257	861	719	3916
Mariazell, 853 m	a	32	37	40	39	43	45	47	48	48	42	31	32	41	47	41	34	41
	b	217	242	320	355	402	408	414	386	332	286	231	209	1077	1208	849	668	3802
Jauerling, 959 m	a	29	36	48	46	49	51	55	57	54	41	27	24	48	55	42	30	45
	b	246	259	317	366	417	418	423	404	341	299	249	223	1100	1245	889	728	3962
Reichraming, 380 m	a	33	41	44	42	46	51	50	51	55	43	27	32	44	51	45	37	46
	b	97	158	268	336	368	357	380	357	281	209	118	75	972	1094	608	330	3004
Admont, 620 m	a	29	38	44	40	42	45	45	47	45	41	38	21	37	46	40	31	41
	b	159	206	309	370	423	431	429	399	338	257	183	122	1102	1259	778	487	3626
Gröbming, 776 m	a	43	50	54	49	50	53	53	53	51	51	41	43	51	53	48	46	50
	b	219	247	323	359	417	422	425	392	332	297	231	205	1099	1239	860	671	3869
Gmunden, 430 m	a	23	36	41	39	45	49	50	53	51	37	22	20	42	51	39	27	41
	b	206	240	306	361	406	396	406	388	324	282	217	192	1073	1190	823	638	3724
Feuerkogel, 1577 m	a	37	40	45	40	41	42	43	46	50	43	38	40	42	44	44	39	42
	b	256	269	334	383	445	457	463	424	349	310	263	240	1162	1344	922	765	4193
Bad Ischl, 490 m	a	38	43	49	43	52	53	55	56	58	47	35	34	43	45	48	39	49
	b	175	210	288	352	377	381	381	369	301	257	187	167	1017	1131	745	552	3445
Hallstatt, 525 m	a	38	44	45	44	49	50	51	56	54	42	31	37	46	52	47	43	49
	b	21	121	232	266	282	276	283	273	235	188	54	2	780	832	477	144	2283
Wagrain, 898 m	a	42	48	51	46	48	51	54	54	54	50	42	40	48	53	50	44	49
	b	154	200	301	346	399	397	400	380	311	262	165	142	1046	1177	738	496	3457
Hofgastein, 860 m	a	38	49	53	52	46	47	49	51	54	52	41	36	50	49	50	41	48
	b	180	194	248	291	340	344	348	318	261	225	188	164	879	1010	674	538	3101

Tabelle 81 (Fortsetzung)

		Jän.	Feb.	März	April	Mai	Juni	Juli	Aug.	Sept.	Okt.	Nov.	Dez.	Frühl.	Som.	Herbst	Winter	Jahr
Sonnblick, 3106 m	a	40	43	41	33	32	37	39	39	43	41	37	40	35	38	41	41	38
	b	281	296	368	396	449	456	465	434	377	347	290	268	1213	1355	1014	845	4427
Zell am See, 754 m	a	32	42	50	51	47	50	52	52	54	50	34	22	49	51	48	33	47
	b	182	190	256	327	367	354	361	334	276	227	180	167	950	1049	683	539	3221
Schmittenhöhe, 1949 m	a	40	45	48	42	43	46	47	47	52	49	44	42	44	47	49	42	45
	b	261	281	335	388	442	456	460	423	355	323	267	251	1165	1339	945	793	4242
Hahnenkamm, 1655 m	a	42	44	48	42	42	45	48	50	53	48	43	45	44	48	48	44	46
	b	239	261	335	387	445	454	460	421	352	317	244	226	1167	1335	913	726	4141
Innsbruck, 582 m	a	36	45	49	46	46	51	54	51	52	49	39	35	47	52	48	39	47
	b	204	242	321	356	400	398	404	385	327	288	214	186	1077	1187	829	632	3725
Hafelekar, 2261 m	a	42	44	43	37	36	40	44	47	49	48	42	41	39	38	47	43	43
	b	268	277	339	362	407	424	426	383	346	319	276	260	1108	1233	941	805	4087
Patscherkofel, 2047 m	a	51	53	54	50	48	51	55	54	57	56	52	49	50	53	55	51	52
	b	165	187	269	365	436	457	456	418	303	227	174	151	1070	1331	704	503	3608
Umhausen, 1036 m	a	50	56	59	58	50	53	56	57	60	59	49	48	55	55	57	52	55
	b	151	173	226	273	328	335	336	306	235	202	162	135	827	977	599	459	2862
Vent, 1904 m	a	55	56	61	54	50	58	61	58	60	58	54	53	54	59	58	55	57
	b	108	159	225	259	291	295	300	277	236	203	120	97	775	872	559	364	2570
Hochserfaus, 1800 m	a	52	53	55	52	46	51	53	52	54	55	49	50	51	52	53	52	52
	b	214	243	309	344	399	407	415	376	321	290	230	200	1052	1198	841	657	3748
Gargellen, 1436 m	a	45	51	55	52	45	50	54	51	53	54	47	51	50	52	52	49	51
	b	130	152	205	251	330	350	352	292	211	185	132	113	786	994	528	395	2703
Muttersberg bei Bludenz, 1312 m	a	39	44	48	50	45	49	54	52	54	50	40	46	48	52	49	43	48
	b	244	254	312	333	387	387	398	362	316	294	250	232	1032	1147	860	730	3769
Bödele bei Dornbirn, 1148 m	a	34	41	45	41	43	48	49	50	51	42	38	33	38	49	44	37	44
	b	244	260	329	373	425	436	438	409	344	304	248	234	1127	1283	896	718	1127

Der Jahresgang der Sonnenscheindauer

Der Jahresgang der Sonnenscheindauer ist einmal schon dadurch bestimmt, daß durch den Jahresgang der Tageslänge gewisse Grenzen gesetzt sind. Wie aus Tabelle 11, S. 21, zu entnehmen ist, scheint auf eine freie horizontale Ebene die Sonne im Dezember mit ungefähr 8 Stunden nur etwa halb so lang wie im Juni mit ungefähr 16 Stunden. Diese Grenzen wirken sich vor allem auch in der durchschnittlichen täglichen Stundenzahl der Sonnenscheindauer aus. Dazu kommt, daß in einem Gebirgsland die Horizontüberhöhung bei den geringen Sonnenhöhen im Winter prozentuell mehr Sonnenstunden wegnimmt als im Sommer, wo sich die Sonne viel höher über den Horizont erhebt. Deshalb gibt es in stark abgeschirmten Gebirgstälern Orte, wo im Winter die Sonne wochen- oder sogar monatelang überhaupt nicht aufgeht oder sich nur für ganz kurze Zeit über den Horizont erhebt, wie z. B. in St. Jakob i. Defereggen oder in Hallstatt. Neben den orographischen und astronomischen Faktoren sind aber für den Jahresgang der Sonnenscheindauer und seine regionalen Unterschiede die meteorologischen Faktoren der Nebelbildung, der Bewölkung, der Stau- und der Leewirkung vor allem maßgebend. Ihr Einfluß wird am deutlichsten in der Zahl der Prozente der effektiv möglichen Sonnenscheindauer erfaßt. Bei gleichbleibender Witterung müßte diese Größe unabhängig von der örtlichen Lage der Stationen in allen Monaten des Jahres gleich sein. Der Jahresgang der Prozentzahlen der effektiv möglichen Dauer bringt daher am deutlichsten die witterungsbedingten Änderungen des Sonnenscheins im Laufe des Jahres zum Ausdruck.

Für eine Auswahl von Stationen sind die Monats-, Jahres- und Jahreszeitenwerte in Tabelle 81 zusammengestellt. Wir entnehmen daraus zweierlei Arten von Jahresgängen (2): Es gibt eine große Anzahl von Stationen, an denen der Jahresgang eine einfache Welle zeigt mit einem Maximum, das am häufigsten in den Monaten Juli und August eintritt und vor allem im westlichen Teil der Niederungen des Alpenvorlandes an einigen Stationen auch erst auf den September fällt, und mit einem Minimum, das fast durchwegs im Dezember und nur an wenigen Stationen auch im November oder Jänner vorkommt. Das Gebiet, das eine einfache Welle im Jahresgang der Sonnenscheindauer aufweist, läßt sich deutlich abgrenzen: Es ist dies das gesamte Alpenvorland und das Gebiet von Ober- und Niederösterreich nördlich der Donau mit Ausnahme von höchsten Erhebungen, das gesamte Wiener Becken mit dem nördlichen Burgenland und die Niederung des südlichen Burgenlandes, Südsteiermark und die Grazer Bucht und im Westen auch noch die Rheinniederung. In diesen Gebieten wird in der ersten Winterhälfte und z. T. auch schon im Spätherbst die Sonnenscheindauer durch häufige und verbreitete Nebel- und Hochnebeldecken stark vermindert, während anderseits die verhältnismäßig niederschlagsarmen Gebiete vor allem in der Niederung des östlichen Bundesgebietes im Sommer viel Sonnenschein erhalten, so daß hier die Jahresschwankung der relativen Sonnenscheindauer besonders groß wird.

Noch viel größer als im Jahresgang der relativen Sonnenscheindauer ist die Jahresschwankung im Jahresgang der mittleren täglichen Sonnenscheinstunden, weil sich darin die Witterungswirkung und der Jahresgang der Tageslänge überlagern. Für verschiedene Stationen des Flachlandes bringt Tabelle 82 einige Beispiele. An allen diesen Stationen hat der Juli die meisten und der Dezember die wenigsten Sonnenscheinstunden. Das Verhältnis der Sonnenscheindauer von Juli zu Dezember beträgt in Wien 5·2, in Stift Zwettl 4·9, in Wels 6·6, in Gleichenberg 4·3, und in Feldkirch 5·0.

Im gesamten Alpengebiet und auch in den höchsten Lagen des Waldviertels zeigt der Jahresgang der relativen Sonnenscheindauer eine Doppelwelle, die hauptsächlich dadurch bedingt wird, daß eine gesteigerte Konvektion im Frühling, in welcher Zeit die thermische Schichtung der Atmosphäre die geringste Stabilität aufweist, zur vermehrten Wolkenbildung führt, die in den meisten Stationen des Alpengebietes im April oder Mai ein sekundäres Minimum im Jahresgang der relativen Sonnenscheindauer herbeiführt (Tabelle 81) und auf den hohen Gipfellagen (Sonnblick, Zugspitze, Villacher Alpe, Hochserfaus) sogar das Minimum im Monat Mai zum Hauptminimum macht. Dieses Frühlingsminimum wird dadurch noch mehr betont, daß im Winter das Hochgebirge meist über die häufig die Niederung bedeckenden Nebeldecken hinausragt und unter dem Einfluß der Absinkbewegungen in winterlichen Hochdruckgebieten oft lang andauernde Schönwetterperioden erhält. Das gilt besonders für die Hochgebirgsgipfel, wo im Sommer wegen der häufigen Einhüllung der Gipfel durch Konvektionsbewölkung die Sonnenscheindauer relativ niedriger ist als an den tiefer gelegenen Stationen des Gebirges. Dafür bieten Zugspitze, Sonnblick und Villacher Alpe schöne Beispiele. An allen diesen Stationen fällt das Hauptminimum auf den Mai, während das sekundäre Minimum im Winter dort merklich schwächer entwickelt ist. Dabei weist der Kamm der Hohen Tauern, der unter dem Einfluß der Stauwirkung vom Norden her wie auch vom Süden her steht, das tiefste Minimum auf (Tabelle 81). Die Eintrittszeit des Hauptmaximums verfrüht sich vom Westen, wo es auf der Zugspitze erst auf den Oktober fällt, über den Zentralalpenkamm (September auf dem Sonnblick) nach Süden (Juli auf der Villacher Alpe). Es ist daraus ersichtlich, daß im Hochgebirge das schönste Wetter im allgemeinen im September herrscht, im Westen z. T. sogar erst im Oktober, im Süden aber schon im Hochsommer, weil sich dort in den Folgemonaten die herbstliche, von Oberitalien übergreifende Regenzeit ungünstig auswirkt. Das sekundäre Maximum fällt im Hochgebirge vorwiegend auf den Februar, tritt sonst aber im Alpengebiet meist erst im Herbst ein.

Der Kamm der Hohen Tauern bekommt in allen Monaten sowohl relativ wie auch absolut weniger Sonnenschein als die Hochgebirgsgipfel nördlich und südlich davon, was offenbar darauf zurückzuführen ist, daß dort, wie erwähnt, vom Norden und von Süden her Stauwirkung auftritt (9). Für die Tiroler Zentralalpen gilt dies nicht mehr so, weil dort auch im Süden schon ähnlich hohe und im westlichen Teil sogar noch höhere Gebirgszüge vorgelagert sind, die den Stau von Süden her abfangen; dies gilt etwas abgeschwächt auch für die im Norden vorgelagerte Tiroler Nordkette und die Allgäuer Alpen.

Der Jahresgang der mittleren Zahl der täglichen Sonnenscheinstunden hat zufolge des überragenden Einflusses des Jahresganges der Tageslänge auch in den Hochgebirgs-Gipfellagen das Maximum im Juli und das Minimum vorwiegend im Dezember, die Jahresschwankung ist aber viel kleiner als in der Niederung, wie die Beispiele der Tabelle 82 zeigen. Das Verhältnis von Maximum zu Minimum beträgt auf der Zugspitze 1·6, auf dem Sonnblick 1·7 und auf der Villacher Alpe 2·3. Auf den höchsten Gipfelstationen Sonnblick und Zugspitze wirkt sich die starke Bewölkung im Mai so weit aus, daß hier auch im Jahresgang der täglichen Sonnenscheinstunden noch ein schwaches sekundäres Maiminimum auftritt.

Tabelle 82: *Durchschnittliche tägliche Sonnenscheinstunden und Jahressummen der Sonnenscheinstunden (1928 bis 1950)*

	Jän.	Feb.	März	April	Mai	Juni	Juli	Aug.	Sept.	Okt.	Nov.	Dez.	Jahressumme
Admont	1·5	2·8	4·4	4·9	5·7	6·5	6·2	6·0	5·1	3·4	1·8	0·8	1498
Amstetten	1·2	3·1	4·6	5·8	7·1	7·9	7·6	7·4	6·4	3·5	1·6	1·2	1750
Andau	1·8	2·9	4·9	5·4	7·6	8·7	8·9	8·0	6·7	4·2	2·1	1·6	1923
Bad Gleichenberg	2·3	3·9	5·0	5·9	7·0	8·1	8·6	8·1	6·5	4·3	2·5	2·0	1956
Bad Ischl	2·1	3·2	4·5	5·0	6·3	6·7	6·8	6·6	5·8	3·9	2·2	1·8	1680
Bödele bei Dornbirn	2·7	3·7	4·7	5·1	5·8	7·0	6·9	6·6	5·8	4·1	3·1	2·5	1767
Diex	3·9	5·0	5·4	5·7	6·2	7·8	8·0	7·6	6·2	5·1	3·4	3·4	2072
Eisenstadt	1·9	3·3	4·8	6·1	7·6	8·6	8·8	8·0	6·9	4·2	2·2	1·6	1955
Feldkirch	1·8	2·8	4·7	5·3	6·1	6·9	7·0	6·7	5·6	3·4	2·1	1·4	1643
Feuerkogel	3·0	3·8	4·9	5·1	5·8	6·4	6·4	6·3	5·8	4·3	3·4	3·1	1776
Flattnitz	3·1	3·9	4·7	5·0	4·9	6·0	6·4	5·7	5·2	3·8	2·9	2·4	1651
Gargellen	1·9	2·8	3·6	4·4	4·8	5·8	6·1	4·8	3·7	3·2	2·1	1·9	1374
Gmunden	1·5	3·0	4·0	4·7	5·9	6·5	6·5	6·6	5·5	3·4	1·6	1·2	1542
Graz	2·2	4·0	4·9	5·8	6·8	8·1	8·7	7·8	6·4	4·2	2·4	2·1	1933
Grimmenstein	2·9	3·9	4·8	5·4	6·3	7·2	7·9	7·1	6·3	4·3	3·0	2·5	1875
Gröbming	3·0	4·4	5·6	5·9	6·7	7·5	7·3	6·7	5·6	4·9	3·2	2·8	1936
Gumpoldskirchen	1·8	3·0	4·3	5·8	7·0	8·1	8·4	7·6	5·4	4·1	2·0	1·5	1805
Hafelekar	3·6	4·3	4·7	4·5	4·7	5·6	6·0	5·8	5·7	4·9	3·9	3·5	1743
Hahnenkamm	3·2	4·1	5·2	5·4	6·0	6·8	7·1	6·7	6·2	4·9	3·5	3·3	1902
Hallstatt	0·3	1·9	3·3	3·9	4·5	4·6	4·7	4·9	4·2	2·6	0·6	0·0	1079
Hochserfaus	3·6	4·5	5·4	5·9	6·0	6·9	7·1	6·3	5·8	5·2	3·8	3·3	1946
Hofgastein	2·2	3·4	4·2	5·0	5·0	5·4	5·5	5·2	4·7	3·8	2·6	1·9	1490
Innsbruck	2·4	3·8	5·1	5·4	5·7	6·7	7·0	6·3	5·7	4·5	2·8	2·1	1762

Tabelle 82 (Fortsetzung)

	Jän.	Feb.	März	April	Mai	Juni	Juli	Aug.	Sept.	Okt.	Nov.	Dez.	Jahressumme
St. Jakob i. Defereggen	1·1	4·1	5·5	6·0	5·5	6·6	7·1	6·8	6·1	4·5	1·8	0·3	1688
Jauerling	2·3	3·3	4·9	5·6	6·6	7·4	7·5	7·4	6·1	3·9	2·2	1·7	1799
Kanzelhöhe	4·3	5·1	5·8	6·2	6·4	7·5	8·1	7·8	6·5	4·9	3·9	3·5	2134
Kirchschlag	1·9	3·4	4·5	5·5	6·8	7·2	7·3	7·0	6·5	3·3	1·8	1·4	1724
Klagenfurt-L.-Museum	2·1	4·3	4·6	6·5	6·7	8·0	8·4	7·9	6·0	3·8	1·8	1·4	1893
Krems	1·7	3·2	4·8	5·3	7·4	8·3	8·3	7·9	6·3	3·8	1·9	1·5	1844
Kremsmünster	1·6	3·3	4·7	5·7	7·1	7·8	7·9	7·4	6·1	3·4	1·8	1·4	1772
Laas	3·5	4·6	5·5	5·7	5·6	8·9	7·5	6·8	6·0	4·5	3·1	3·0	1916
Leoben	2·0	3·7	4·5	5·0	5·7	6·7	7·1	6·4	5·4	4·8	2·2	1·7	1680
Lienz	3·0	4·6	5·5	5·8	6·2	7·8	8·0	6·8	6·1	4·5	2·9	2·3	1931
Linz-Urfahr	1·6	3·2	4·6	5·8	7·3	7·7	8·0	6·9	6·2	3·8	1·8	1·4	1778
Lunz am See	1·0	2·1	3·8	4·3	5·1	5·5	5·8	5·6	5·1	3·1	1·1	0·7	1322
Mallnitz	2·3	2·9	3·8	3·9	4·3	5·9	5·5	5·2	4·3	3·1	2·2	1·9	1382
Mariapfarr	3·3	4·4	5·2	5·8	6·2	7·2	7·3	6·6	5·5	4·2	3·1	2·5	1869
Mariazell	2·3	3·1	4·1	4·6	5·6	6·1	6·3	6·0	5·3	3·9	2·4	2·2	1580
Muttersberg bei Bludenz	3·1	3·8	4·8	5·6	5·6	6·3	6·9	6·1	5·7	4·7	3·3	3·5	1815
Oberwölz	2·9	4·3	5·0	5·1	5·3	6·7	6·7	6·1	5·5	4·4	2·7	2·4	1747
Obir	3·6	4·5	4·8	5·1	5·0	6·2	6·9	6·6	6·0	4·5	3·3	3·1	1818
Patscherkofel	2·7	3·4	4·7	6·1	6·8	7·8	8·1	7·3	5·8	4·1	3·0	2·4	1891
St. Pölten	1·2	2·3	4·3	5·5	6·8	7·8	7·8	7·3	6·1	3·7	1·7	0·9	1697
Preblau	2·6	3·9	4·4	5·3	5·3	6·4	6·9	6·3	5·1	3·6	2·0	1·6	1629
Rax-Bergstation	2·9	3·3	4·2	4·5	5·5	6·5	7·3	6·3	5·4	4·0	2·8	2·7	1694
Reichraming	1·0	2·2	3·8	4·7	5·5	6·1	6·1	6·0	6·1	2·9	1·0	0·8	1384
Retz	1·8	2·8	4·7	6·2	7·7	8·2	8·8	7·7	5·9	3·6	1·6	1·5	1870
Ried i. Innkreis	1·9	3·2	4·7	6·0	7·6	8·3	8·5	7·7	6·7	4·0	2·1	1·8	1907
Salzburg	2·1	3·4	4·3	5·0	6·3	7·1	7·0	6·6	5·6	3·9	1·9	2·0	1678
Schmittenhöhe	3·4	4·4	5·2	5·4	6·1	6·9	7·0	6·4	6·2	5·1	3·9	3·4	1927
Schöckl	3·7	4·7	5·0	5·3	5·5	7·1	7·5	6·8	5·7	4·3	3·6	3·3	1908
Semmering	2·5	3·4	4·4	4·4	5·0	5·4	6·2	5·8	5·4	3·7	2·6	2·0	1546
Sonnblick	2·6	4·5	4·8	4·3	4·6	5·7	5·8	5·5	5·4	4·6	3·6	3·4	1699
Stift Zwettl	1·7	3·1	4·5	5·3	6·4	7·3	7·3	7·0	5·8	3·5	1·7	1·5	1681
Umhausen	2·4	3·4	4·3	5·3	5·3	5·9	6·1	5·6	4·7	3·8	2·6	2·1	1571
Vent	1·9	3·2	4·4	4·7	4·7	5·7	5·9	5·2	4·7	3·8	2·2	1·6	1461
Wagrain	2·1	3·4	4·9	5·3	6·1	6·7	6·9	6·6	5·6	4·2	2·3	1·8	1705
Wien-Hohe Warte	1·7	3·2	4·7	6·0	7·6	8·7	8·8	8·0	6·6	4·0	1·8	1·7	1913
Wiener Neustadt	2·2	3·1	4·3	5·2	6·6	7·5	8·4	7·6	6·0	4·0	2·4	1·9	1808
Zell am See	1·9	2·8	4·1	5·6	5·5	5·9	6·1	5·6	5·0	3·6	2·0	1·2	1504
Zeltweg	2·7	4·1	5·2	5·7	5·7	7·2	7·8	6·5	5·5	4·3	2·1	2·0	1790

Tabelle 83: *Durchschnittswerte der Monats-, Jahreszeiten- und Jahressummen der Sonnenscheinstunden (1901 bis 1950)*

	Jän.	Feb.	März	April	Mai	Juni	Juli	Aug.	Sept.	Okt.	Nov.	Dez.	Jahr	Frühl.	Som.	Herbst	Winter
Wien	56	81	135	173	238	246	265	242	184	118	58	41	1837	546	754	360	179
Kremsmünster	54	87	140	165	223	223	236	221	172	107	54	40	1719	528	680	334	180
Innsbruck	71	104	155	158	190	194	210	199	171	140	86	55	1733	503	603	397	230
Klagenfurt	65	110	158	173	215	231	254	242	173	118	58	39	1836	546	727	349	216
Sonnblick	109	120	138	119	143	154	171	170	150	143	107	95	1619	400	495	400	325
Zugspitze	120	131	154	144	164	151	169	174	163	167	127	109	1773	426	494	457	360
Obir	114	123	140	133	156	171	201	204	161	133	104	93	1733	429	576	398	329

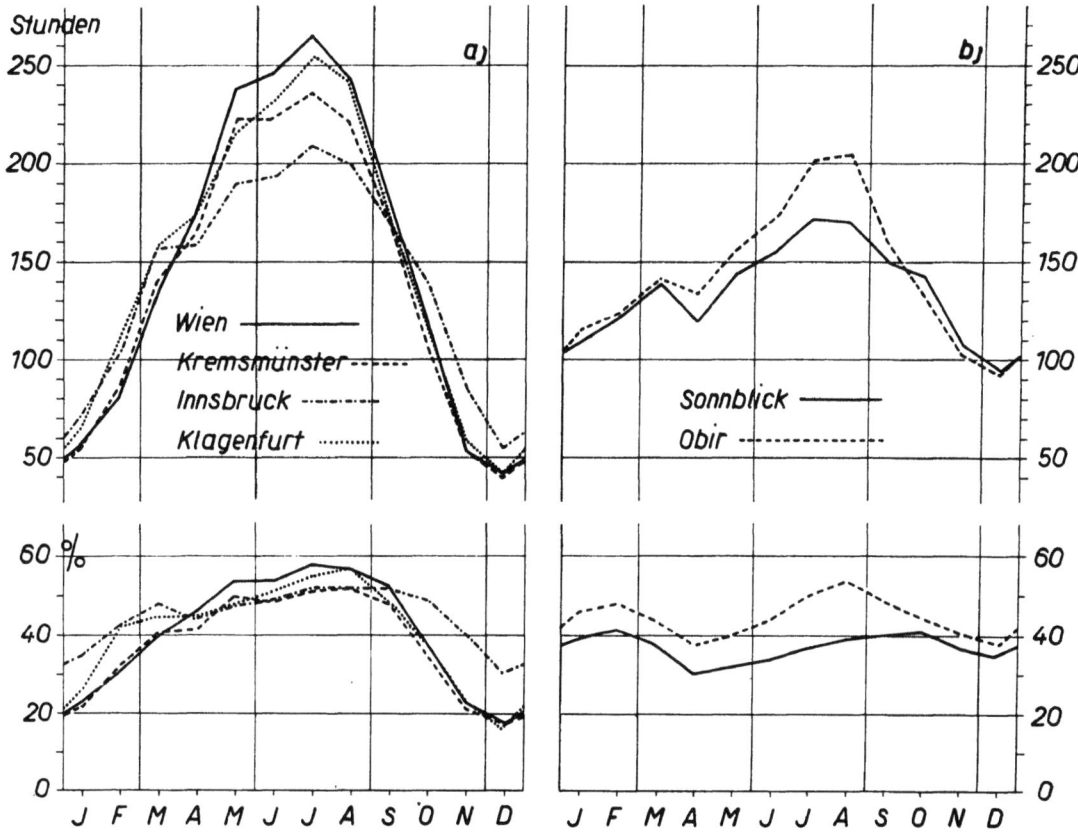

Abb. 23: Jahresgang der Monatssummen der Sonnenscheinstunden und der Prozente der effektiv möglichen Sonnenscheindauer in Wien, Kremsmünster, Innsbruck, Klagenfurt, auf dem Sonnblick und auf dem Obir. 1901 bis 1950

Aus den in der Tabelle 82 wiedergegebenen Jahresgängen der durchschnittlichen täglichen Sonnenscheinstunden können durch Multiplikation dieser Zahlen mit der Zahl der Tage des betreffenden Monats die durchschnittlichen Monatssummen berechnet werden. Für einige Stationen mit sehr langen Beobachtungsreihen sind 50jährige Durchschnittswerte der Monats-, Jahreszeiten- und Jahressummen in Tabelle 83 zusammengestellt. Diese Jahresgänge sind für die Stationen der Niederung Wien, Kremsmünster, Innsbruck und Klagenfurt sowie für die Bergstationen Sonnblick und Obir in Abb. 23 graphisch wiedergegeben und ermöglichen Vergleiche der regionalen Unterschiede und im Vergleich der langjährigen Mittelwerte mit den Ergebnissen der Periode 1928 bis 1950 auch ein Urteil darüber, wieweit letztere repräsentativ sind. Aus Abb. 23 ist wieder zu ersehen, daß an den Stationen der Niederung die Jahresschwankung sehr groß, an den Bergstationen aber nur sehr klein ist.

Im Jahresgang fällt in allen vier Stationen der Niederung das Maximum auf den Juli und das Minimum auf den Dezember. Die Jahresgänge verlaufen nicht ganz ausgeglichen (10) (Abb. 23). Es fällt vor allem eine Unterbrechung der Zunahme der Sonnenscheindauer im ersten Halbjahr im April auf, die in Wien fast nicht merkbar ist, in Innsbruck aber am deutlichsten in Erscheinung tritt. Es ist dies die Zeit, in der wegen der zunehmenden Erwärmung des Bodens die Stabilität der Luftschichtung am kleinsten ist, was auch in dem durch seine starke Veränderlichkeit und Unbeständigkeit bekannten „Aprilwetter" zum Ausdruck kommt. Dieses ist meist auch an Wetterlagen gebunden, die Luft von Nordwesten oder Norden heranbringen, was besonders im Nordalpengebiet zu Stau und damit zu verstärkter Wolkenbildung führt. Der Einfluß des maritimen Klimas zeigt sich auch darin deutlich, daß in

Tabelle 84: *Häufigkeitsverteilung der Monats- und Jahressummen der Sonnenscheindauer in den 50 Jahren 1906 bis 1955*

	Jän.	Feb.	März	April	Mai	Juni	Juli	Aug.	Sept.	Okt.	Nov.	Dez.	Jahr	
Wien:														
Stunden:													Stunden:	
1— 20	1	1	.	.	.	.	.	.	.	.	.	5	1551—1600	2
21— 40	5	3	.	.	.	.	.	.	.	.	1	7	20	1601—1650	2
41— 60	28	7	1	.	.	.	.	.	.	.	2	23	18	1651—1700	5
61— 80	14	16	1	.	.	.	.	.	.	1	15	6	1701—1750	7
81—100	2	11	7	1	.	.	.	.	2	9	5	1	1751—1800	8
101—120	.	5	8	6	.	.	.	.	1	11	.	.	1801—1850	2
121—140	.	6	14	3	.	.	.	.	3	13	.	.	1851—1900	3
141—160	.	1	7	5	2	1	.	.	7	4	.	.	1901—1950	7
161—180	.	.	5	8	1	2	.	.	8	7	.	.	1951—2000	6
181—200	.	.	2	10	7	2	1	9	8	2	.	.	2001—2050	4
201—220	.	.	3	8	9	7	4	5	9	.	.	.	2051—2100	.
221—240	.	.	1	6	11	13	10	4	6	.	.	.	2101—2150	3
241—260	.	.	1	2	4	10	7	12	6	.	.	.	2151—2200	.
261—280	.	.	.	.	11	8	8	8	.	.	.	.	2201—2250	.
281—300	.	.	.	.	3	3	14	11	.	.	.	.	2251—2300	1
301—320	.	.	.	1	2	1	4	1	.	.	.	.		
321—340	.	.	.	.	.	2	1	.	.	.	.	.		
341—360	.	.	.	.	.	1	1	.	.	.	.	.		
Maximum:														
Monatssumme	89	141	251	306	316	343	341	310	258	186	100	81	2251	
Stunden pro Tag	2·9	5·0	8·1	10·2	10·2	11·4	11·0	10·0	8·6	6·0	3·3	2·6	6·2	
% des Normalen	159	174	186	177	133	139	129	128	140	158	173	198	123	
Jahr	1911	1949	1921	1946	1931	1917	1928	1944	1921	1947	1908	1941	1921	
Minimum:														
Monatssumme	18	12	54	100	147	156	190	190	85	38	27	12	1552	
Stunden pro Tag	0·6	0·4	1·7	3·3	4·7	5·2	6·1	6·1	2·8	1·2	0·9	0·4	4·3	
% des Normalen	32	15	40	58	62	63	72	79	46	32	47	29	85	
Jahr	1919	1947	1944	1942	1939	1920	1913	1924 1938 1940	1912	1915	1939	1932	1925	

den Monaten Mai bis August die Zahl der monatlichen Sonnenscheinstunden von Wien bis Innsbruck deutlich abnimmt. Eine zweite Unterbrechung erfährt die Zunahme der Sonnenscheindauer im Jahresgang im Monat Juli. Dies ist darauf zurückzuführen, daß in diesem Monat eine verstärkte Zufuhr kühlerer maritimer Luftmassen erfolgt, die man als sommermonsunartige Erscheinung bezeichnet. Auch dieser Rückschlag ist im Westen am deutlichsten, im Osten und Süden aber nur sehr schwach ausgeprägt. Im Jahresgang fällt ferner auf, daß in den Monaten September bis Dezember die Monatssummen der Sonnenscheindauer in Wien, Kremsmünster und Klagenfurt fast gleich groß sind; in Wien und Kremsmünster dauert diese Gleichheit auch weiter bis zum April an. In Innsbruck sind dagegen die Monatssummen der Sonnenscheindauer von Oktober bis März größer als in Wien und Kremsmünster, von Oktober bis Jänner auch größer als in Klagenfurt. Dies erklärt sich daraus, daß in diesen Zeiten im Alpenvorland und auch im Kärntner Becken bedeutend häufiger als im inneralpinen Gebiet Nebel- und andauernde Hochnebeldecken vorkommen.

Beim Vergleich der Jahresgänge der Monatswerte der beobachteten Sonnenscheindauer in Prozenten der effektiv möglichen Dauer (Abb. 23) kommt noch deutlicher zum Ausdruck,

Tabelle 84 (Fortsetzung)

	Jän.	Feb.	März	April	Mai	Juni	Juli	Aug.	Sept.	Okt.	Nov.	Dez.	Jahr	
Klagenfurt:														
Stunden:													Stunden:	
1— 20	2	.	.	.	.	.	.	.	.	.	.	7	.	.
21— 40	9	1	.	.	.	.	.	.	1	.	11	21	1551—1600	2
41— 60	13	3	.	.	.	.	.	.	.	1	14	16	1601—1650	3
61— 80	13	4	1	.	.	.	.	.	.	1	19	4	1651—1700	5
81—100	8	15	1	1	.	.	.	1	1	11	3	2	1701—1750	5
101—120	4	9	7	4	.	.	.	.	.	17	2	.	1751—1800	3
121—140	.	6	6	5	1	2	.	.	6	10	1	.	1801—1850	9
141—160	1	6	13	8	5	1	.	2	8	7	.	.	1851—1900	2
161—180	.	4	4	11	4	2	1	1	12	1	.	.	1901—1950	6
181—200	.	2	10	5	6	5	.	2	12	1	.	.	1951—2000	9
201—220	.	.	5	7	11	7	7	5	5	1	.	.	2001—2050	3
221—240	.	.	.	4	10	12	9	13	1	.	.	.	2051—2100	1
241—260	.	.	2	5	8	11	14	7	3	.	.	.	2101—2150	1
261—280	.	.	1	.	4	6	8	12	1	.	.	.	2151—2200	.
281—300	.	.	.	.	1	2	8	6	.	.	.	.	2201—2250	.
301—320	.	.	.	.	.	2	2	1	.	.	.	.	2251—2300	1
321—340	.	.	.	.	.	.	1	.	.	.	.	.		
341—360	.	.	.	.	.	.	.	.	.	.	.	.		
Maximum:														
Monatssumme	146	189	276	260	293	313	322	303	261	205	139	100	2280	
Stunden pro Tag	4·7	6·7	8·9	8·7	9·4	10·4	10·4	9·8	8·7	6·6	4·6	3·2	6·2	
% des Normalen	224	172	175	151	136	136	127	125	151	174	240	257	124	
Jahr	1918	1949	1953	1946	1950	1922	1928	1933	1921	1921	1918	1918	1921	
Minimum:														
Monatssumme	18	31	69	89	137	139	171	100	40	55	30	4	1597	
Stunden pro Tag	0·6	1·1	2·2	3·4	4·4	4·6	5·5	3·2	1·3	1·8	1·0	0·1	4·3	
% des Normalen	28	28	45	51	64	60	67	41	23	47	52	10	87	
Jahr	1913	1947	1928	1918	1949	1916	1926	1922	1922	1915	1933 1936	1916	1912 1910	

daß von Oktober bis März Innsbruck gegenüber den anderen Stationen stark begünstigte Sonnenscheinverhältnisse aufweist. Im Februar und März hat auch Klagenfurt bereits einen beträchtlichen Vorsprung gegenüber Wien und Kremsmünster. Im Jahresgang der Prozentwerte der effektiv möglichen Sonnenscheindauer fällt auch der Rückschlag im April besonders in Innsbruck deutlich auf und außerdem auch von Mai bis August die durch seine kontinentale Lage gegenüber den anderen Stationen bedingte Begünstigung von Wien. Im Spätsommer kommt auch das durch Klagenfurt vertretene Südalpengebiet an relativem Sonnenscheinreichtum Wien nahe.

Auf den Bergen verläuft der Jahresgang der Sonnenscheindauer wesentlich anders als in der Niederung. Das Maximum fällt deutlich erst auf Juli und August, während an den Stationen der Niederung auch die beiden Vormonate bereits höhere Monatssummen der Sonnenscheinstunden aufweisen. Von Oktober bis Februar ist die Sonnenscheindauer auf den Bergen bedeutend größer als in der Niederung; besonders groß sind die Unterschiede in den Monaten November bis Jänner, in denen die Niederung oft lange Zeit unter Nebel oder Hochnebeldecken liegt. Diese große Zahl winterlicher Sonnenscheinstunden bedingt, daß die Zunahme gegen den Sommer hin auf den Bergen bedeutend geringer erscheint als in der Niederung und daß dort der Rückschlag im April sogar als zweites Minimum neben

Tabelle 84 (Fortsetzung)

	Jän.	Feb.	März	April	Mai	Juni	Juli	Aug.	Sept.	Okt.	Nov.	Dez.	Jahr	
Innsbruck:														
Stunden:													Stunden:	
	.	.	.	.	.	.	.	.	.	.	.	.	1300—1350	1
21— 40	4	.	.	.	.	.	.	.	.	.	.	7	1351—1400	.
41— 60	12	2	.	.	.	.	.	.	.	.	6	24	1401—1450	.
61— 80	19	8	1	.	.	.	.	.	.	3	15	12	1451—1500	.
81—100	10	16	1	.	.	.	.	1	4	16	5	1501—1550	6
101—120	5	9	6	6	2	.	.	2	6	10	2	1551—1600	4
121—140	.	9	6	10	2	5	1	2	6	9	2	.	1601—1650	6
141—160	.	5	16	12	7	4	5	5	15	12	1	.	1651—1700	6
161—180	.	1	9	6	8	13	8	7	7	12	.	.	1701—1750	3
181—200	.	.	6	8	12	8	12	9	9	4	.	.	1751—1800	5
201—220	.	.	4	7	11	10	9	14	5	.	.	.	1801—1850	8
221—240	.	.	.	1	4	7	6	9	5	.	.	.	1851—1900	6
241—260	.	.	1	.	3	2	6	4	.	.	.	.	1901—1950	1
261—280	.	.	.	.	1	1	3	.	.	.	.	.	1951—2000	2
	.	.	.	.	.	.	.	.	.	.	.	.	2001—2050	2
Maximum:														
Monatssumme	112	171	245	236	266	261	277	259	234	193	145	120	2028	
Stunden pro Tag	3·6	6·1	7·9	7·9	8·6	8·7	8·9	8·4	7·8	6·2	4·8	3·9	5·6	
% des Normalen	158	164	158	149	140	134	132	130	137	138	169	219	117	
Jahr	1930	1949	1953	1946	1950	1950	1928	1923	1929	1921	1953	1932	1921	
Minimum:														
Monatssumme	34	51	76	107	110	129	135	126	84	71	53	24	1342	
Stunden pro Tag	1·1	1·8	2·5	3·6	3·6	4·3	4·4	4·1	2·8	2·3	1·8	0·8	3·7	
% des Normalen	48	49	49	68	58	66	64	64	49	51	62	44	78	
Jahr	1907 1923	1937	1944	1954	1939	1923	1913	1912	1912	1922	1947	1906 1923	1912	

dem Dezemberminimum im Jahresgang der Monatssummen der Sonnenscheinstunden auftritt. Im Gebirge hält zum Unterschied gegenüber der Niederung die durch die verstärkte Neigung zur Wolkenbildung bedingte Verringerung der Sonnenscheinstundenzahl auch im Mai und Juni noch an. Von April bis August ist die Zahl der monatlichen Sonnenscheinstunden im Gebirge wesentlich kleiner als in der Niederung. Im September gleichen sich die Verhältnisse wieder aus. Dieser Monat ist in allen Gebieten sowohl in der Niederung wie auch auf den Bergen witterungsmäßig relativ begünstigt. Während von Oktober bis März Obir und Sonnblick nahezu die gleichen Sonnenscheinstunden aufweisen, hat von April bis September der um 1100 m höhere Sonnblick weniger Sonnenscheinstunden als der Obir; am größten sind die Unterschiede im Juli und August. Zufolge seiner hohen Lage steckt der Sonnblick im Sommerhalbjahr häufiger in Wolken als der Obir.

Der Unterschied der Jahresgänge der Sonnenscheindauer zwischen Niederung und Hochgebirge kommt besonders deutlich in den Jahresgängen der Prozentwerte der effektiv möglichen Sonnenscheindauer zum Ausdruck (Abb. 23). Daraus ersieht man, daß auf dem Sonnblick das Minimum im April sogar das Hauptminium ist und demnach dort im Dezember sogar schöneres Wetter herrscht als im April. Auf dem Obir sind beide Minima gleich. Aus Abb. 23 ist auch ersichtlich, daß im Jahresgang der relativen Sonnenscheindauer auf den Hochgebirgsgipfeln auch zwei fast gleich große Maxima auftreten. Auf dem Obir fällt das Hauptmaximum auf den August und übertrifft das zweite Maximum, das im Februar auftritt, noch ein wenig. Auf dem Sonnblick fehlt das Maximum im Sommer überhaupt; es

Tabelle 84 (Fortsetzung)

	Jän.	Feb.	März	April	Mai	Juni	Juli	Aug.	Sept.	Okt.	Nov.	Dez.	Jahr	
Sonnblick:														
Stunden:													Stunden:	
21— 40	1	1	.	2	1	.	.	.	.	.	.	1	1251—1300	2
41— 40	2	2	1	1	.	2	.	.	.	.	3	4	1301—1350	.
61— 80	9	6	1	4	2	.	.	.	.	7	8	14	1351—1400	6
81—100	8	13	6	12	5	2	2	1	4	1	8	10	1401—1450	2
101—120	13	4	7	11	4	11	4	6	3	7	12	8	1451—1500	2
121—140	8	5	12	4	10	5	6	5	13	6	10	8	1501—1550	2
141—160	5	7	6	3	12	8	10	10	11	8	5	4	1551—1600	5
161—180	3	8	8	8	5	4	8	5	7	11	3	1	1601—1650	4
181—200	1	3	4	2	5	9	10	8	7	3	.	.	1651—1700	6
201—220	.	1	2	1	4	6	3	7	4	7	1	.	1701—1750	9
221—240	.	.	3	2	2	2	4	6	1	.	.	.	1751—1800	4
241—260	.	.	.	.	.	1	1	2	.	.	.	.	1801—1850	3
261—280	.	.	.	.	.	.	2	.	.	.	.	.	1851—1900	2
	.	.	.	.	.	.	.	.	.	.	.	.	1901—1950	3
Maximum:														
Monatssumme	194	204	240	227	233	241	275	242	226	218	203	171	1946	
Stunden pro Tag	6.3	7.3	7.7	7.6	7.5	8.0	8.9	7.8	7.5	7.0	6.8	5.5	5.3	
% des Normalen	178	170	174	191	163	157	161	142	151	153	190	180	120	
Jahr	1932	1920	1953	1946	1917	1935	1938	1923	1917	1920	1953	1948	1943	
Minimum:														
Monatssumme	38	34	52	39	39	55	98	85	81	63	50	34	1261	
Stunden pro Tag	1.2	1.2	1.7	1.3	1.3	1.8	3.2	2.7	2.7	2.0	1.7	1.1	3.5	
% des Normalen	35	28	38	33	27	36	57	50	54	44	47	36	78	
Jahr	1915	1947	1937	1918 1919	1939	1926	1926 1954	1924	1925	1922	1910	1909	1910	

ist auf den Oktober verschoben und das zweite Maximum im Februar kommt ihm vollkommen gleich. Daraus ergibt sich, daß im Zentralalpenkamm Frühherbst und Spätwinter die schönste Witterung aufweisen.

In den einzelnen Jahren weichen die Monats-, Jahreszeiten- und Jahressummen von den Durchschnittswerten mehr oder minder stark ab. Eine Vorstellung davon, welches Ausmaß diese Abweichungen annehmen können, vermitteln die Häufigkeitsverteilungen der Monats- und Jahressummen der Sonnenscheinstunden von Wien, Klagenfurt, Innsbruck und Sonnblick, die auf Grund 50jähriger Beobachtungen abgeleitet wurden und in Tabelle 84 wiedergegeben sind. In dieser Tabelle sind auch für jeden Monat die in den letzten 50 Jahren vorgekommenen größten und kleinsten Monatssummen in Stunden und in Prozenten der 50jährigen Durchschnittswerte angeführt. Daraus ist ersichtlich, daß in den Sommermonaten die größten Monatssummen an den Stationen der Niederungen ungefähr um ein Drittel und auf dem Sonnblick sogar um mehr als die Hälfte die Durchschnittswerte übertreffen und die kleinsten Monatssummen an den Stationen der Niederung ungefähr um ein Drittel und auf dem Sonnblick um die Hälfte unter dem Durchschnittswert bleiben. In den Wintermonaten sind die extremen Abweichungen, nach den Stundenwerten beurteilt, beträchtlich kleiner, relativ zu den Durchschnittswerten aber bedeutend größer als im Sommer.

Die sonnenreichsten Monate der letzten 50 Jahre waren in Wien der Juni 1917 mit 343 Stunden, in Klagenfurt der Juli 1928 mit 322 Stunden, in Innsbruck ebenfalls der Juli 1928 mit 277 Stunden und auf dem Sonnblick der Juli 1945 mit 275 Stunden. Die sonnen-

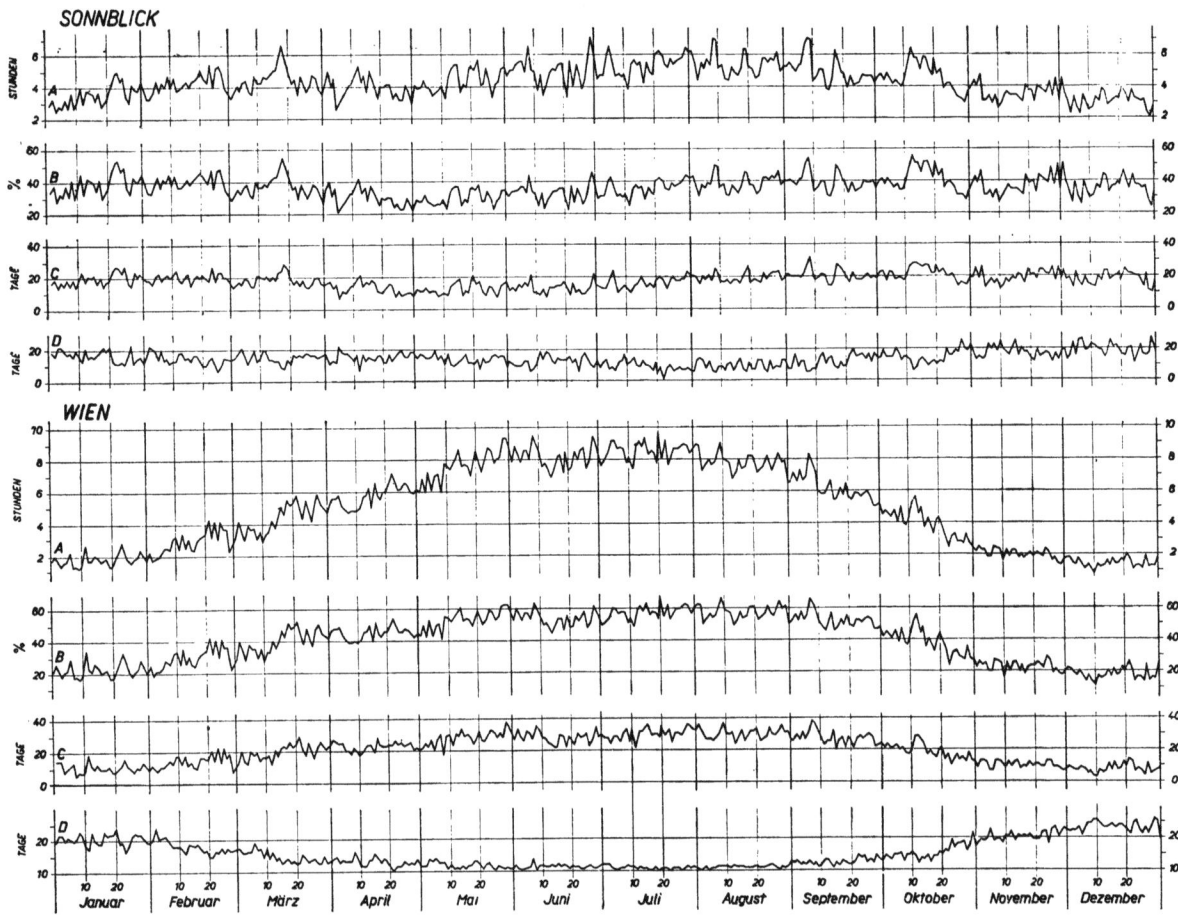

Abb. 24: Jahresgang der Sonnenscheindauer auf dem Sonnblick und in Wien nach 50jährigen täglichen Mittelwerten (1901 bis 1950). A: Tägliche Sonnenscheinstunden; B: Tägliche Sonnenscheindauer in Prozent der effektiv möglichen Dauer; C: Häufigkeit der sonnenlosen Tage; D: Häufigkeit der sonnigen Tage (Tage, an denen die Sonne länger als die Hälfte der möglichen Zeit scheint)

ärmsten Monate waren im gleichen Zeitraum in Wien Dezember 1932 und Februar 1947 mit 12 Stunden, in Klagenfurt Dezember 1916 mit 4 Stunden, in Innsbruck Dezember 1906 und 1932 mit 24 Stunden und auf dem Sonnblick Dezember 1909 und Februar 1947 mit 34 Stunden. Im gleichen Zeitabschnitt sind als sonnenreichste Jahre in Wien 1921 mit 2251 Stunden, in Klagenfurt ebenfalls 1921 mit 2280 Stunden, in Innsbruck gleichfalls 1921 mit 2028 Stunden und auf dem Sonnblick 1943 mit 1946 Stunden, und als sonnenärmste Jahre in Wien 1925 mit 1552 Stunden, in Klagenfurt 1910 und 1912 mit 1597 Stunden, in Innsbruck 1912 mit 1342 Stunden und auf dem Sonnblick 1910 mit 1261 Stunden zu verzeichnen.

Einen genaueren Einblick in die Struktur des Jahresganges, als ihn die Monatsmittel der Tabellen 81, 82 oder 83 vermitteln, gewinnt man, wenn man aus langjährigen Beobachtungsreihen für jeden Tag den Durchschnittswert der Reihe berechnet und daraus einen Jahresgang konstruiert. Dies ist in Abb. 24 auf Grund der 50jährigen Tagesmittelwerte der Sonnenscheinstunden für Wien und Sonnblick gemacht worden. Damit wird der natürliche Ablauf des Jahresganges erfaßt, während in den Monatsmittelwerten einzelne natürliche Entwicklungsperioden durch die willkürliche Monatseinteilung zerrissen werden können. Vor allem kommen darin auch die Änderungen innerhalb eines Monats zum Ausdruck.

Aus der Kurve des aus Tagesmittelwerten gebildeten Jahresganges der Sonnenscheindauer ist zu entnehmen, daß in Wien der sonnigste Tag der 20. Juli mit durchschnittlich

9·8 Stunden Sonnenschein und der sonnenärmste Tag der 10. Dezember mit nur 0·8 Stunden ist. Auf dem Sonnblick sind mit durchschnittlich 7·1 Stunden der 8. August und der 8. September die sonnigsten Tage und mit 2·0 Stunden ist dort der 29. Dezember der sonnenärmste Tag des Jahres. Es ist demnach die absolute Jahresschwankung auf dem Sonnblick mit 5·1 Stunden wesentlich kleiner als in Wien mit 9·0 Stunden. Während der Jahresgang der täglichen Sonnenscheinstunden durch den Jahresgang der astronomisch möglichen täglichen Sonnenscheinstunden überlagert wird, kommt der Jahresgang der Witterung, der Wechsel von Zeiten mit größerer Neigung zu schönerem oder schlechterem Wetter, im Jahresgang der Prozente der effektiv möglichen Sonnenscheindauer, der ebenfalls in Abbildung 24 dargestellt ist, besser zum Ausdruck. In diesen Jahresgängen zeigt sich auch deutlich der Unterschied zwischen Niederung und Hochgebirge. Von Mitte Oktober bis Ende Februar ist die relative Sonnenscheindauer in Wien geringer als auf dem Sonnblick. Von der dritten Märzdekade bis Mitte Oktober ist es umgekehrt. Als Zeiten, die eine Neigung zu schönerem Wetter aufweisen, fallen auf: der 11. und 23. Jänner, der 21. Februar, der 18. März, der 8. und 29. Juni, der 5., 20. und 28. Juli, der 9. und 28. August, der 8. September und der 12. und 20. Oktober. Während in den letzten Monaten des Jahres über der Niederung häufig Nebel und Hochnebel liegen und dort dementsprechend die Schwankungen der Sonnenscheindauer nur gering sind, tritt im Hochgebirge gesteigerte Schönwetterneigung am 4., 27. und 29. November und am 1., 14., 21. und 24. Dezember auf. Als Zeiten mit Neigung zu schlechterem Wetter und geringerer Sonnenscheindauer fallen auf: der 3., 9., 18. und 27. Jänner, der 2. Februar, der 1., 8., 23., 26. und 31. März, der 5. April, der 13. und 21. Juni, der 1. und 11. Juli, der 3. und 13. August, der 10. und 15. September und der 30. Oktober. Man kann aus den Kurven der Abbildung 24 sozusagen einen Wetterkalender, der den natürlichen Jahresablauf der Witterung veranschaulicht, ablesen. Es soll aber hier weiter darauf nicht eingegangen werden.

Von Interesse ist auch noch der Jahresgang der Häufigkeit sonnenloser Tage, der für den 50jährigen Zeitabschnitt 1901 bis 1950 ebenfalls in Abbildung 24 dargestellt ist. Man sieht darin, daß in Wien die Häufigkeit der sonnenlosen Tage von Anfang November bis Anfang Februar größer ist als auf dem Sonnblick, was durch die Nebel- und Hochnebellagen der Niederung verursacht ist. Es ist aber bezeichnend, daß auch im Hochgebirge die Zahl der sonnenlosen Tage von Ende Oktober bis anfangs Februar verhältnismäßig groß ist, was dafür spricht, daß in dieser Jahreszeit auch im Hochgebirge stationäre Wolkendecken verhältnismäßig häufig vorkommen; es handelt sich dabei zum Unterschied von der Niederung allerdings vielfach um mittelhohe Wolken und zum Teil auch um Wolken, die am Gebirge stauen und den Berg einhüllen. Von Mitte März bis Mitte Oktober ist die Häufigkeit der sonnenlosen Tage im Hochgebirge bedeutend größer als in der Niederung. Im Hochgebirge ist von Mitte Juli bis Mitte September die Häufigkeit der sonnenlosen Tage am geringsten. In der nebel- und hochnebelreichen Niederung nimmt die Häufigkeit der sonnenlosen Tage im Laufe der ersten Februardekade stark ab, sie bleibt dann bis zum Ende der ersten Märzdekade ziemlich gleich und nimmt gegen Mitte März hin wieder auf ungefähr die Hälfte ab. Nur sehr gering ist die Häufigkeit sonnenloser Tage vom Ende der ersten Maidekade bis Ende August. Im Sommerhalbjahr sind in dem 50jährigen Zeitabschnitt am 21. April, 25. Mai, 3., 8. und 19. Juni, am 4., 5., 11., 15., 16., 18., 22. und 26. Juli, am 1., 4. und 27. August in Wien überhaupt keine sonnenlosen Tage vorgekommen. Am größten war hier die Häufigkeit sonnenloser Tage mit 32 Fällen am 29. Dezember. Auf dem Sonnblick betrug die größte Häufigkeit sonnenloser Tage 27 Fälle am 7. und 30. Dezember; am seltensten sind dort sonnenlose Tage am 22. Juli vorgekommen, an welchem Tag nur ein solcher Fall beobachtet worden ist.

Im Durchschnitt der 50 Jahre betrug die Häufigkeit sonnenloser Tage in den einzelnen

Monaten:	Jän.	Feb.	März	April	Mai	Juni	Juli	Aug.	Sept.	Okt.	Nov.	Dez.	Jahr
Wien	13·3	9·0	5·7	3·4	1·9	1·3	0·7	1·0	2·7	6·5	12·5	16·4	74·4
Sonnblick	10·7	8·5	9·6	9·6	8·8	7·7	5·8	5·8	7·3	9·3	10·6	12·2	105·9

Das Gegenstück zu den sonnenlosen Tagen bilden die sonnigen Tage, worunter solche Tage verstanden werden sollen, an denen die Sonne länger als die Hälfte der möglichen Zeit scheint. Ebenfalls auf Grund der Beobachtungen des Zeitabschnittes 1901 bis 1950 ist ihr Jahresgang für beide Stationen auch in Abbildung 24 zu sehen. Auf dem Sonnblick sind die sonnigen Tage in den Monaten April bis Juni am seltensten, in Wien dagegen von Anfang November bis Mitte Februar. Auf dem Sonnblick ist die Häufigkeit sonniger Tage mit 32 Fällen am größten am 8. September; mehr als 25 sonnige Tage wurden dort im 50jährigen Zeitabschnitt am 21., 22., 23. und 25. Jänner, am 23. Februar, am 18. und 19. März, am 19. August, am 7., 8. und 17. September, am 11. bis 14., 16., 17. und 20. Oktober und am 4. November gezählt. Am 5. April sind auf dem Sonnblick in den 50 Jahren nur siebenmal sonnige Tage vorgekommen. In Wien weist der Jahresgang der Häufigkeit sonniger Tage eine wesentlich größere Schwankung auf als auf dem Sonnblick. In Wien war die Häufigkeit sonniger Tage mit 38 Fällen am 28. Mai und am 7. September am größten und mit nur 3 Fällen am 10. und 26. Dezember am kleinsten. Öfter als 25mal wurden dort sonnige Tage in den 50 Jahren am 18., 21. und 28. März, am 1., 2., 16. und 22. April, am 4., 6., 7., 9., 10., 12. bis 17., 19. bis 31. Mai, am 1. bis 11., 16., 17., 19., 20., 22. bis 25., 27. bis 30. Juni, am 1., 2., 4. bis 10., 12. bis 31. Juli, am 1. bis 12., 13. bis 31. August, am 1. bis 10., 14., 16., 17., 19., 20., 22. bis 27. September und am 11. bis 13. Oktober gezählt. Im Durchschnitt beträgt die Häufigkeit sonniger Tage in den einzelnen Monaten:

	Jän.	Feb.	März	April	Mai	Juni	Juli	Aug.	Sept.	Okt.	Nov.	Dez.	Jahr
Wien	6·1	7·7	12·3	13·7	17·6	17·0	18·9	18·8	16·4	11·6	6·1	4·7	150·9
Sonnblick	12·4	11·7	11·7	8·3	8·4	8·1	10·1	11·8	12·0	13·1	11·6	11·3	130·5

Höhenabhängigkeit der Sonnenscheindauer

Aus den in Tabelle 81 wiedergegebenen Beispielen und aus der Besprechung der typischen Merkmale der Jahresgänge der Sonnenscheindauer in den verschiedenen Teilgebieten Österreichs ist klar geworden, daß in der Niederung hauptsächlich durch die Nebel- und Hochnebelbildungen die Sonnenscheindauer im Spätherbst und im Winter stark behindert ist, während in dieser Jahreszeit die Hochgebirgslagen über die Nebeldecke hinausragen und auch durch Staubewölkung weniger betroffen sind als im Sommerhalbjahr und daher mehr Sonnenschein aufweisen als die Niederung. Andererseits kommt im Sommer vor allem den Niederungen des östlichen Österreichs die kontinentale Lage zugute, die bei größerer Trockenheit mehr Sonnenschein zuläßt, während gleichzeitig im Hochgebirge die verstärkte Konvektions- und Staubewölkung die Sonnenscheindauer im Frühling und Sommer behindert. Daraus folgt, daß die Sonnenscheindauer eine Höhenabhängigkeit zeigt, die in verschiedenen Jahreszeiten verschieden ist. Dies zeigt für die vier Jahreszeiten und für den Jahresdurchschnitt die Tabelle 85, die Mittelwerte der Prozente der effektiv möglichen Sonnenscheindauer für die einzelnen Höhenstufen wiedergibt.

Daraus ist ersichtlich, daß im Frühling die relative Sonnenscheindauer bis 2000 *m* Höhe sich nicht viel ändert, darüber aber zufolge der die Hochgebirgsgipfel in dieser Jahreszeit häufig einhüllenden Konvektions- und Staubewölkung mit der Höhe rasch abnimmt. Im Sommer ist die relative Sonnenscheindauer im Flachland und in den tiefsten Lagen der Niederung wesentlich größer als im Frühling, darüber wird in den mittleren Gebirgslagen von 500 bis 1500 *m* Höhe die relative Sonnenscheindauer schon etwas kleiner, ändert sich aber in diesem Bereich mit der Höhe nicht viel; in den darüber hinaus reichenden Hochgebirgslagen nimmt die relative Sonnenscheindauer aber mit der Höhe wieder stark bis auf Werte ab, die in den höchsten Kamm- und Gipfellagen dem Werte des Frühlings sehr nahe kommen. Im Herbst macht sich in den tiefsten Lagen bereits die Nebel- und Hochnebelbildung bemerkbar, indem in dieser Jahreszeit die relative Sonnenscheindauer dort von der Niederung an mit der Höhe bis 1000 *m* langsam zunimmt, darüber von 1000 bis 2500 *m*

Höhe sich nicht viel mit der Höhe ändert und nur in den höchsten Lagen zufolge der dortigen Staubewölkung wieder etwas abnimmt. Darin kommt zum Ausdruck, daß im Herbst die Gebirgslagen die größte Sonnenscheindauer aufweisen. Im Winter ist die Sonnenscheindauer in der Niederung, die in dieser Jahreszeit häufig unter Nebel- und Hochnebeldecken liegt, sehr klein, nimmt mit der Höhe bis 1000 m von 25 auf 45% zu und ist darüber im gesamten Hochgebirgsbereich recht beträchtlich und gleichmäßig hoch. Die in den einzelnen Jahreszeiten sehr auffallenden Unterschiede in der Änderung der Sonnenscheindauer mit der Höhe werden im Jahresdurchschnitt stark ausgeglichen, so daß die Jahresdurchschnittswerte eigentlich nichtssagend sind.

Tabelle 85: *Durchschnittswerte der relativen Sonnenscheindauer für verschiedene Höhenstufen in Prozent*

Höhe, m	Frühling	Sommer	Herbst	Winter	Jahr
100— 300	48	58	42	25	46
300— 500	46	55	43	32	46
500— 750	46	53	44	37	46
750—1000	47	53	46	39	47
1000—1250	47	53	48	45	49
1250—1500	47	53	49	47	49
1500—2000	46	49	49	45	47
2000—2500	43	48	49	46	47
>2500	38	39	44	44	41

Was die Änderung der Stundenzahl der Sonnenscheindauer mit der Höhe betrifft, so kommt zu der im Vorstehenden beschriebenen witterungsbedingten Höhenabhängigkeit der relativen Sonnenscheindauer als wesentlicher Faktor noch hinzu, daß einerseits im Flachland und andererseits auf freien Hochgebirgslagen die mögliche Sonnenscheindauer viel größer ist als in den durch Horizontabschirmungen beengten Tallagen. Dadurch wird die Zunahme der Sonnenscheinstunden mit der Höhe von den Tallagen bis zu Kamm- und Gipfellagen besonders im Winterhalbjahr bedeutend größer als die Zunahme der Prozentzahlen der relativen Sonnenscheindauer. Dies ist z. B. aus den Vergleichen der Stationspaare Zell am See—Schmittenhöhe, Bad Ischl—Feuerkogel, Innsbruck—Hafelekar (in Tabelle 82) ersichtlich. Im Sommerhalbjahr kommt es vor, daß Gipfellagen trotz geringerer relativer Sonnenscheindauer doch mehr Sonnenscheinstunden haben als benachbarte Tallagen, wie z. B. der Vergleich von Zell am See mit der Schmittenhöhe in den Monaten Mai bis Oktober zeigt; es ist dort auch im Jahresdurchschnitt trotz geringerer relativer Sonnenscheindauer auf der Schmittenhöhe die Zahl der täglichen Sonnenscheinstunden größer als in Zell am See.

Die Wirkung der freien Lage auf die Zahl der täglichen Sonnenscheinstunden zeigen auch Vergleiche von Höhen- und Talstationen gleicher Höhenlagen, wie z. B. der Talstation Vent (1904 m) mit der Höhenstation Hochserfaus (1800 m) oder der Talstation St. Jakob im Defereggen (1410 m) mit der Höhenstation Kanzelhöhe (1469 m) oder Mallnitz (1185 m) mit St. Johann am Pressen (1250 m) in Tabelle 82. Trotz annähernd gleicher relativer Sonnenscheindauer ist in allen diesen Vergleichsstationspaaren die durchschnittliche Sonnenscheinstundenzahl das ganze Jahr hindurch und besonders im Winterhalbjahr auf den Höhenstationen bedeutend größer als an den Talstationen. Daraus ist ersichtlich, daß zur Beurteilung der Sonnenscheinverhältnisse eines Gebietes beide Größen beachtet werden müssen: Die relative Sonnenscheindauer gibt ein Maß für die witterungsmäßige Begünstigung oder Benachteiligung verschiedener Gebiete und die Zahl der Sonnenscheinstunden gibt ein Maß für die bei gleicher relativer Sonnenscheindauer, d. h. auch bei gleichen durchschnittlichen Witterungsverhältnissen oder sogar, wie die Beispiele zeigen, trotz geringerer relativer Sonnenscheindauer, gegebene orographische Begünstigung oder Behinderung der absoluten Sonnenscheindauer. Während aber die Stundenzahl der Sonnenscheindauer an den Standort des Registriergerätes gebunden ist, ist die relative Sonnenscheindauer im allgemeinen für eine weitere Umgebung repräsentativ und liefert die Grundlage zur Berechnung der Zahl der Sonnenscheinstunden für jeden Punkt, für den die mögliche Sonnenscheindauer durch Ausmessung der Horizontüberhöhung bekannt ist.

Häufigkeiten der täglichen Sonnenscheinstunden

Die in Tabelle 82 zusammengestellten Mittelwerte der täglichen Sonnenscheinstunden in den einzelnen Monaten geben Vergleichswerte, nach denen beurteilt werden kann, welche Orte im Vergleich untereinander mehr Sonnenscheindauer aufweisen oder weniger, sie geben aber noch kein richtiges Bild von den wirklichen Sonnenscheinverhältnissen und ihrer starken Veränderlichkeit. Deshalb ist es notwendig, in Häufigkeitsverteilungen die Einzelwerte zur Geltung kommen zu lassen. Dies ist für eine Auswahl von repräsentativen Stationen in Tabelle 86 auf Grund 20jähriger Beobachtungen geschehen. In dieser Tabelle sind die Häufigkeiten der täglichen Sonnenscheinstunden nach Klassenintervallen von je drei Stunden angegeben und dazu auch die Häufigkeiten der sonnenlosen Tage in Prozenten aller Tage.

Daraus ist ersichtlich, daß die Zahl der täglichen Sonnenscheinstunden sehr veränderlich ist und kleine Mittelwerte, wie sie namentlich im Winter häufig vorkommen, keineswegs bedeuten, daß die tägliche Sonnenscheindauer immer nur kurz ist. Es wechseln vielmehr im Winter häufig sonnenlose Tage mit ebenfalls sehr häufig vorkommenden sehr sonnigen Tagen. So kommen z. B. auf der Kanzelhöhe, die als Repräsentant der Berge der Südalpen angesehen werden kann, Tage mit mehr als sechs Stunden Sonnenschein im Winter sogar häufiger vor als sonnenlose Tage. Auch an den übrigen Bergstationen scheint noch in mehr als ein Viertel aller Tage in den Wintermonaten, in denen die mögliche Sonnenscheindauer aus astronomischen Gründen ja sehr klein ist, die Sonne länger als sechs Stunden, während gleichzeitig in der Niederung in den Monaten November bis Jänner wegen der in diesen Monaten dort häufig auftretenden Nebel- und Hochnebeltage mit mehr als sechs Sonnenscheinstunden nur selten sind. Dagegen haben in diesen Monaten in der Niederung ein Drittel bis mehr als die Hälfte aller Tage überhaupt keinen Sonnenschein. Die sonnenlosen Tage sind in den Sommermonaten besonders in den Niederungen im Süden und Osten Österreichs nur selten; von Mai bis August bleibt dort ihre Häufigkeit unter 10% und in den Monaten Juni und Juli im Süden und am Alpenostrand sogar unter 5%. Auch in einzelnen inneralpinen Tallagen ist in den Monaten Juni bis September die Häufigkeit sonnenloser Tage kleiner als 10%. Während im Winter die sonnenlosen Tage auf den Bergen meist seltener sind als in der Niederung, ist es im Sommerhalbjahr umgekehrt. Wegen der Stauwirkung bleibt im Gebirge die bei Schlechtwettereinbrüchen auftretende Bewölkung länger erhalten als im Vorland, wo sie gerade in den Sommermonaten rasch wieder aufreißt. An fast allen in Tabelle 86 angeführten Stationen mit Ausnahme des Zentralalpenkammes im Bereich der Hohen Tauern und orographisch stark abgeschirmter Lagen scheint die Sonne in den Monaten April bis September an mehr als einem Viertel aller Tage länger als 9 Stunden, in den Niederungen im Südosten und Osten Österreichs ist dies im Juli sogar an mehr als der Hälfte aller Tage der Fall. Auf den Bergen im Westen (Feuerkogel, Sonnblick, Zugspitze) erreicht die Häufigkeit von Tagen mit mehr als 9 Sonnenscheinstunden erst im August und September ihren höchsten Wert. Dies ist besonders bemerkenswert, da in diesen Monaten die mögliche Sonnenscheindauer bereits stark abnimmt, und es ist dies auch ein Hinweis darauf, daß im Gebirge der September im allgemeinen das schönste Wetter hat.

Tabelle 86: *Prozentuelle Häufigkeiten der täglichen Sonnenscheinstunden (1931 bis 1950)*

Stunden	Jän.	Feb.	März	April	Mai	Juni	Juli	Aug.	Sept.	Okt.	Nov.	Dez.
Bad Gleichenberg												
0	41	27	16	13	8	4	3	5	10	25	44	49
0·1— 3·0	22	21	20	14	17	12	10	11	15	19	22	20
3·1— 6·0	22	19	18	21	15	16	12	13	16	20	19	17
6·1— 9·0	15	28	25	22	22	21	23	23	23	27	15	14
9·1—12·0	.	5	21	26	23	29	30	34	36	9	.	.
>12	.	.	.	4	15	18	22	14	.	.	.	.
Feldkirch												
0	38	28	17	13	15	12	9	10	12	22	36	43
0·1— 3·0	30	29	24	22	19	18	18	17	18	20	26	30
3·1— 6·0	25	20	17	16	15	16	16	15	19	22	24	22
6·1— 9·0	7	21	24	19	18	16	17	22	28	26	14	5
9·1—12·0	.	2	18	28	24	26	29	30	23	10	.	.
>12	.	.	.	2	9	12	11	6	.	.	.	.
Feuerkogel												
0	38	33	25	17	16	11	12	10	15	24	31	34
0·1— 3·0	22	21	19	27	23	27	24	25	22	24	23	20
3·1— 6·0	14	12	14	15	15	16	16	15	12	12	15	17
6·1— 9·0	26	21	18	15	15	14	14	16	16	16	29	29
9·1—12·0	.	13	24	18	15	10	15	17	33	24	2	.
>12	.	.	.	8	16	22	19	17	2	.	.	.
Graz												
0	46	28	23	18	9	4	4	7	13	23	44	46
0·1— 3·0	24	23	20	17	19	13	9	13	15	20	20	23
3·1— 6·0	17	18	18	21	15	17	16	13	15	17	18	18
6·1— 9·0	13	26	21	20	19	21	18	20	26	25	18	13
9·1—12·0	.	5	18	20	21	23	27	30	30	15	.	.
>12	.	.	.	4	17	22	26	17	1	.	.	.
Hahnenkamm												
0	34	30	23	21	18	17	14	12	17	24	30	32
0·1— 3·0	20	18	14	18	17	17	18	20	15	17	20	16
3·1— 6·0	19	15	18	15	15	15	12	13	14	14	18	21
6·1— 9·0	27	28	19	19	19	16	16	16	17	22	32	31
9·1—12·0	.	9	26	18	17	12	19	18	35	23	.	.
>12	.	.	.	9	14	23	21	21	2	.	.	.
Innsbruck												
0	29	20	12	10	9	7	6	4	8	14	25	31
0·1— 3·0	33	26	26	26	19	20	18	24	21	23	31	32
3·1— 6·0	33	23	19	18	22	19	17	18	21	22	29	36
6·1— 9·0	5	30	23	22	20	19	21	21	23	33	15	1
9·1—12·0	.	1	20	24	23	21	27	29	27	8	.	.
>12	.	.	.	.	7	14	11	4	.	.	.	.
Kanzelhöhe												
0	23	20	14	14	16	8	6	8	11	23	30	32
0·1— 3·0	19	18	14	18	16	13	9	12	13	16	18	17
3·1— 6·0	21	18	19	15	18	18	16	15	19	17	18	19
6·1— 9·0	37	20	25	25	22	21	25	21	19	20	29	32
9·1—12·0	.	24	28	22	21	24	24	28	37	24	5	.
>12	.	.	.	6	7	16	20	16	1	.	.	.

Tabelle 86 (Fortsetzung)

Stunden	Jän.	Feb.	März	April	Mai	Juni	Juli	Aug.	Sept.	Okt.	Nov.	Dez.
Klagenfurt-Landesmuseum												
0	38	21	12	9	9	5	3	5	10	21	48	55
0·1— 3·0	27	22	19	19	17	12	8	13	16	25	24	24
3·1— 6·0	26	22	22	18	19	18	16	15	18	25	18	17
6·1— 9·0	9	30	26	24	23	20	24	23	33	25	9	4
9·1—12·0	.	5	21	24	20	25	26	28	23	4	.	.
>12	.	.	.	6	12	20	23	16	.	.	.	.
Kremsmünster												
0	52	35	23	14	11	9	9	9	12	27	49	60
0·1— 3·0	21	24	20	20	12	16	14	17	21	26	27	21
3·1— 6·0	15	18	18	18	17	14	15	14	13	17	15	11
6·1— 9·0	12	17	15	17	17	18	15	16	21	18	9	8
9·1—12·0	.	6	24	21	18	14	20	22	32	12	.	.
>12	.	.	.	10	25	29	27	22	1	.	.	.
Lunz												
0	54	45	29	19	14	13	11	11	16	35	52	55
0·1— 3·0	35	24	23	28	22	24	23	22	19	22	30	45
3·1— 6·0	11	20	15	17	23	21	19	20	16	19	18	.
6·1— 9·0	.	11	22	17	20	15	18	18	29	24	.	.
9·1—12·0	.	.	11	19	21	25	28	29	20	.	.	.
>12	.	.	.	.	.	2	1	.	.	.	.	.
Mariapfarr												
0	29	16	12	12	12	8	6	8	9	16	24	34
0·1— 3·0	23	26	20	18	18	12	13	18	19	25	29	23
3·1— 6·0	29	16	22	24	18	20	20	19	24	24	29	30
6·1— 9·0	19	35	28	20	21	22	24	25	32	30	18	13
9·1—12·0	.	7	18	21	19	22	21	23	16	5	.	.
>12	.	.	.	5	12	16	16	7	.	.	.	.
Rax												
0	34	29	25	19	16	10	9	13	17	29	32	40
0·1— 3·0	26	23	20	25	22	16	11	21	19	24	23	19
3·1— 6·0	21	19	20	17	19	18	22	20	19	19	18	19
6·1— 9·0	19	29	21	18	16	22	20	21	22	22	27	22
9·1—12·0	.	.	14	21	16	18	23	21	23	6	.	.
>12	.	.	.	.	1	16	15	4	.	.	.	.
Sonnblick												
0	34	29	32	33	28	26	19	21	25	31	34	37
0·1— 3·0	18	17	18	21	25	25	25	21	20	16	17	18
3·1— 6·0	15	15	14	16	16	16	18	17	15	15	13	17
6·1— 9·0	28	18	15	12	12	14	16	14	14	15	27	28
9·1—12·0	5	21	21	13	11	11	12	13	22	23	9	.
>12	.	.	.	4	8	8	10	14	4	.	.	.
Stift Zwettl												
0	47	32	21	16	11	6	5	5	11	27	30	52
0·1— 3·0	32	28	24	22	18	17	15	19	22	26	27	26
3·1— 6·0	11	15	16	21	18	16	19	14	16	21	13	15
6·1— 9·0	10	19	24	20	19	20	22	25	22	18	10	7
9·1—12·0	.	6	15	19	20	23	26	35	29	8	.	.
>12	.	.	.	2	14	18	13	2	.	.	.	.

Tabelle 86 (Fortsetzung)

Stunden	Jän.	Feb.	März	April	Mai	Juni	Juli	Aug.	Sept.	Okt.	Nov.	Dez.
Wagrain												
0	34	28	18	13	15	12	13	9	15	22	27	30
0·1 — 3·0	30	25	22	22	17	16	14	21	20	22	33	32
3·1 — 6·0	36	21	20	22	16	16	16	18	13	17	37	38
6·1 — 9·0	.	26	26	19	21	21	20	18	23	36	3	.
9·1 — 12·0	.	.	14	23	21	19	24	29	29	3	.	.
>12	.	.	.	1	10	16	13	5	.	.	.	.
Wien												
0	44	31	19	13	7	4	3	4	9	22	41	53
0·1 — 3·0	29	28	26	21	15	14	11	14	20	29	30	27
3·1 — 6·0	17	20	20	18	15	17	15	16	18	20	17	14
6·1 — 9·0	10	17	21	19	20	19	20	20	22	21	12	6
9·1 — 12·0	.	4	14	23	21	20	23	28	31	8	.	.
>12	.	.	.	6	22	26	28	18	.	.	.	.
Zugspitze												
0	28	22	20	18	17	19	10	15	16	16	20	28
0·1 — 3·0	21	22	23	29	24	25	31	24	22	20	22	22
3·1 — 6·0	14	16	17	16	16	18	15	15	14	14	17	16
6·1 — 9·0	30	16	14	14	17	13	15	16	15	19	29	34
9·1 — 12·0	7	24	24	15	16	12	16	16	26	31	12	.
>12	.	.	2	8	10	13	13	14	7	.	.	.

Jahresgang der Häufigkeit der täglichen Sonnenscheinstunden.

Einen sehr guten Einblick in die Struktur des Jahresgangs der Sonnenscheinverhältnisse gewinnt man aus den Jahresgängen der Häufigkeitsverteilungen der Sonnenscheinstunden, die zur besseren Übersicht über die charakteristischen Erscheinungen nach Pentaden zusammengefaßt in Abb. 25 im Vergleich von Wien als Repräsentant der kontinentalen Änderung und Sonnblick als Repräsentant des zentralalpinen Hochgebirges nach Beobachtungen aus dem Zeitraum von 1887 bis 1932 dargestellt sind (17). Als Ordinaten sind Mindestsonnenscheinstunden eines Tages gewählt. Die eingezeichneten Kurven geben an, mit welcher perzentuellen Häufigkeit oder, wie man auch sagen kann, mit welcher Wahrscheinlichkeit die an den Ordinatenachsen angegebenen täglichen Sonnenscheinstundenzahlen in den verschiedenen Zeiten des Jahres überschritten werden. Die einzelnen Kurven beziehen sich auf Häufigkeitsintervalle von 5 zu 5%. Es hatten z. B. in der 1. Pentade vom 1. bis 5. Jänner auf dem Sonnblick 55% aller ausgewerteten Tage wenigstens eine Stunde Sonnenschein, 50% wenigstens zwei Stunden, 30% sechs und mehr Stunden. In der Pentade vom 21. bis 25. Jänner, in die der Winterhöhepunkt fällt, hatten schon 46% aller Tage mindestens sechs Stunden Sonnenschein und 63% mindestens zwei Stunden.

Die graphische Darstellung der Abb. 25 läßt den rhythmischen Ablauf des Wetters gut übersehen und zeigt auch sehr deutlich den Unterschied zwischen Sonnblick und Wien. Während z. B. angefangen mit der Pentade vom 13. bis 17. Oktober bis zur Pentade vom 11. bis 16. März die 50%-Kurve auf dem Sonnblick höher liegt als in Wien, was besagt, daß die Zahlenwerte der täglichen Sonnenscheinstunden, die in der Hälfte aller Fälle noch überschritten werden, im Hochgebirge des Zentralalpenkammes höher liegen als in der östlichen Donauniederung, ist es in der Zeit von Mitte Mai bis Mitte Oktober umgekehrt. Besonders deutlich kommt der starke Abfall der täglichen Sonnenscheinstunden im zentralen

128

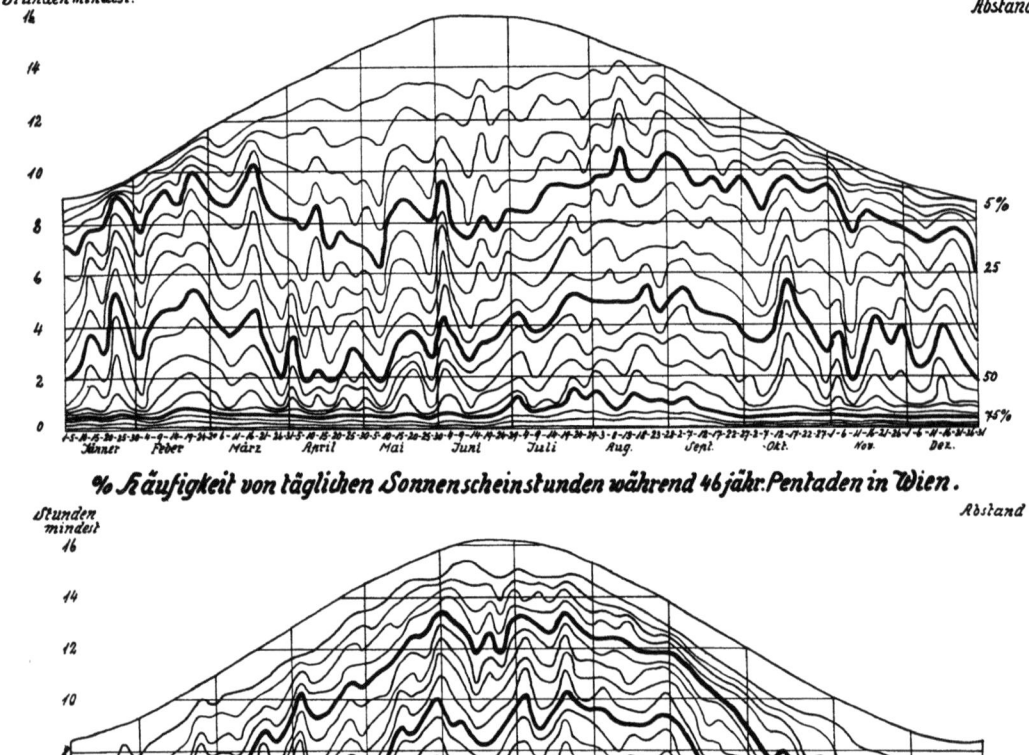

Abb. 25. Jahresgang der Häufigkeitsverteilungen täglicher Sonnenscheinstunden auf dem Sonnblick (oben) und in Wien (unten) nach fünftägigen Zeitabschnitten ausgeglichen (17).

Hochgebirge von Mitte März bis Anfang Mai zum Ausdruck, während in Wien gleichzeitig ein weiterer starker Anstieg festzustellen ist. Die Kurven zeigen keinen gleichmäßigen Verlauf, sondern zu bestimmten Zeiten Höhepunkte, die als sogenannte Singularitäten des Witterungsverlaufs Zeitabschnitte mit gesteigerter Neigung zu Schönwetter angeben. Besonders auffallend sind in dieser Beziehung, zum Teil im Hochgebirge und zum Teil in der Niederung stärker ausgeprägt, die Pentaden: 21. bis 25. Jänner, 20. bis 24. Februar, 17. bis 21. März, 1. bis 5. April (besonders in der Niederung), 21. bis 25. April, 11. bis 15. Mai, 31. Mai bis 4. Juni, 30. Juni bis 4. Juli, 15. bis 19. Juli, 9. bis 13. August, 29. August bis 2. September, 23. bis 27. September, 13. bis 17. Oktober, 17. bis 21. November und 12. bis 16. Dezember. Weitere Einzelheiten über den Jahresablauf der Witterung und über die charakteristischen Unterschiede zwischen der Niederung und dem Hochgebirge sind aus der Abb. 25 ersichtlich.

Tagesgang der Sonnenscheindauer

Die Sonnenscheindauer ist nicht immer gleichmäßig über den ganzen Tag verteilt. Dies zeigen die in Tabelle 87 zusammengestellten Beispiele von verschiedenen charakteristischen

Lagen in Österreich, die den Tagesgang der Sonnenscheindauer für die Monate März, Juni, September und Dezember wiedergeben [1]. Diese Tagesgänge sind in Prozent der betreffenden Stunden ausgedrückt, wodurch die ungleichen Monatslängen ausgeschaltet werden. Es bedeutet z. B. die prozentuelle Sonnenscheindauer von 67 Prozent von 11 bis 12 Uhr im Juni in Wien, daß die Sonne zwischen 11 und 12 Uhr im Juni durchschnittlich zwei Drittel der Zeit, das sind 40 Minuten lang, scheint, während dies z. B. im Dezember zur selben Tagesstunde nur in 24%, das sind nicht ganz 15 Minuten lang, der Fall ist. In den Prozentzahlen der Tabelle 87 ist die Sonnenscheindauer in Hundertstel der ganzen Stunden ausgedrückt. Dadurch kommt es, daß zu Beginn und zu Ende des Tages die Zahlen sehr klein sind, weil in diesen Stunden die Sonne nicht schon zu Anfang, sondern erst während der betreffenden Stunde aufgeht, und daher ein Teil der Stunden nicht witterungsbedingt, sondern aus astronomischen oder orographischen Gründen sonnenlos bleibt. Daher steigen die Prozentwerte zu Beginn des Tages meist rasch an, wie sie auch zum Tagesende wieder rasch abfallen. Für die Beurteilung der witterungsmäßig bedingten Form der Tagesgänge ist daher von den ersten und letzten Stundenwerten der Zahlenreihen in Tabelle 87 immer abzusehen.

Tagsüber zeigen sich in der Form der Tagesgänge Unterschiede zwischen Sommer und Winter und Unterschiede zwischen Gebirgsstationen und Stationen der freien Niederung.

Im Juni fällt das Maximum der stündlichen Sonnenscheinhäufigkeit an den Stationen der Niederung meist nahe an die Mittagszeit, auf den Bergen aber meist auf frühe Vormittagsstunden. Die sonnigste Tagesstunde ist im Juni auf der Rax und auf dem Sonnblick 7 bis 8 Uhr, auf dem Hafelekar, auf dem Schöckl und auf dem Obir 8 bis 9 Uhr. Auch an Talstationen im Gebirge fällt im Juni die sonnigste Stunde häufig auf frühe Vormittagsstunden, so z. B. in Grimmenstein und Wagrain auf 8 bis 9 Uhr und in Leoben, Oberwölz, Gleichenberg, Laas, St. Jakob i. Defereggen und Gargellen auf 9 bis 10 Uhr. Diese Unsymmetrie im Tagesgang der Sonnenscheindauer ist darauf zurückzuführen, daß im Sommer am Nachmittag durch die stärkere Erwärmung der Niederung eine Konvektion einsetzt, die häufig zur Wolkenbildung führt, die sich besonders an den Gipfeln oder Gebirgskämmen verstärkt; im Laufe des Nachmittags oder abends lösen sich bei Abschwächung der Konvektion diese Wolken wieder auf. Dies führt dazu, daß häufig um die Mittagszeit oder am frühen Nachmittag ein schwacher Rückgang in der Sonnenscheinhäufigkeit festzustellen ist, die manchmal am späteren Nachmittag wieder ansteigt. Dafür finden sich in Tabelle 87 zahlreiche Beispiele. Die Unterschiede sind im allgemeinen nicht groß.

Anders als im Sommer verläuft der Tagesgang der Sonnenscheindauer im Winter. In dieser Jahreszeit ist der Tagesgang auf den Bergstationen und auch an den meisten inneralpinen Stationen zum Mittag nahezu symmetrisch, an den meisten Stationen der Niederung und auch an Stationen in Alpentälern und Becken aber in dem Sinn unsymmetrisch, daß die stündliche Sonnenscheindauer am Vormittag nur allmählich ansteigt und das Maximum erst am Nachmittag erreicht. In Tabelle 87 geben dafür die Stationen Kremsmünster, Wien, Leoben, Oberwölz, Graz und Klagenfurt Beispiele für den Dezember. Diese Unsymmetrie erklärt sich daraus, daß in diesen Gebieten im Winter häufig Strahlungsnebel vorkommen, die sich z. T. im Laufe des Tages wieder auflösen, wodurch die Sonnenscheindauer am Morgen und Vormittag mehr beschränkt wird als am Nachmittag. In den nebelarmen Gebieten fällt diese Beschränkung weg und wegen der im Winter fehlenden Konvektion fällt auch die nachmittägige Beschränkung der Sonnenscheindauer durch Konvektionswolkenbildung auf den Bergen weg, weshalb dort in dieser Jahreszeit der Tagesgang der Sonnenscheindauer eine zum Mittag angenähert symmetrische Form annimmt. Da aber im Winter auch häufig Hochnebeldecken vorkommen, die den ganzen Tag über bestehen bleiben, und die Be-

---

[1] Für alle Monate findet man Tagesgänge für verschiedene Stationen in (11), (12), (13), (14), (15), (16), (17), (18) und (27) wiedergegeben.

wölkung in dieser Jahreszeit überhaupt stationärer ist als im Sommer, ist an den Stationen der Niederung auch tagsüber und um die Mittagszeit die Sonnenscheinhäufigkeit viel kleiner als im Sommer. Auf höhergelegenen Bergstationen, die oft über die Hochnebeldecken hinausragen, sind diese Unterschiede bedeutend geringer als an den Stationen der Niederung.

In den Übergangsjahreszeiten ist in gewissen Gebieten der Niederung, in denen Strahlungsnebel häufiger vorkommen, die Unsymmetrie im Tagesgang der Sonnenscheindauer ähnlich wie im Winter (z. B. in Kremsmünster, Wien, Admont, Leoben, Gleichenberg, Klagenfurt); auf den Bergen und auch an einzelnen Stationen der Niederung ähnelt aber der Tagesgang der Sonnenscheindauer in den Übergangsjahreszeiten dem Sommertypus, indem die sonnigsten Stunden auf den Vormittag fallen und am Nachmittag die Sonnenscheindauer durch Konvektionswolkenbildung etwas vermindert wird. Für März und September zeigen dies als Beispiele in Tabelle 87 die Stationen Rax, Sonnblick, Hafelekar, Gargellen, Schöckl, Obir, Grimmenstein, Oberwölz, Graz, Laas, St. Jakob i. Defereggen.

Während die in Tabelle 87 für die vier Monate wiedergegebenen Tagesgänge der Sonnenscheindauer als Beispiele für die charakteristischesten Merkmale dieser Tagesgänge Einblick in ihr Verhalten in verschiedenen Gebieten gewähren, sollen in den in Abb. 26 dargestellten **Isoplethen der stündlichen Sonnenscheindauer die Jahresgänge der Sonnenscheindauer zu jeder Tagesstunde und die Änderungen der Tagesgänge von Monat zu Monat** für die sechs charakteristischen Stationen Wien, Innsbruck, Graz, Sonnblick, Kanzelhöhe und Hochserfaus zur Darstellung kommen.

Tabelle 87: *Tagesgang der Sonnenscheindauer in hundertstel Stunden*

		4–5	5–6	6–7	7–8	8–9	9–10	10–11	11–12	12–13	13–14	14–15	15–16	16–17	17–18	18–19	19–20
Admont-Moor-	III.	.	.	2	13	29	41	49	51	51	49	48	42	31	7	.	.
wirtschaft	VI.	.	14	31	42	50	52	53	52	51	51	48	46	45	40	35	7
	IX.	.	.	2	12	27	45	60	64	60	61	60	54	47	20	1	.
	XII.	.	.	.	.	.	5	15	27	30	5	.	.	.	.	.	.
Bad Gleichen-	III.	.	.	3	29	44	54	57	57	56	57	55	51	39	8	.	.
berg	VI.	.	3	54	62	66	68	68	67	64	65	63	59	58	53	39	2
	IX.	.	.	9	43	56	62	65	67	68	67	66	61	53	21	.	.
	XII.	.	.	.	.	8	21	26	31	32	31	27	16	.	.	.	.
Bad Ischl	III.	.	.	1	22	38	47	52	53	53	49	47	42	21	.	.	.
	VI.	.	5	37	46	52	54	56	57	57	56	54	50	48	45	11	2
	IX.	.	.	2	38	51	57	58	60	60	60	57	54	37	35	.	.
	XII.	.	.	.	.	1	20	32	36	38	37	12	.	.	.	.	.
Feldkirch	III.	.	.	6	26	43	52	54	56	56	54	51	48	29	4	.	.
	VI.	5	20	30	50	56	60	62	63	60	58	56	51	45	38	12	5
	IX.	.	.	9	32	53	60	63	64	64	63	58	52	33	6	.	.
	XII.	.	.	.	.	4	16	29	31	31	30	24	6	.	.	.	.
Feuerkogel	III.	.	.	15	36	42	46	48	50	50	49	45	43	34	8	.	.
	VI.	15	38	43	45	45	43	43	44	43	45	46	44	41	39	35	12
	IX.	.	2	30	49	54	54	53	53	53	53	52	50	45	21	.	.
	XII.	.	.	.	3	32	42	45	44	44	43	40	24	.	.	.	.
Gargellen	III.	.	.	.	1	9	38	55	57	57	53	49	33	5	.	.	.
	VI.	.	3	15	36	55	58	58	57	54	54	48	41	35	10	1	.
	IX.	.	.	1	3	13	48	60	60	57	53	48	38	10	.	.	.
	XII.	.	.	.	.	.	.	5	37	48	43	5	.	.	.	.	.

Tabelle 87 (Fortsetzung)

		4—5	5—6	6—7	7—8	8—9	9—10	10—11	11—12	12—13	13—14	14—15	15—16	16—17	17—18	18—19	19—20
Graz	III.	.	.	6	30	43	49	53	52	51	49	48	44	32	6	.	.
	VI.	11	47	55	59	63	66	66	64	60	58	56	53	52	46	36	8
	IX.	.	1	20	46	54	60	63	64	63	60	56	52	45	20	.	.
	XII.	.	.	.	.	9	22	27	32	34	34	30	16	.	.	.	.
Grimmenstein	III.	.	.	6	30	46	50	53	53	51	49	46	41	32	4	.	.
	VI.	6	32	53	62	65	63	61	58	57	57	57	51	53	50	36	.
	IX.	.	1	25	48	58	64	65	63	61	61	60	53	43	11	.	.
	XII.	.	.	.	2	24	33	37	39	39	38	30	8	.	.	.	.
Hafelekar	III.	.	.	10	32	42	48	47	47	45	45	43	37	31	9	.	.
	VI.	.	12	43	46	48	48	46	43	41	43	40	35	33	32	25	12
	IX.	.	1	29	46	52	54	56	55	52	50	48	44	38	16	.	.
	XII.	.	.	.	3	33	41	46	49	50	49	48	37	33	.	.	.
Hahnenkamm	III.	.	.	11	37	46	52	54	55	55	54	52	48	38	14	.	.
	VI.	13	41	43	48	52	54	54	54	53	52	51	48	43	39	31	29
	IX.	.	1	24	49	56	59	60	62	61	61	59	53	49	28	1	.
	XII.	.	.	.	.	23	42	47	48	48	48	44	17	.	.	.	.
Hochserfaus	III.	.	.	8	35	50	56	59	59	60	60	55	53	53	33	6	.
	VI.	3	27	46	53	55	56	56	56	57	56	54	54	49	41	14	.
	IX.	.	.	18	45	57	59	61	64	64	63	60	55	41	12	.	.
	XII.	.	.	.	.	12	40	52	54	54	52	46	9	1	.	.	.
Hofgastein	III.	.	.	.	.	31	50	56	59	60	56	52	41	8	.	.	.
	VI.	.	.	10	31	47	52	57	57	53	57	53	46	40	28	1	.
	IX.	.	.	.	1	38	55	60	61	61	58	55	46	21	1	.	.
	XII.	.	.	.	.	.	15	36	40	44	44	17	.	.	.	.	.
Innsbruck	III.	.	.	3	26	45	54	58	59	59	57	54	49	38	6	.	.
	VI.	1	15	41	51	58	61	63	64	63	59	56	50	43	34	13	.
	IX.	.	.	7	36	51	58	62	64	64	63	59	54	43	13	.	.
	XII.	.	.	.	.	.	11	31	41	44	45	34	4	.	.	.	.
St. Jakob i. Defereggen	III.	.	.	11	40	52	58	59	60	57	54	51	46	34	4	.	.
	VI.	.	8	56	60	64	63	60	58	56	54	53	50	46	28	.	.
	IX.	.	.	30	59	64	66	64	62	61	58	57	63	46	11	.	.
	XII.	.	.	.	.	.	22	7	.	.	.	.	.	.	.	.	.
Kanzelhöhe	III.	.	.	15	43	54	59	61	60	60	60	59	55	46	16	.	.
	VI.	1	36	47	51	56	61	61	60	61	57	55	51	47	44	20	.
	IX.	.	.	22	51	56	61	63	63	64	64	63	61	55	34	1	.
	XII.	.	.	.	3	31	42	47	48	49	47	46	36	4	.	.	.
Klagenfurt	III.	.	.	5	25	44	53	57	59	58	57	56	53	43	11	.	.
	VI.	5	36	48	55	61	65	69	66	65	63	61	57	52	48	41	7
	IX.	.	.	7	25	40	54	62	66	66	66	64	62	54	24	.	.
	XII.	.	.	.	.	2	6	12	19	24	28	27	16	.	.	.	.
Kremsmünster	III.	.	.	4	29	37	43	46	49	51	51	51	46	39	15	.	.
	VI.	12	39	48	52	56	59	60	60	59	58	59	58	56	53	45	17
	IX.	.	.	18	37	46	53	59	60	63	64	63	59	56	34	2	.
	XII.	.	.	.	.	5	12	16	19	21	22	20	12	.	.	.	.
Laas	III.	.	.	.	32	54	59	61	63	64	62	58	52	33	2	.	.
	VI.	.	.	34	64	67	69	66	63	62	60	58	54	50	45	6	.
	IX.	.	.	2	44	61	65	66	68	68	65	61	58	46	7	.	.
	XII.	.	.	.	.	26	42	47	50	50	50	39	2	.	.	.	.

131

Tabelle 87 (Fortsetzung)

		4—5	5—6	6—7	7—8	8—9	9—10	10—11	11—12	12—13	13—14	14—15	15—16	16—17	17—18	18—19	19—20
Leoben	III.	.	.	1	14	33	47	51	54	54	51	46	42	34	8	.	.
	VI.	1	22	40	51	56	60	58	57	54	53	53	49	48	45	27	.
	IX.	.	.	3	17	33	52	64	66	66	64	61	57	49	21	.	.
	XII.	.	.	.	.	.	8	16	24	31	34	30	11	.	.	.	.
Lunz a. See	III.	.	.	.	10	27	41	44	47	45	44	43	40	34	8	.	.
	VI.	.	.	11	41	46	49	50	49	50	49	48	47	46	45	14	.
	IX.	.	.	.	14	42	53	58	59	58	56	55	52	48	20	.	.
	XII.	.	.	.	.	.	.	18	31	27	.	.	.	.	.	.	.
Oberwölz	III.	.	.	.	21	49	57	60	60	57	56	53	48	40	12	.	.
	VI.	.	1	34	57	61	62	60	58	54	55	54	50	47	41	27	.
	IX.	.	.	.	12	49	61	64	63	61	58	55	52	45	24	.	.
	XII.	.	.	.	.	4	24	37	43	46	45	39	1	.	.	.	.
Obir	III.	.	.	4	33	43	47	49	49	49	47	45	42	36	10	.	.
	VI.	.	15	49	52	54	52	49	45	43	43	42	43	40	43	25	.
	IX.	.	.	15	47	53	56	56	56	54	52	48	47	47	30	1	.
	XII.	.	.	.	4	29	37	42	43	42	43	42	27	.	.	.	.
Rax-Seilbahn	III.	.	.	8	34	43	49	51	51	50	46	44	39	11	.	.	.
	VI.	11	44	52	56	55	54	55	54	52	51	49	48	47	41	30	.
	IX.	.	3	25	47	52	55	55	54	52	52	50	44	24	1	.	.
	XII.	.	.	.	4	27	35	38	41	42	38	34	2	.	.	.	.
Schöckl	III.	.	.	10	37	48	53	56	55	54	53	51	48	37	7	1	.
	VI.	11	47	55	56	67	55	51	49	50	51	49	49	48	41	6	.
	IX.	.	1	26	49	55	58	59	56	54	53	53	47	40	12	2	.
	XII.	.	.	.	3	29	38	45	46	47	44	41	34	4	.	.	.
Sonnblick	III.	.	.	14	33	41	48	52	54	51	49	46	42	36	18	.	.
	VI.	6	28	41	47	47	46	44	42	41	40	40	36	32	26	15	5
	IX.	.	3	30	48	54	56	55	52	48	44	40	39	35	24	2	.
	XII.	.	.	.	4	30	39	44	46	47	46	44	37	6	.	.	.
Stift Zwettl	III.	.	.	3	23	39	45	48	49	49	47	45	42	36	12	.	.
	VI.	1	16	29	52	57	56	56	57	59	60	57	57	54	49	41	13
	IX.	.	.	5	38	48	54	58	60	60	59	57	53	46	23	5	.
	XII.	.	.	.	.	6	15	22	25	24	22	19	12	.	.	.	.
Wagrain	III.	.	.	.	9	37	48	54	54	54	53	51	45	36	11	.	.
	VI.	.	4	37	48	62	57	58	58	58	56	53	50	47	40	29	3
	IX.	.	.	.	16	44	54	59	62	61	59	57	54	47	26	2	.
	XII.	.	.	.	.	.	8	34	44	45	44	9	.	.	.	.	.
Wien-Hohe Warte	III.	.	.	7	31	42	47	49	52	52	52	50	45	34	8	.	.
	VI.	13	48	57	61	63	65	66	67	65	65	65	62	59	55	44	11
	IX.	.	.	20	49	58	64	67	67	66	65	64	61	53	23	.	.
	XII	.	.	.	.	7	18	21	24	25	24	21	9	.	.	.	.

Die Isoplethen der Sonnenscheindauer von Wien lassen erkennen, daß sowohl der Tagesgang wie auch der Jahresgang in den einzelnen Tagesstunden sich im Laufe des Jahres stetig ändern. Zu Mittag nimmt die Sonnenscheinhäufigkeit von einem Tiefstwert von ungefähr 21% im Dezember gleichmäßig zum Höchstwert von 67% im Juli zu und hernach ebenso gleichmäßig wieder ab. Von Oktober bis März fällt das Tagesmaximum der Sonnenscheinhäufigkeit auf die erste bzw. zweite Nachmittagsstunde, von April bis September aber auf die letzte oder vorletzte Vormittagsstunde. Die sonnigste Stunde ist mit 68% die Zeit von 10 bis 11 Uhr im Juli. Die Abnahme der mittäglichen Sonnenscheinhäufigkeit im Herbst erfolgt bedeutend rascher als die Zunahme in der ersten Jahreshälfte.

Ein wesentlich anderes Bild als die Isoplethen von Wien zeigen die Isoplethen der Sonnenscheindauer auf dem Sonnblick. Die Jahresschwankung der mittäglichen Sonnenscheinhäufigkeit ist nur sehr klein und weist zwei Maxima auf: eines im März und ein zweites im Oktober. Zu Mittag ist die Sonnenscheinhäufigkeit auf dem Sonnblick im Winter sogar größer als im Spätfrühling. Das Hauptminimum fällt auf den Mai. Der Tagesgang der Sonnenscheinhäufigkeit ist auf Hochgebirgsgipfeln bedeutend stärker unsymmetrisch als in der Niederung. Im Tagesgang der Sonnenscheindauer fällt das Maximum nur im Dezember und Jänner auf die erste Nachmittagsstunde, in den übrigen Monaten aber auf den Vormittag und im Sommer schon auf frühe Vormittagsstunden. Im Tagesgang sind die sonnigsten Stunden im Februar, März, Oktober und November 11 bis 12 Uhr, im April, Mai und September 9 bis 10 Uhr und vom Juni bis August 8 bis 9 Uhr. Die sonnigste Stunde ist auf dem Sonnblick mit 56% 9 bis 10 Uhr im September. Zur Mittagszeit ist von Oktober bis März die Sonnenscheinhäufigkeit auf dem Sonnblick größer als in Wien, von April bis September ist es aber umgekehrt. Darin zeigt sich wieder das bevorzugt schönere Winterwetter des Hochgebirges, während im Sommerhalbjahr wegen der Konvektionsbewölkung das Hochgebirge weniger Sonnenschein erhält. Am stärksten ist diese Neigung zur Bildung von Konvektionsbewölkung im Hochgebirge im Mai und Juni entwickelt. Im September und Oktober ist sie aber nur mehr gering.

Die Isoplethen der Sonnenscheindauer von Graz haben große Ähnlichkeit mit den Isoplethen von Wien. Die Jahresschwankung der Sonnenscheinhäufigkeit zur Mittagszeit ist etwas geringer, weil die mittägliche Sonnenscheinhäufigkeit in den Wintermonaten in Graz größer ist als in dem nebel- und hochnebelreicheren Wien. Das Minimum des mittäglichen Jahresganges fällt mit 32% auf Dezember bis Jänner und das Maximum mit 67% auf Juli bis August. Im Tagesgang tritt in Graz das Maximum in den Sommermonaten meist um eine Stunde früher ein als in Wien.

Die Isoplethen der Sonnenscheindauer von Innsbruck weichen insofern von den Isoplethen der übrigen Beispiele ab, als sie wegen der durch die Tallage bedingten Verkürzung des Tagbogens der Sonne stärker eingeengt sind. Die Jahresschwankung der mittäglichen Sonnenscheinhäufigkeit ist in Innsbruck kleiner als in Wien und Graz. Das Minimum fällt mit 37% auf den Dezember und das Maximum mit 65% auf den August. Es ist demnach im Winter die Sonnenscheinwahrscheinlichkeit zur Mittagszeit bedeutend größer als in Wien, aber auch noch etwas größer als in Graz, im Sommer ist sie dagegen etwas kleiner als in den beiden genannten anderen Städten. Als sonnigste Stunden ergeben sich aus den Beobachtungen mit 66% 11 bis 13 Uhr im August. Auffallend ist auch die deutliche Verschiebung des Maximums der Sonnenscheindauer auf die Nachmittagsstunden im Dezember und Jänner. Die sonnigste Tagesstunde fällt von September bis März und im Juni auf die erste Nachmittagsstunde, demnach an mehr Monaten als an den übrigen Stationen. Im Mai und Juli tritt das Maximum der Sonnenscheindauer bereits um 10 bis 11 Uhr ein. Bemerkenswert ist auch die Abschwächung des Tagesganges der Sonnenscheindauer im April, die in ähnlicher Form auch in Graz festzustellen ist und auf die in dieser Jahreszeit gesteigerte Labilisierung der Luftschichtung und die dadurch bedingte stärkere Neigung zur Konvektionsbewölkung zurückzuführen ist, die im Hochgebirge, wie das Beispiel des Sonnblick zeigt, erst im Mai am stärksten hervortritt.

Die Isoplethen der Kanzelhöhe, 1469 m, und von Hochserfaus, 1800 m, sind in Abb. 26 zur Charakterisierung der Verhältnisse in mittleren Höhenlagen der Südalpen und der Nordalpen wiedergegeben. Die Linienführung der Isoplethen der Kanzelhöhe zeigt eine gewisse Ähnlichkeit mit dem Isoplethenbild von Graz. Als Unterschiede sind hervorzuheben, daß auf der Kanzelhöhe in den Wintermonaten die mittägige Sonnenscheinhäufigkeit größer ist als in Graz, daß aber das bei Graz nur schwach angedeutete relative Sonnenscheinminimum

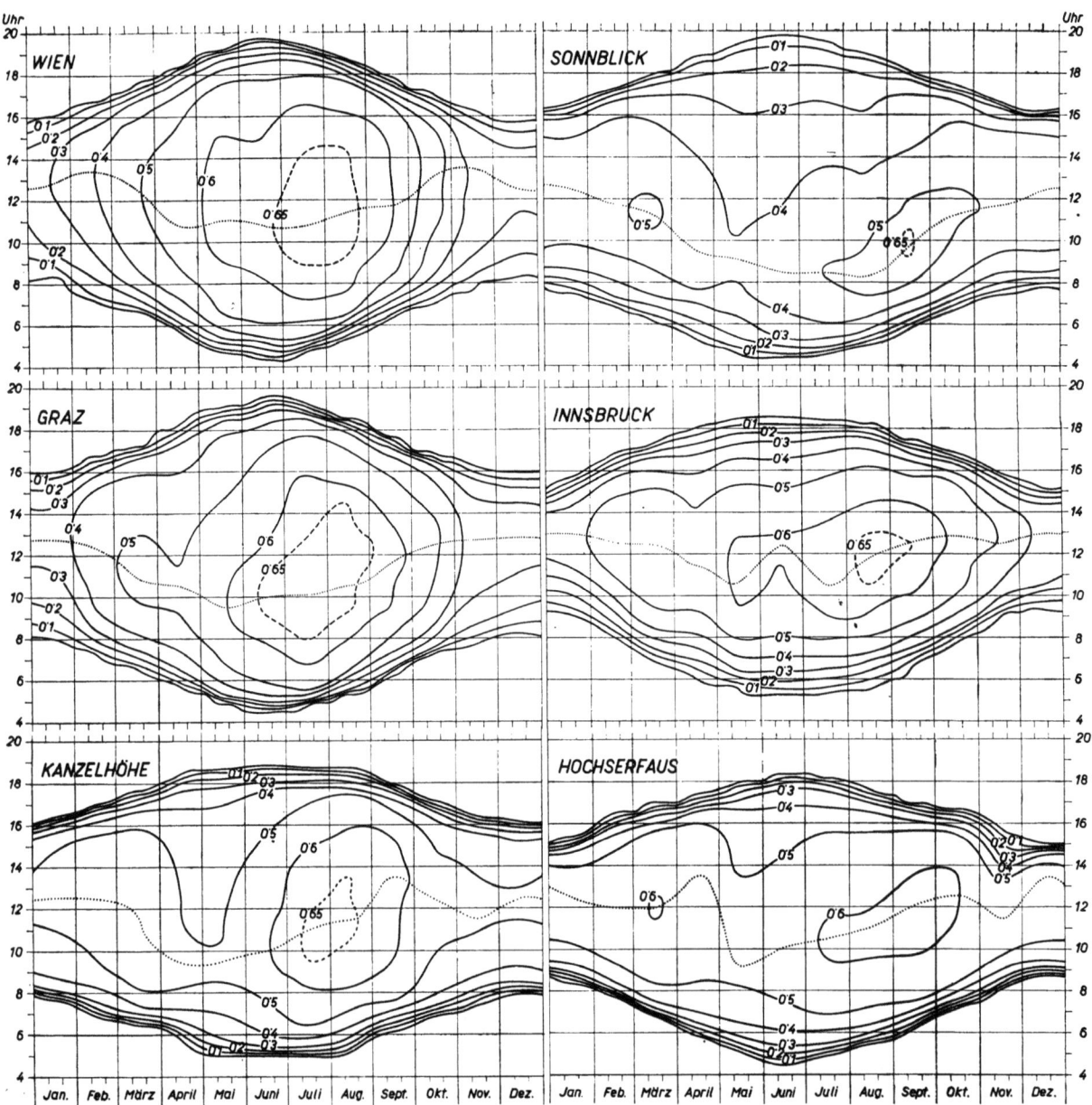

Abb. 26: Isoplethen der stündlichen Sonnenscheindauer in Wien-Hohe Warte (203 m), auf dem Sonnblick (3106 m), in Graz (369 m), in Innsbruck (582 m), auf der Kanzelhöhe (1469 m) und in Hochserfaus (1800 m)

im April, auf der Kanzelhöhe der Berglage entsprechend im April bis Mai, wesentlich deutlicher hervortritt. In den Sommermonaten Juli bis August ist das Sonnenscheinmaximum um die Mittagszeit aber auf der Kanzelhöhe trotz der Berglage nicht viel kleiner als in Graz, worin der sommerliche Sonnenscheinreichtum der Südalpen zum Ausdruck kommt. Die Hochgebirgsgipfel der Zentralalpen bleiben, wie das Beispiel des Sonnblick in Abb. 26 zeigt, den Südalpenbergen gegenüber im Sommer wesentlich zurück, weil die höhere Lage einerseits und die Stauwirkung gegen Norden und Nordwesten anderseits dort eine verstärkte Wolkenbildung verursacht. Noch mehr gilt dies für die Hochgebirgsgipfel der Nordalpen; auch das sonst sehr begünstigte Hochserfaus (Abb. 26) weist im Sommer um die Mittagszeit geringere Sonnenscheinhäufigkeit auf als ähnliche Höhenlagen der Südalpen. Im Herbst macht sich allerdings auf den Höhen der Südalpen die von Oberitalien her übergreifende Neigung zu einer verstärkten Niederschlagstätigkeit bemerkbar, was in einem im Vergleich mit den anderen Stationen viel rascheren Rückgang der Sonnenscheinhäufigkeit auf der Kanzelhöhe vom September gegen den Oktober hin zum Ausdruck kommt. In den Nordalpen ist in diesen Monaten, wie die Beispiele von Hochserfaus und von Sonnblick zeigen, die Sonnenscheinhäufigkeit im Vergleich mit der Kanzelhöhe sogar besonders hoch. Im Vergleich mit den anderen Stationen fällt im Isoplethenbild von Hochserfaus der ausgeglichene Jahresgang der mittägigen Sonnenscheinhäufigkeit besonders auf, der wohl auch zwei Maxima im März und im August bis September zeigt, die aber die Minima der Zwischenzeit nicht viel übertreffen. Dieser Ausgleich des Jahresganges ist vor allem auch auf die relativ hohe Sonnenscheinhäufigkeit in den Wintermonaten zurückzuführen.

Die Änderungen der Unsymmetrie im Laufe des Jahres kommen am deutlichsten im Jahresgang der Verhältniszahlen der vormittägigen zu den nachmittägigen Sonnenscheinstunden zum Ausdruck, die in Tabelle 88 für vier Stationen zusammengestellt sind.

Daraus ist zu ersehen, daß in Wien von September bis Mai die Vormittagsstundensummen der Sonnenscheindauer kleiner sind als die Nachmittagsstundensummen. Die Unterschiede betragen nur von Oktober bis Februar mehr als 10% und sind mit 20% im Jänner am größten. In den übrigen Monaten sind die Unterschiede von Vormittag und Nachmittag nur sehr klein. Von Juli bis August weist der Vormittag um 1 bis 3% mehr Sonnenscheinstunden auf als der Nachmittag. In Graz sind die Unterschiede merklich größer. Die Nachmittagsstundensummen übertreffen die Vormittagsstundensummen dort zwar nur von Oktober bis Februar; die Unterschiede sind aber im Dezember und im Jänner etwas größer als in Wien. Bedeutend mehr als in Wien überwiegen aber in Graz im Spätfrühling und im Sommer die Vormittagssummen der Sonnenscheinstunden über die Nachmittagssummen. Der Unterschied beträgt im Mai mehr als 25%. In Innsbruck sind die Vormittagssummen der Sonnenscheinstunden von August bis April kleiner als die Nachmittagssummen und die Unterschiede sind besonders in den Monaten November bis Februar sehr groß. Nur zum Teil sind diese Unterschiede dort durch die orographisch bedingte ungleiche Tagbogenlänge verursacht. Etwas abgeglichen bleiben die Unterschiede auch bestehen, wenn man die Verhältnisse der Summen der Sonnenscheindauer mit Ausschaltung der ersten Vormittags- und der letzten Nachmittagsstunden aus gleich viel Vor- und Nachmittagsstunden berechnet, in denen keine Behinderung durch die Horizontabschirmung mehr eintritt. Die vormittägige Sonnenscheindauer übertrifft in Innsbruck die nachmittägige nur von Mai bis Juli, u. zw. beträchtlich mehr als in Wien, aber weniger als in Graz. Auf dem Sonnblick, der als typisch für das Hochgebirge angesehen werden kann, sind die Nachmittagsstundensummen der Sonnenscheindauer auch noch von November bis März etwas größer als die Vormittagsstundensummen, die Unterschiede sind aber bedeutend kleiner als in der Niederung. In den Monaten April bis Oktober sind die Vormittagsstundensummen der Sonnenscheindauer auf dem Sonnblick bedeutend größer als die Nachmittagsstundensummen. Darin liegt ein großer Unterschied zu den Verhältnissen in der Niederung. Die Unterschiede sind am größten im August, in welchem Monat der Vormittag durchschnittlich fast um die Hälfte mehr Sonnenscheinstunden aufweist als der Nachmittag.

Tabelle 88: *Verhältniszahlen der Vormittagssummen der Sonnenscheinstunden zu den Nachmittagssummen*

	Jän.	Feb.	März	April	Mai	Juni	Juli	Aug.	Sept.	Okt.	Nov.	Dez.
Wien	0·80	0·87	0·91	0·98	0·99	1·02	1·03	1·01	0·94	0·87	0·85	0·84
Graz	0·76	0·90	1·01	1·09	1·27	1·17	1·12	1·05	1·04	0·95	0·89	0·80
Innsbruck	0·51	0·66	0·87	0·96	1·08	1·06	1·05	0·95	0·90	0·77	0·68	0·52
Sonnblick	0·89	0·91	0·99	1·09	1·22	1·34	1·38	1·47	1·30	1·05	0·94	0·91

Literatur

1. Conrad V.: Zur Darstellung der Sonnenscheinverhältnisse eines Gebirgslandes. Gerl. Beitr. Geoph. *50*, 455 (1937).
2. Steinhauser F.: Über die kartographische Darstellung der Sonnenscheindauer. Wetter u. Leben, *8*, 1 (1956).
3. Gutmann J.: Die Besonnungszeiten ostalpiner Orte. Jb. d. Z. A. f. Met. u. Geodyn., III. Folge, II. Bd., Jg. 1939, Anhang S. 1—10. — Eder Hermine: Lokale Sonnenauf- und -untergangszeiten österreichischer Beobachtungsstationen. Jb. d. Z. A. f. Met. u. Geodyn., Neue Folge, 87. Bd., Jg. 1950, Anhang S. D 40. — Eder Hermine: Verzeichnis der Sonnenscheinstationen in Österreich zwischen 1880 und 1953. Jb. d. Z. A. f. Met. u. Geodyn., Neue Folge, 90. Bd., Jg. 1953, Anhang D 16. — Roller Maria: Lokale Sonnenauf- und -untergangszeiten und örtlich mögliche Sonnenscheindauer ostalpiner Orte. Jb. d. Z. A. f. Met. u. Geodyn., Neue Folge, 93. Bd., Jg. 1956, Anhang S. D 22. — Örtlich mögliche Sonnenscheindauer in Stunden in V. Conrad (5) Tab. 2, Ergänzungen dazu in den Jahrbüchern d. Z. A. f. Met. u. Geodyn. ab Jg. 1946.
4. Garnett A.: Insolation and Relief. Transact. Inst. British Geographers, 5, London 1937.
5. Conrad V.: Anomalien und Isanomalen der Sonnenscheindauer in den österreichischen Alpen. Beiheft z. Jb. 1932 d. Z. A. f. Met. u. Geodyn., Wien 1938.
6. Steinhauser F.: Grundsätzliche und kritische Bemerkungen zur Ausarbeitung von Klimakarten. Geogr. Jahresber. aus Österreich *XVI*, 1 (1956).
7. Steinhauser F.: Die Verteilung der Besonnung in Österreich im Frühling, Sommer, Herbst und Winter. Statistische Nachrichten, *10*, Nr. 10, Wien 1955.
8. Conrad V.: Die Komponenten der Jahresschwankung der Sonnenscheindauer. Helvetica Phys. Acta, Jg. *XII* (1938).
9. Steinhauser F.: Ein Beitrag zur Kenntnis der Bergatmosphäre des Hochgebirges der Ostalpen (nach einem Vergleich fünfzigjähriger gleichzeitiger Beobachtungen von Sonnblick, 3106 m, und Zugspitze, 2962 m). Z. Meteorol. *5*, 204 (1951).
10. Steinhauser F.: Die säkularen Änderungen der Sonnenscheindauer in den Ostalpen. 51. bis 53. Jber. d. Sonnblick. Ver. f. d. J. 1953—1955, S. 1 (1957).
11. Valentin J.: Der tägliche Gang der Lufttemperatur in Österreich. Denkschr. Akad. Wiss., Math.-natur. Kl. *73*, 133 (1901).
12. Steinhauser F., O. Eckel u. F. Sauberer: Klima und Bioklima von Wien, I. Wien 1955.
13. Steinhauser F.: Meteorologie des Sonnblicks, I. Wien 1938.
14. Hauer H.: Klima und Wetter der Zugspitze. Ber. d. Deutsch. Wetterdienstes d. US-Zone Nr. 16. Bad Kissingen 1950.
15. Ekhart E.: Klima von Innsbruck. Ber. d. Natur.-medizin. Ver. Innsbruck *43./44.*, 245 (1934).
16. Steinhauser F.: Das Klima des Gasteiner Tales. Beiheft z. Jb. d. Z. A. f. Met. u. Geodyn., Jg. 1931. Wien 1937.
17. Roschkott A.: Die Sonnenscheinverhältnisse auf dem Sonnblick. 41. Jber. d. Sonnblick. Ver., 10 (1932).
18. Gutmann J.: Die Sonnenscheinregistrierungen auf dem Obir. 46. Jber. d. Sonnblick. Ver., 36 (1937).
19. Topolansky M.: Der Sonnenschein im alten Österreich. Meteorol. Z. *38*, 116 (1921).
20. Obermayer A.: Die Häufigkeit des Sonnenscheines auf dem Sonnblickgipfel, verglichen mit jener auf anderen Gipfel- und Niederungsstationen. 13. Jber. d. Sonnblick. Ver., 17 (1905).
21. Roschkott A.: Sonnenscheinverhältnisse eines engbegrenzten Gebietes (Graz—Radegund—Schöckl). Mitt. Volksgesundheitsamt. Nr. 5, S. 45 (1932).
22. Conrad V.: Gutachten über die Sonnenscheinverhältnisse von Bad Ischl. Mitt. Volksgesundheitsamt. Nr. 7, 63 (1933).
23. Gutmann J.: Die Aufstellung des Sonnenscheinautographen auf dem Sonnblick. 44. Jber. d. Sonnblick. Ver., 60 (1936).
24. Wagner A.: Beziehungen zwischen Sonnenschein und Bewölkung in Wien. Meteorol. Z. *44*, 161 (1927).
25. Steinhauser F.: Über die Beziehungen zwischen Sonnenscheinregistrierungen und Bewölkungsschätzungen und ihre Verwertungsmöglichkeit für die Berechnung der Sonnenscheindauer aus Bewölkungsbeobachtungen. Wetter u. Leben, *6*, 139 (1954).
26. Roller M.: Charakteristische Besonnungstypen der Ostalpenländer. Wetter u. Leben, *9*, 96 (1957).
27. Reiter E. R.: Klima von Innsbruck 1931—1955. Statistisches Amt Innsbruck, 1958.

Druckfehlerberichtigung der „Klimatographie von Österreich", Denkschriften der Österreichischen Akademie der Wissenschaften, Bd. 3, 1. Lieferung

S. 25: Tabelle 15, Spalte IX, 6. Absatz, 3. Zeile:
statt 17 45 richtig 17 55.

S. 35: Tabelle 22, Spalte 7, 4. Absatz, 1. Zeile:
statt 82 richtig 94.

S. 54: letzte Zeile vor Tabelle 39:
statt Abb. 13 (51) richtig Abb. 13 (19).

S. 71: Tabelle 48, Spalte VII, 1. Absatz, 4. Zeile:
statt 698 richtig 598.

Tabelle 48, Spalte X, 2. Absatz, 3. Zeile:
statt 574 richtig 554.

S. 78: Tabelle 57, Spalte XI, 2. Zeile:
statt —61 richtig —91.

S. 97: Tabelle 74, UV-Himmelsstrahlung, Spalte 3:
9. Zeile statt — richtig 4,
10. Zeile statt 4 richtig —.

S. 102: letzte Zeile statt Strahlungstherapie richtig Strahlentherapie.

S. 120: Abb. 24: In der Legende sind C und D zu vertauschen. Richtig soll es heißen:

C: Häufigkeit der sonnigen Tage (Tage, an denen die Sonne länger als die Hälfte der möglichen Zeit scheint).

D: Häufigkeit der sonnenlosen Tage.
Im untersten Diagramm soll die Ordinatenbeschriftung 10 durch eine 0 ersetzt werden.

S. 121: letzter Absatz soll richtig lauten:

Im Durchschnitt der 50 Jahre betrug die prozentuelle Häufigkeit sonnenloser Tage in den einzelnen Monaten:

	J	F	M	A	M	J	J	A	S	O	N	D	Jahr
Wien	43	32	18	11	6	4	2	3	9	22	42	53	21 %,
Sonnblick	34	30	31	32	29	26	19	19	24	30	35	39	29 %.

S. 122: erster Absatz, letzter Satz und Tabelle sollen richtig lauten:

Im Durchschnitt beträgt die prozentuelle Häufigkeit sonniger Tage in den einzelnen Monaten:

	J	F	M	A	M	J	J	A	S	O	N	D	Jahr
Wien	20	28	40	46	57	57	61	61	55	38	21	15	41 %,
Sonnblick	40	42	38	28	27	27	32	38	40	42	39	37	36 %.

Klimatographie von Österreich, Karte 1

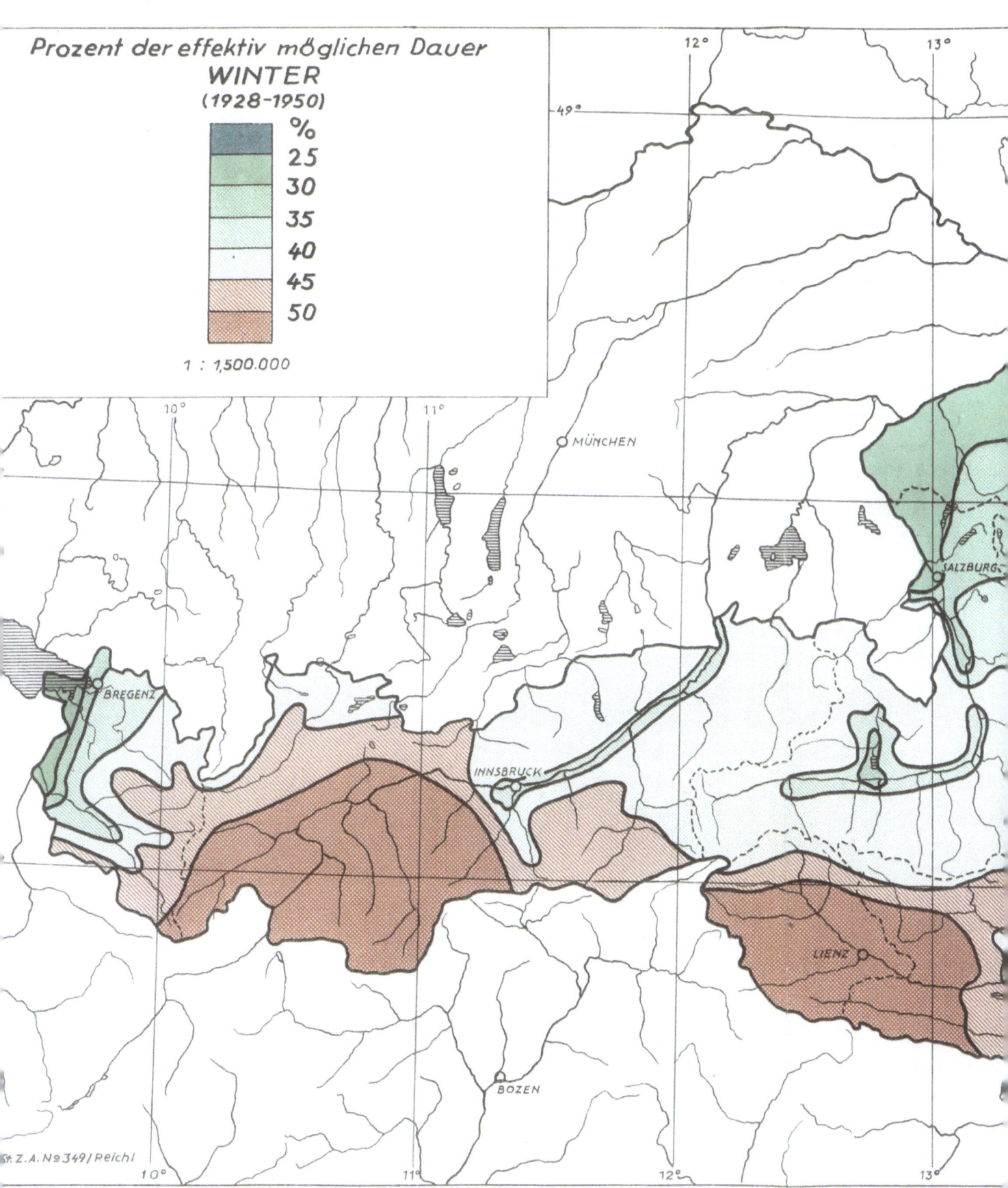

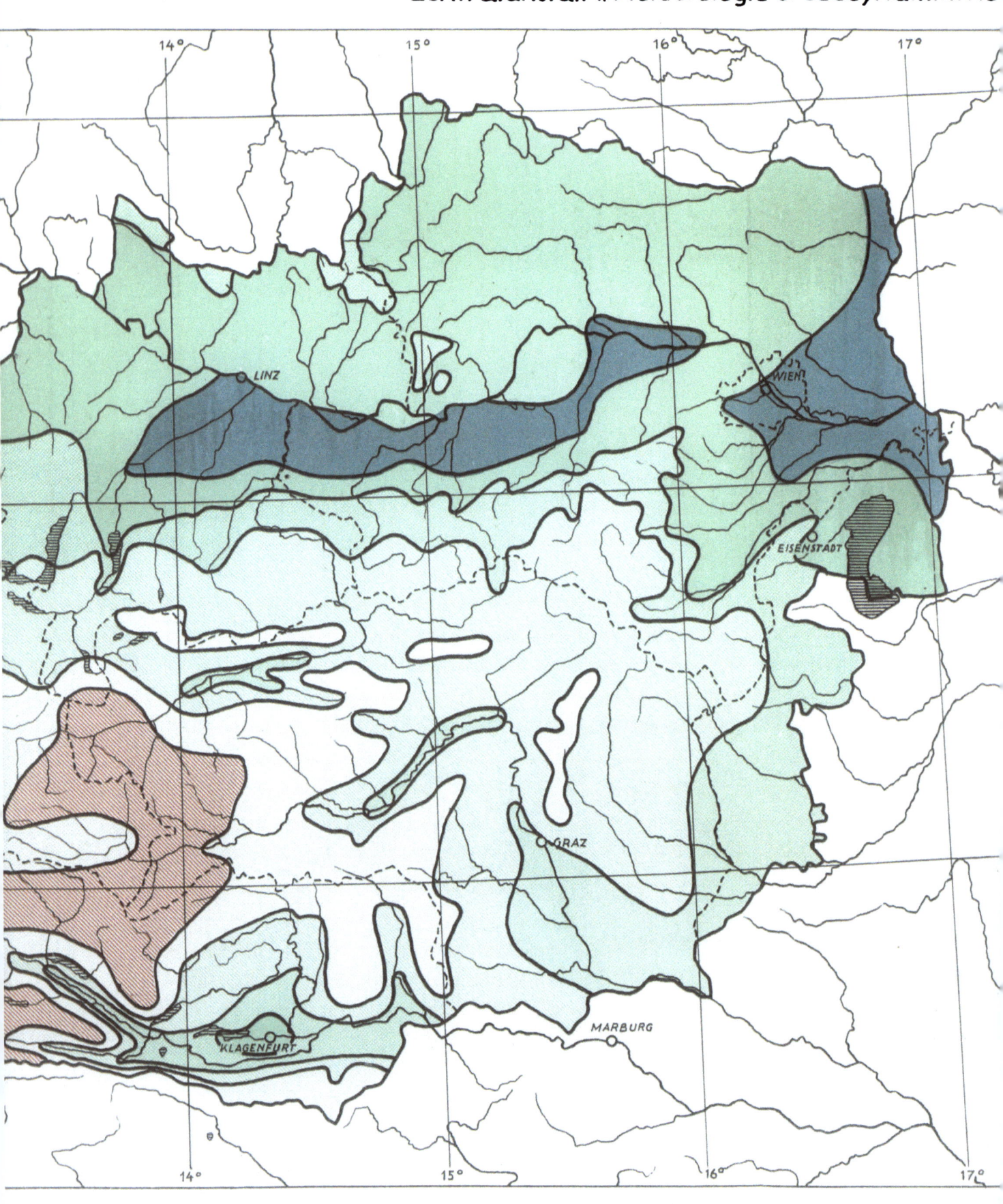

Entwurf: Univ. Prof. Dr. F. STEINHAUSER
Zentralanstalt f. Meteorologie u. Geodynamik Wien

DIE SONNENSCHEINDAUER IN ÖSTERREICH

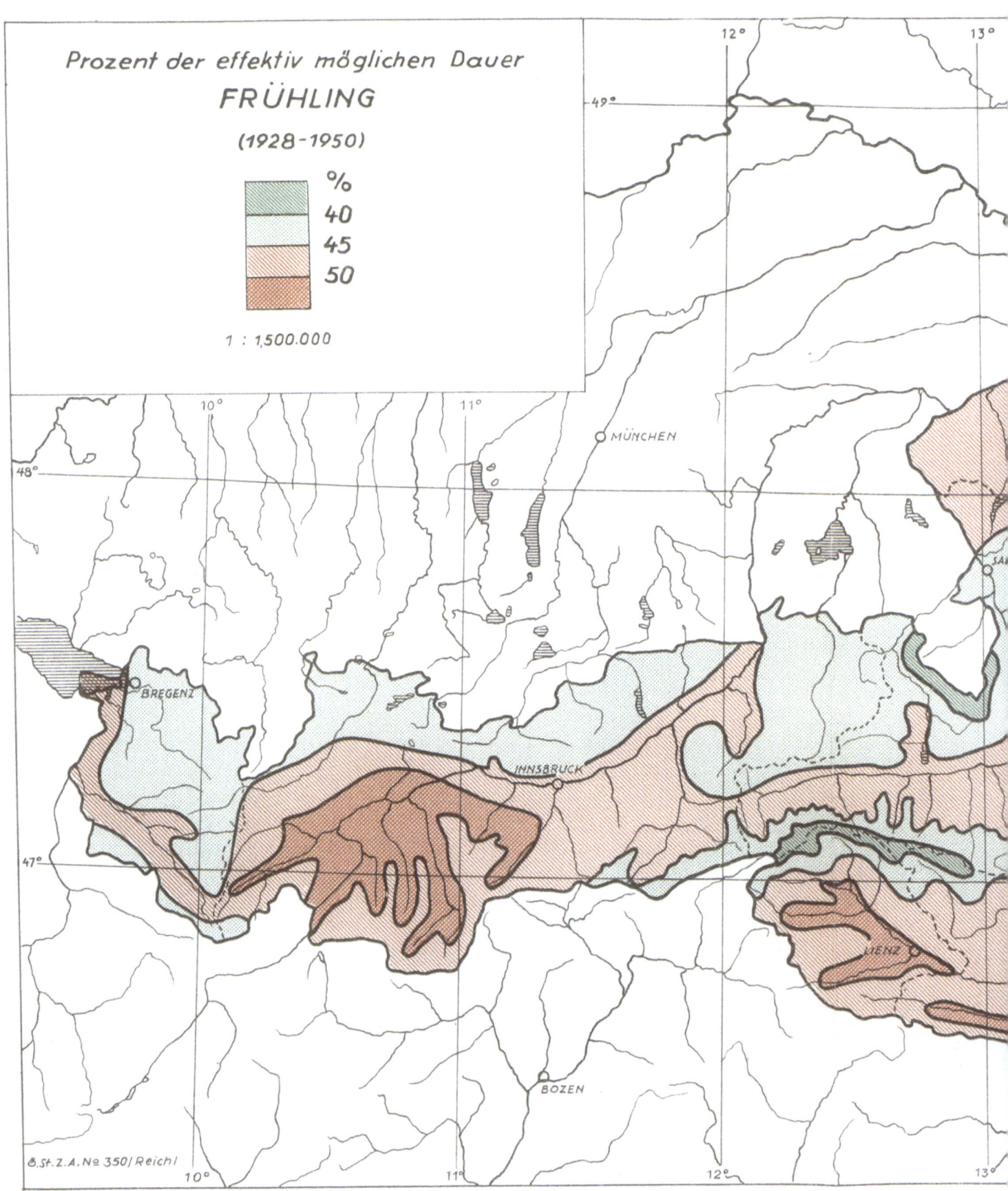

Klimatographie von Österreich, Karte 3

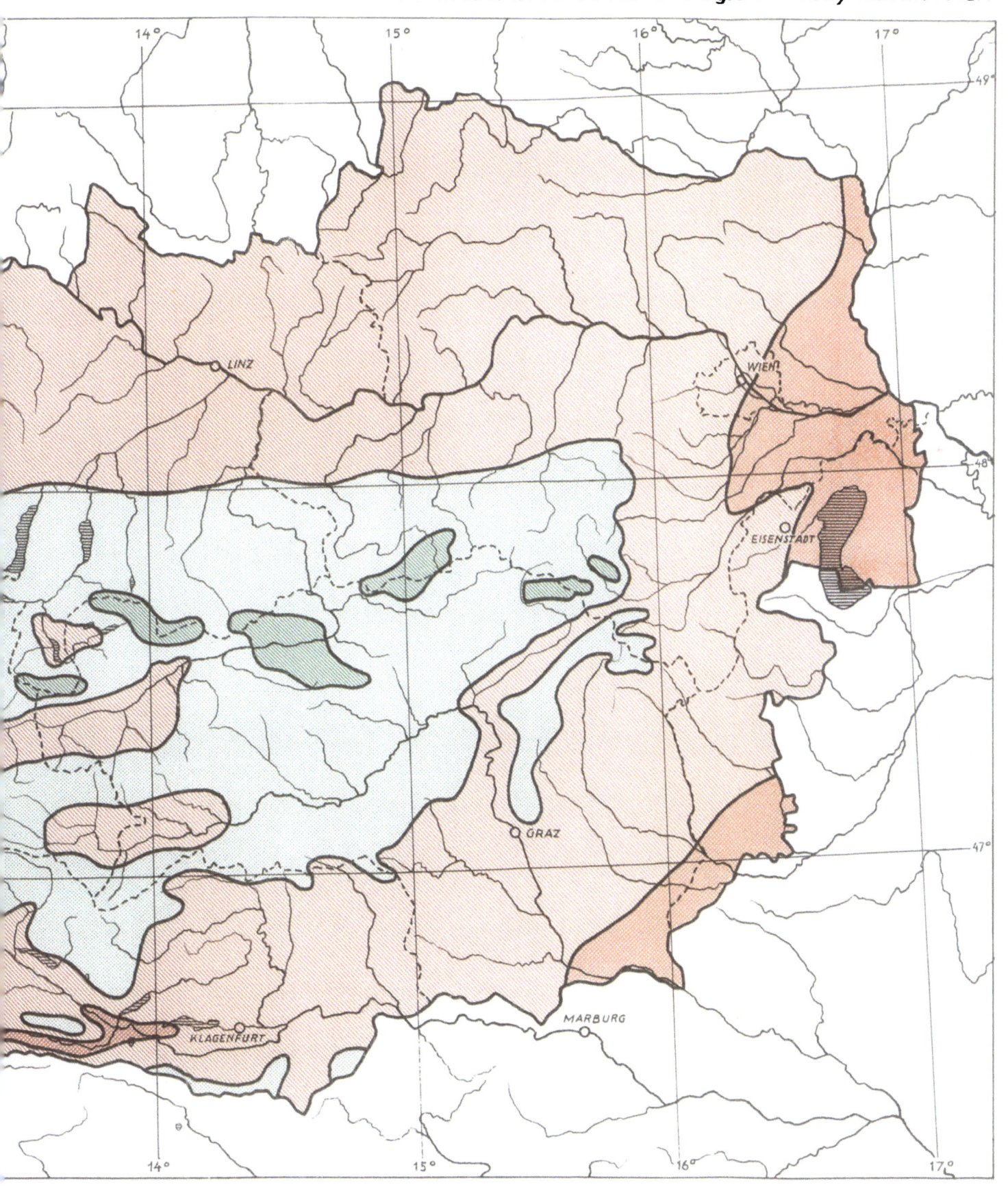

Entwurf: Univ. Prof. Dr. F. STEINHAUSER
Zentralanstalt f. Meteorologie u. Geodynamik Wien

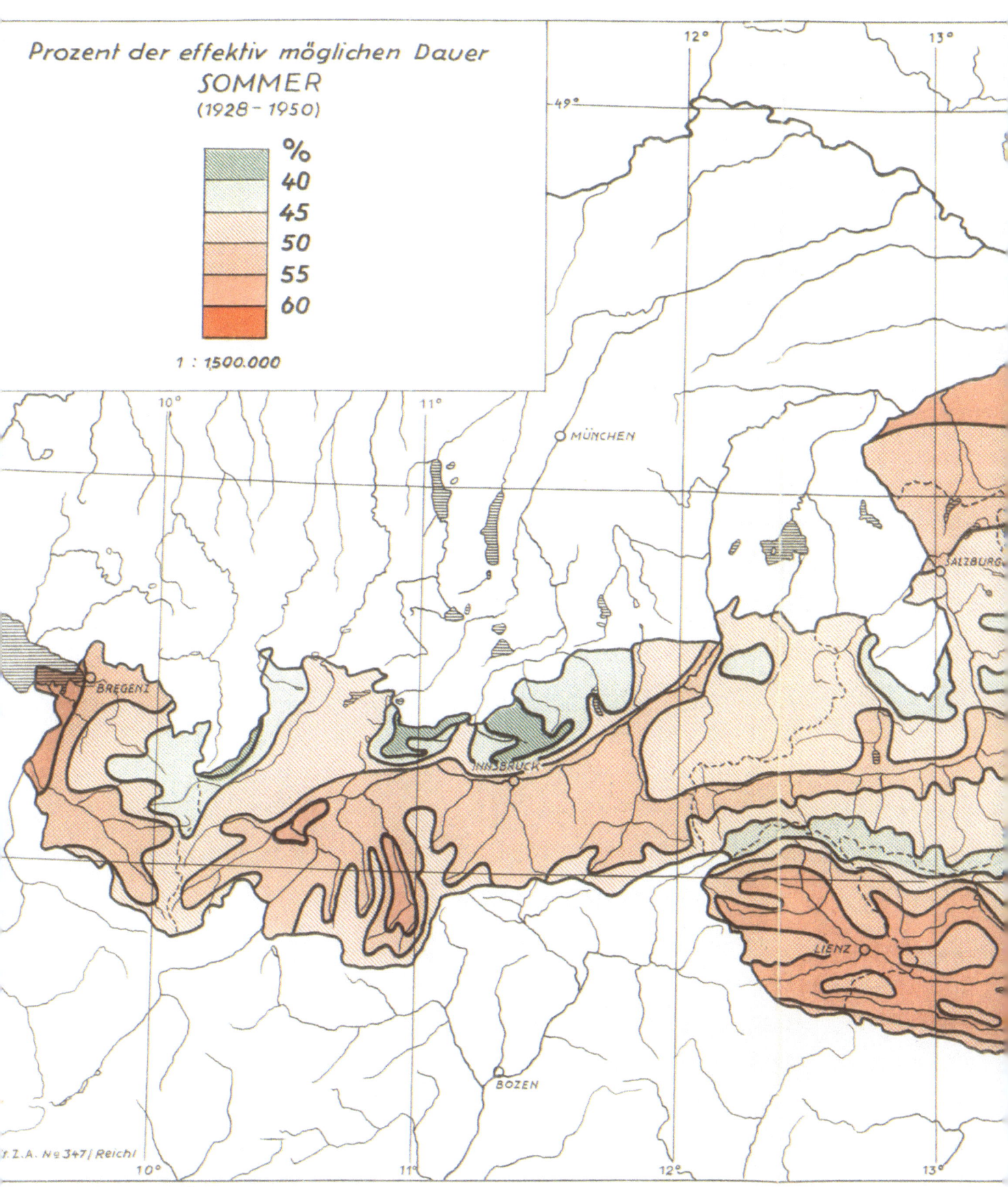

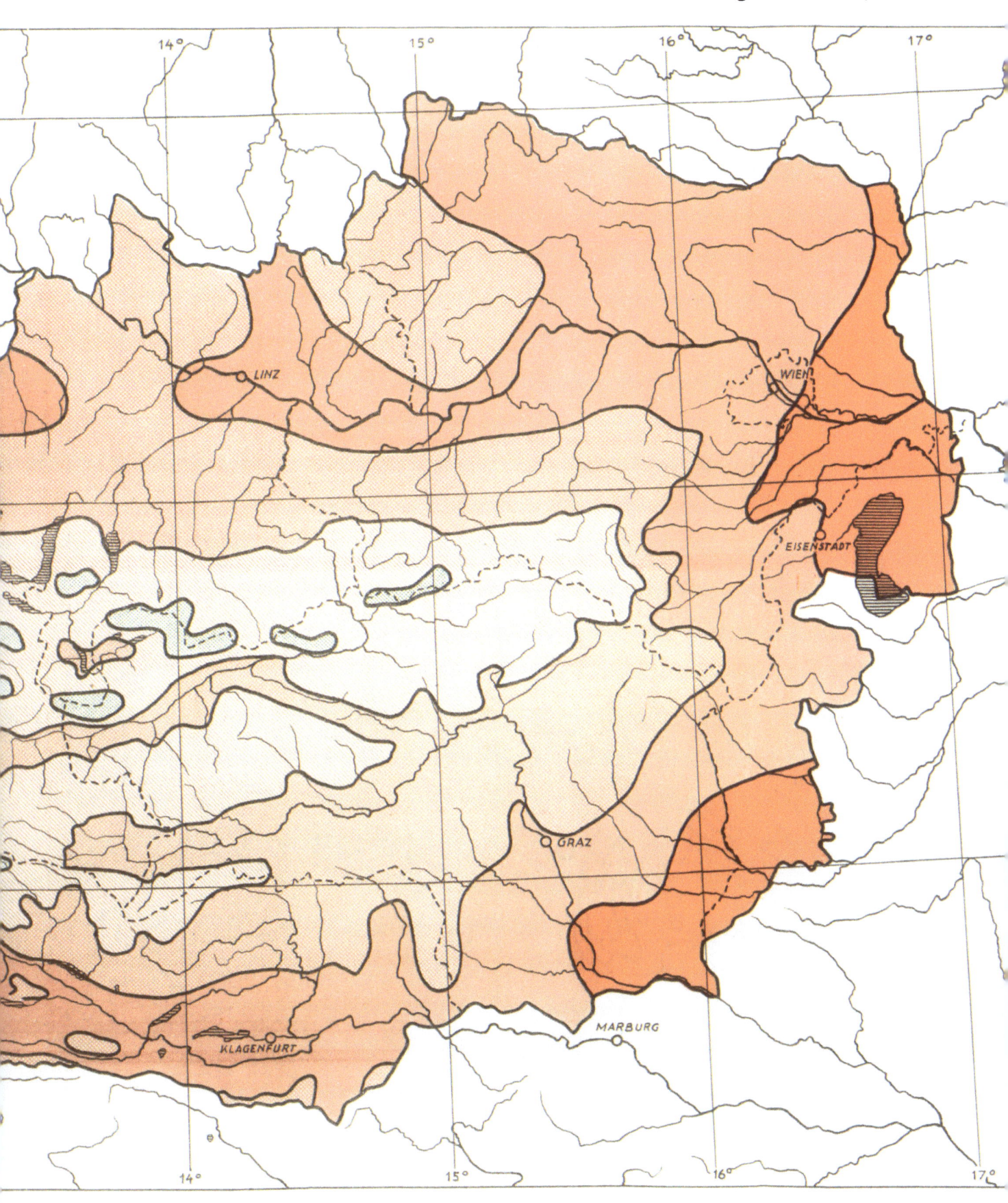

DIE SONNENSCHEINDAUER IN ÖSTERREICH

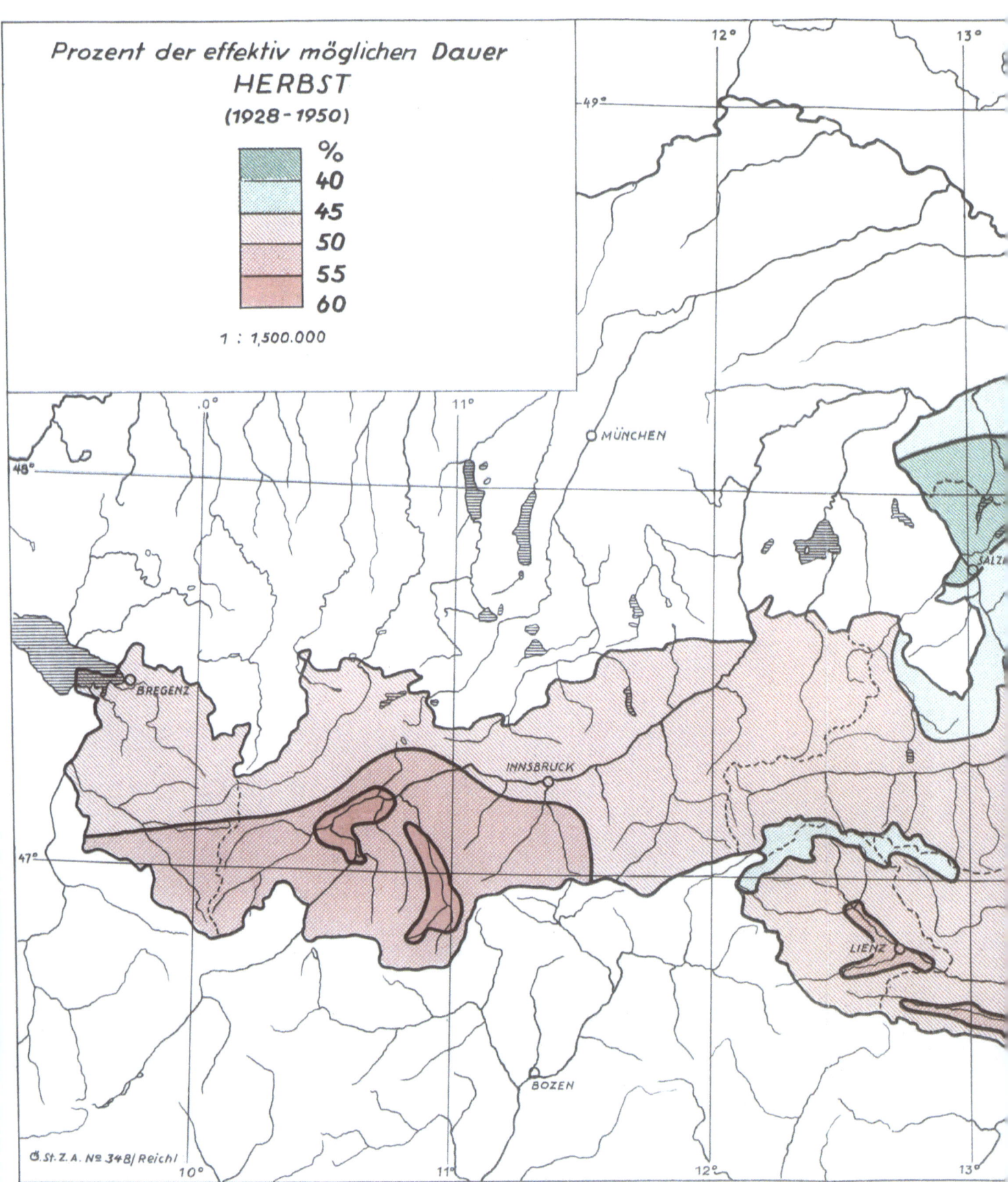

Klimatographie von Österreich, Karte 5

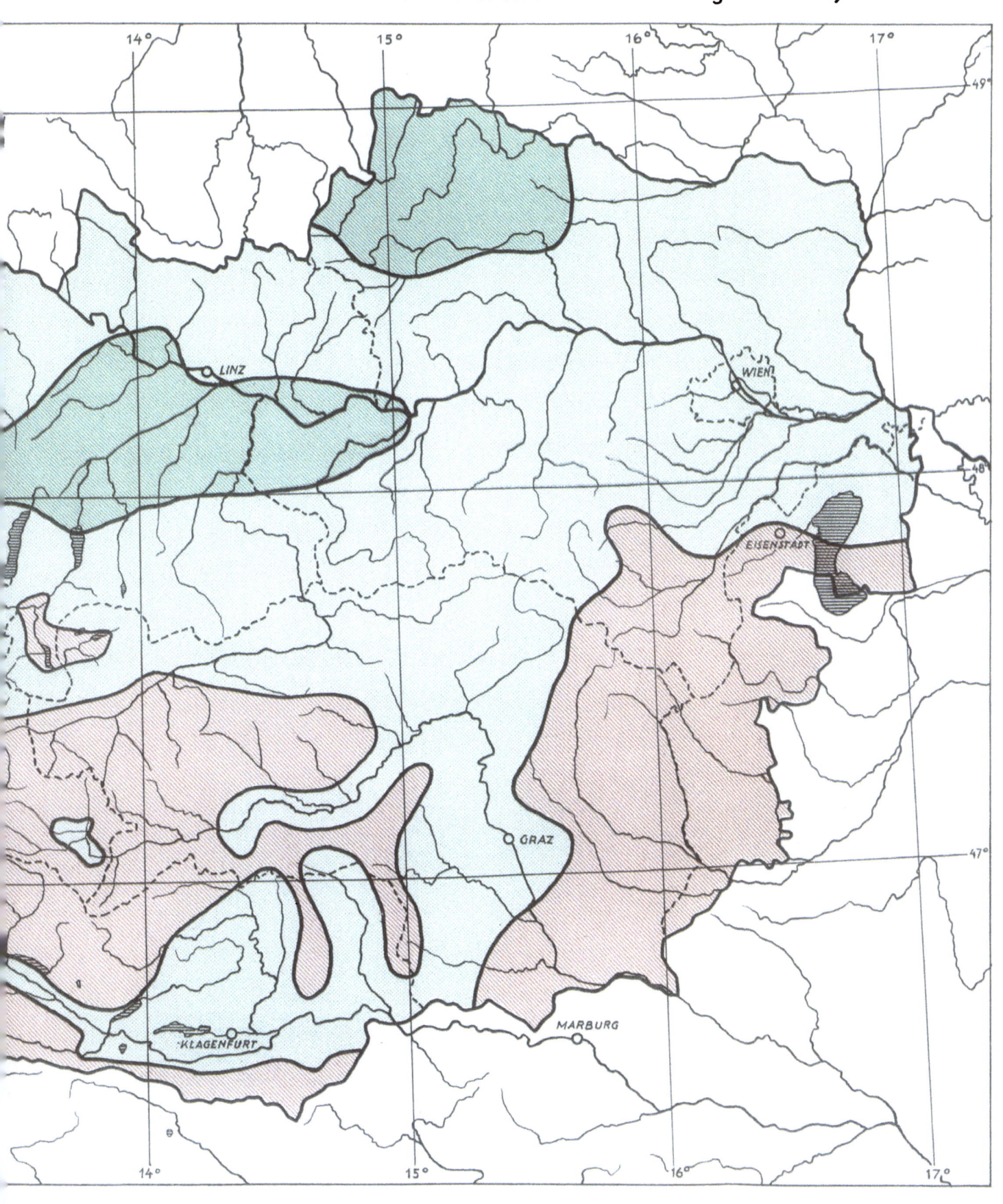

If you have any concerns about our products,
you can contact us on
ProductSafety@springernature.com

In case Publisher is established outside the EU,
the EU authorized representative is:
**Springer Nature Customer Service Center GmbH
Europaplatz 3, 69115 Heidelberg, Germany**

Printed by Libri Plureos GmbH
in Hamburg, Germany